"十四五"职业教育国家规划教材

高等职业院校"互联网+"立体化教材——软件开发系列

软件测试技术基础教程（第3版）

主　编：顾海花　何　淼
副主编：史海峰　雷　雁　万国德

U0282300

电子工业出版社

Publishing House of Electronics Industry

北京·BEIJING

内 容 简 介

本书全面系统地介绍了软件测试理论及应用技术。全书分为两部分：第 1 部分为软件测试基础理论，包括软件测试基础知识，白盒测试技术，黑盒测试技术，软件测试计划、文档及测试用例，软件自动化测试，面向对象的软件测试，Web 网站测试；第 2 部分为软件测试工具实践，用实际案例介绍了目前比较流行的单元测试工具 JUnit、性能测试工具 LoadRunner、测试管理工具禅道的使用。

本书既可作为高等职业院校软件测试课程的教材，也可作为软件测试爱好者的自学用书。对于那些希望增加软件测试方面知识的程序员、软件项目经理和软件开发团队的其他人员，本书也具有很好的参考价值。

图书在版编目（CIP）数据

软件测试技术基础教程 / 顾海花，何淼主编. —3 版. —北京：电子工业出版社，2021.12（2025.1 重印）

ISBN 978-7-121-37935-2

Ⅰ. ①软… Ⅱ. ①顾… ②何… Ⅲ. ①软件—测试—高等学校—教材 Ⅳ. ①TP311.55

中国版本图书馆 CIP 数据核字（2019）第 253160 号

责任编辑：贺志洪
印　　刷：三河市鑫金马印装有限公司
装　　订：三河市鑫金马印装有限公司
出版发行：电子工业出版社
　　　　　北京市海淀区万寿路 173 信箱　邮编 100036
开　　本：787×1092　1/16　印张：16　字数：409.6 千字
版　　次：2011 年 8 月第 1 版
　　　　　2021 年 12 月第 3 版
印　　次：2025 年 1 月第 11 次印刷
定　　价：49.00 元

凡所购买电子工业出版社图书有缺损问题，请向购买书店调换。若书店售缺，请与本社发行部联系，联系及邮购电话：（010）88254888，88258888。

质量投诉请发邮件至 zlts@phei.com.cn，盗版侵权举报请发邮件至 dbqq@phei.com.cn。

本书咨询联系方式：（010）88254609，hzh@phei.com.cn。

前　　言

　　本书全面系统地介绍了软件测试基础理论及其应用技术、软件测试的发展脉络及其与软件开发最新技术的结合和运用。本书旨在使读者可以快速地掌握软件测试的基础知识，引领读者进入软件测试这个新的领域，并了解软件测试的最新动态，对它有一个全面的认识。

　　本书重在培养读者软件测试工作的实践能力，适应软件企业的工作环境和业界标准，并与国际先进的软件开发理念和测试技术保持同步。通过本书的学习，读者应该了解并掌握软件产品质量保证的基本思想和科学体系，软件测试过程和策略，软件测试的方法、技术和工具的使用，为全面掌握软件技术和软件项目管理打下坚实的基础。

　　全书共分为两大部分。第 1 部分为软件测试基础理论，包括第 1～7 章，综合介绍了以下几个方面的内容：软件测试的定义、目标、原则和分类；软件开发过程和开发模式；软件测试技术前沿；白盒测试技术；黑盒测试技术；软件自动化测试；软件测试计划、文档及测试用例；面向对象的软件测试；Web 网站测试。这部分内容论述浅显易懂，知识点全面实用，特别是在白盒、黑盒测试技术介绍中运用了大量的案例来进行阐述，并且介绍了软件领域中的新技术对软件测试提出的新要求。第 2 部分为软件测试工具实践，包括第 8～10 章，介绍了 JUnit、LoadRunner、禅道等自动化测试工具的使用。

　　本书由顾海花、何淼担任主编，史海峰、雷雁、万国德担任副主编。其中第 1、2、3、5 章由顾海花编写，第 4、7、8、9 章由何淼编写，第 8 章由雷雁编写，第 6、10 章由史海峰编写，最后由顾海花负责统稿。本书的合作企业北京四合天地科技有限公司作为全国职业院校技能大赛（高职组）软件测试赛项合作企业，2017—2021 年成功支持全国职业院校技能大赛（高职组）软件测试赛项，万国德董事长为本书的编写提出了宝贵的意见。南京慕测信息科技有限公司董事长陈振宇教授也对案例的选取提出了中肯的建议。同时，在本书的编写过程中，聂明院长给予了全力的支持和帮助，软件测试大赛组黄冠雄、吴航、曹耀雷同学也提出了宝贵的意见，在此表示衷心的感谢！

　　参加本书编写的人员均为软件测试课程的教学骨干，他们将多年积累的具有实用价值的经验、知识点和操作技巧等毫无保留地奉献给广大读者。为了方便教师教学，本书配有教学演示文稿供下载使用（下载网址：www.hxedu.com.cn）。

　　本书在编写过程中，参考和引用了大量专家学者的论著和研究资料，作者已经尽可能地在参考文献中一一列出，谨在此向他们表示由衷的感谢。由于时间仓促和水平所限，书中难免存在一些不足之处，欢迎广大读者批评指正，联系信箱是 guhh@njcit.cn。

编　　者

目　　录

第 1 部分　软件测试基础理论

第1章

软件测试基础知识

随着软件产业的日益发展，软件系统的规模日益扩大，复杂性与日俱增，软件的生产成本和软件中存在的缺陷故障造成的损失也大大增加，甚至会带来灾难性的后果。软件产品不同于其他科技和生产领域的产品，它是人脑高度智力化的体现，由于这一特殊性，软件与生俱来就有可能存在着缺陷。

在开发大型软件系统的漫长过程中，面对纷繁复杂的各种现实情况，人的主观认识和客观现实之间往往存在着差距，开发过程中各类人员之间的交流和配合也往往并不是尽善尽美的。

如果不能在软件正式投入运行之前发现并纠正这些错误，那么这些错误最终必然会在软件的实际运行过程中暴露出来。到那时，改正这些错误不仅要付出很大的代价，而且往往会造成无法弥补的损失。

软件的质量就是软件的生命，为了保证软件的质量，人们在长期的开发过程中积累了许多经验并形成了许多行之有效的方法。但是借助这些方法，我们只能尽量减少软件中的错误和不足，却无法完全避免所有的错误。

如何防止和减少这些可能出现的问题呢？答案是进行软件测试。软件测试是最有效的弥补软件缺陷与排除软件故障的手段。通过软件测试可以促进软件测试理论与技术实践的快速发展。新的测试理论、测试方法、测试技术手段在不断涌出，软件测试机构和组织也在迅速产生和发展，由此软件测试技术职业也同步完善和健全起来。

1.1 软件缺陷

1.1.1 软件缺陷案例分析

软件是由人编写开发的，是一种逻辑思维产品，尽管现在软件开发者采取了一系列有效措施，不断地提高软件开发质量，但仍然无法完全避免软件（产品）会存在各种各样的缺陷。软件中存在的缺陷有时会造成相当巨大的损失和灾难。

下面以 4 个软件缺陷的案例来说明。

1. 美国迪士尼公司的狮子王游戏软件缺陷

1994 年秋天，美国迪士尼公司发布了一个面向儿童的多媒体游戏软件"狮子王动画故事书（*The Lion King Animated Storybook*）"。迪士尼公司为了打开儿童游戏市场，进行了大量促销宣传。结果，销售非常火爆，销售额非常可观，该游戏成为美国孩子们当年的"必买游戏"。然而好景不长，圣诞节过后，迪士尼公司的客户投诉电话便开始响个不停，愤怒的家长和玩不成游戏的孩子们对这款游戏软件的缺陷进行了大量的投诉。报纸和电视新闻进行了大量的报道。

后经调查证实，迪士尼公司在软件上市前没有将软件在市面的 PC 上进行广泛的测试，也就是说游戏软件对硬件的兼容性没有得到保证，造成了该软件只能在少数系统中正常工作，即在迪士尼程序员用来开发游戏的系统中可以正常运行，但在大多数公众使用的系统中却不能运行。该软件故障使迪士尼公司声誉大损，并且为改正软件缺陷付出了沉重的代价。

2. 美国航天局火星登陆探测器缺陷

1999 年 12 月 3 日，美国航天局的"火星极地登陆者"号探测器试图在火星表面着陆时突然失踪。事故评估委员会对这起事故进行了调查，认定出现故障的原因极可能是一个数据位被意外置位。而该问题本应该在内部测试时就被发现并予以解决。

从理论上看，着陆的过程是这样的：当探测器在火星表面降落时，它将打开降落伞减缓探测器的下降速度。降落伞打开几秒后，探测器的 3 条腿将迅速撑开，并锁定位置，准备着陆。当探测器离地面 1800 米时，它将丢弃降落伞，点燃着陆推进器，缓缓地降落到地面。

然而美国航天局为了节省研制经费，简化了确定何时关闭着陆推进器的装置。为了替代其他太空船上使用的贵重雷达，他们在探测器的脚部安装了一个廉价的触点开关，在计算机中设置一个数据位来控制触点开关关闭燃料。很显然，探测器的发动机需要一直点火工作，直到脚"着地"为止。

遗憾的是，故障评估委员会在测试中发现，许多情况下，当探测器的脚迅速撑开准备着陆时，机械振动也会触发着陆触点开关，设置致命的错误数据位。设想探测器开始着陆时，计算机极有可能关闭着陆推进器，使"火星极地登录者"号探测器飞船下坠 1800 米之后冲向地面，撞成碎片。

结果是灾难性的，但背后的原因却很简单。登陆探测器在发射前经过了多个小组测试，其中一个小组测试飞船的脚的折叠过程，另一个小组测试此后的着陆过程。前一个小组不去注意着陆数据是否置位，因为这不是他们负责的范围；后一个小组总是在开始测试之前复位计算机，清除数据位。双方独立工作都做得很好，但没有在一起进行集成测试，使系统中的衔接问题隐藏起来，最终导致了灾难性事故的发生。

3. 北京奥运会门票被迫暂停销售

2007 年 10 月 30 日上午 9 点，北京奥运会门票面向境内公众的第二阶段预售正式启动。然而，为了让更多的公众实现奥运梦想，官方实行"先到先得，售完为止"的销售政策，公众纷纷抢在第一时间订票，致使票务官网压力激增，承受了超过自身设计容量 8 倍的流量，导致系统瘫痪。为此，北京奥组委票务中心对广大公众未能及时、便捷地实现奥运门票预订表示歉意，同时宣布奥运门票暂停销售 5 天。

为此次门票销售提供技术系统平台的是北京歌华特玛捷票务有限公司。该公司工作人员透露，此次票务官网设计的流量容量是每小时 100 万次，但瞬间承受了每小时 800 万次的流量压力，访问数量过大造成网络堵塞，技术系统应对不畅，造成很多申购者无法及时提交申请，所以系统在启动不久就出现了处理能力不足的问题。

Web 压力测试可以有效地测试一些 Web 服务器的运行状态和响应时间等，对于 Web 服务器的承受力测试是个非常好的手法。如果在网站建设时就进行压力测试，并考虑网站在访问量过大时如何保证网站的正常运行，就会增强网站的鲁棒性。

4. 诺基亚 Series 40 手机平台存在缺陷

2008 年 8 月诺基亚承认该公司销售量超过 1 亿部的 Series 40 手机平台存在严重缺陷：旧版 J2ME 中的缺陷使黑客能够远程访问本应受到限制的手机功能；Series 40 中的缺陷使黑客能够秘密地安装和激活应用软件。Series 40 是一款非常普及的手机平台，主要用于诺基亚的低端手机。这些问题给数量众多的手机用户造成潜在的重大威胁。

从上述案例中可以看到，软件缺陷就在我们身边，它普遍存在，并可能对产品造成不同程度的危害，甚至对用户产生灾难性的影响。

1.1.2 软件缺陷的定义

对于软件存在的各种问题，在软件工程或软件测试中都可以称为软件缺陷或软件故障。作为软件测试员，可能发现的缺陷大多数都不如上面所列举的实例那么明显，而软件测试员的任务就是要发现软件中所隐藏的错误，其中一些简单而细微的错误，很难做到真正区分哪些是真正的错误，哪些不是，这对于软件测试员是一个极大的挑战。

软件缺陷即计算机系统或程序中存在的任何一种破坏正常运行能力的问题、错误，或者隐藏的功能缺陷、瑕疵。缺陷会导致软件产品在某种程度上不能满足用户的需要。对于软件缺陷的精确定义，通常有以下 5 条描述：

① 软件未达到产品说明书要求的功能。
② 软件出现了产品说明书指明不会出现的错误。
③ 软件功能超出了产品说明书规定的功能。
④ 软件未实现产品说明书虽未明确指出但应该实现的目标。
⑤ 软件难以理解，不易使用，运行缓慢或者最终用户认为使用效果不好。

为了更好地理解上述 5 条描述，我们以计算器软件为例进行说明。

计算器的产品说明书声明它能够准确无误地进行加、减、乘、除运算。当你拿到计算器后，按下"＋"键，结果什么反应也没有，根据第①条规则，这是一个缺陷。假如得到错误答案，根据第①条规则，这同样是一个缺陷。

若产品说明书声明计算器永远不会崩溃、锁死或者停止反应，当你任意敲键盘时，计算器停止接收输入，根据第②条规则，这是一个缺陷。

若用计算器进行测试，发现除了加、减、乘、除之外它还可以求平方根，说明书中从未提到这一功能，根据第③条规则，这是软件缺陷。软件实现了产品说明书未提到的功能。

若在测试计算器时，发现电池没电会导致计算不正确，但产品说明书未指出这个问题。根据第④条规则，这是个缺陷。

第⑤条规则是全面的。如果软件测试员发现某些地方不对劲，无论什么原因，都要认定为缺陷。如"＝"键布置的位置极其不好按，在明亮光照情况下显示屏难以看清，等等。根据第⑤条规则，这些都是缺陷。

1.1.3 软件缺陷产生的原因

在软件开发的过程中，软件缺陷的产生是不可避免的。造成软件缺陷的原因有哪些？我们可以从软件本身、团队工作和技术问题等多个方面进行分析，将造成软件缺陷的原因归纳如下。

1. 软件本身

（1）文档错误、内容不正确或拼写错误。

（2）数据考虑不周全引起强度或负载问题。

（3）对边界考虑不够周全，漏掉某几个边界条件造成的错误。

（4）对一些实时应用系统，保证精确的时间同步，否则容易引起时间上不协调、不一致带来的问题。

（5）没有考虑系统崩溃后在系统安全性、可靠性方面的隐患。

（6）硬件或系统软件上存在的错误。

（7）软件开发标准或过程上的错误。

2. 团队工作

（1）系统分析时对客户的需求不是十分清楚，或者和用户的沟通存在一些困难。

（2）不同阶段的开发人员相互理解不一致，软件设计对需求分析结果的理解偏差，编程人员对系统设计规格说明书中某些内容重视不够，或存在着误解。

（3）设计或编程上的一些假定或依赖性，没有得到充分沟通。

3. 技术问题

（1）算法错误。

（2）语法错误。

（3）计算的精度问题。

（4）系统结构不合理，造成系统性能问题。

（5）接口参数不匹配，导致模块集成出现问题。

软件缺陷是由很多原因造成的，将诸多原因如规格说明书、系统设计结果、编程代码等归类起来比较后发现，规格说明书是软件缺陷出现最多的地方，如图1-1所示。

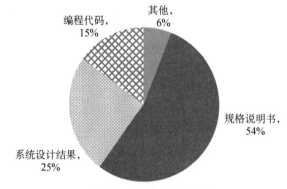

图 1-1 软件缺陷构成图

软件产品规格说明书为什么是软件缺陷存在最多的地方？主要原因有以下几种：

（1）由于软件产品还没有设计、开发，完全靠想象去描述系统的实现结果，所以有些特性还不够清晰。

（2）用户一般是非计算机专业人员，软件开发人员和用户的沟通存在较大困难，两者对要开发的产品功能理解不一致。

（3）需求变化的不一致性。用户的需求总在不断变化，这些变化如果没有在产品规格说明书中得到正确的描述，容易造成前后文、上下文矛盾。

（4）对规格说明书不够重视，在规格说明书的设计和写作上投入的人力、时间不足。

（5）没有在整个开发队伍中进行充分沟通，有时只有设计师或项目经理得到比较多的信息。

1.1.4 软件缺陷的修复费用

软件开发通常要靠有计划、有条理的开发过程来实现。从开始到计划、编程、测试，到公开使用的过程中，都有可能发现软件缺陷。软件缺陷造成的修复费用随着时间的推移呈指数级增长。当早期编写产品说明书时发现并修复缺陷，费用可能只要 10 美元甚至更少。同样的缺陷如果直到软件编写完成并开始测试时才发现，费用可能要 1 000～6 000 美元。如果是客户发现的，费用可能达到数千甚至数百万美元。如图 1-2 所示为软件缺陷在不同阶段发现时进行错误修正的费用情况。

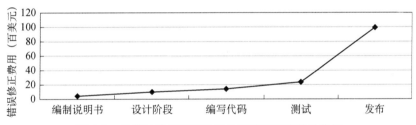

图 1-2　软件缺陷在不同阶段发现时错误修复的费用

以前面的迪士尼狮子王软件为例，它的根本问题是软件无法在流行的家庭 PC 平台上运行。假如早在编写产品说明书时，有人已经研究过在普通家庭用什么型号的PC，并且明确指出软件需要在该种配置上设计和测试，付出的代价将小得几乎可以忽略不计。如果没有这样做，可以补救的措施是，软件测试员去搜集家庭流行 PC 样机并在其上验证。他们会发现软件缺陷，但是修复费用要高得多，因为软件必须调试、修改、再测试。开发小组还应当把软件的初期版本分发给一小部分客户试用进行 Beta 测试，那些被挑选出来代表庞大市场的客户可能会发现问题。然而实际的情况却是这个缺陷被完全忽视，根本没有进行这方面的测试，直到成千上万的光盘被压制和销售出去。迪士尼公司最终支付了客户投诉电话、产品召回、更换光盘，以及又一轮调试、修改和测试的费用，付出了昂贵的代价。如果严重的软件缺陷保留到了客户那里，就足以耗尽整个产品的利润。

1.2　软件测试

1. 软件测试的定义

人们对于软件测试的目的可能会存在着这样的认识：软件测试是为了证明程序是正确

的。实际上，这种认识是错误的。因为如果是为了表明程序是正确的而进行测试，就会设计一些不易暴露错误的测试方案，也不会主动去检测、排除程序中可能存在的一些隐患。显然，这样的测试对于发现程序中的错误，完善和提高软件的质量作用不大。事实上，程序在实际运行中会遇到各种各样的问题，而这些问题可能是我们在设计软件时没有考虑到的，所以在设计测试方案时，就应该尽量让它能发现程序中的错误，从而在软件投入运行之前就将这些错误改正，最终把一个高质量的软件系统交给用户进行使用。

通常对软件测试的定义有如下描述：软件测试是为了发现程序中的错误而执行程序的过程。具体来说，它是根据软件开发各阶段的规格说明和程序的内部结构而精心设计出一批测试用例，并利用测试用例来运行程序，以发现程序错误的过程。

正确认识测试的目的是十分必要的，只有这样，才能设计出最能暴露错误的测试方案。此外，应该认识到：测试只能证明程序中错误的存在，但不能证明程序中没有错误。因为即使经过了最严格的测试之后，仍然可能还有没被发现的错误存在于程序中，所以说测试只能查出程序中的错误，但不能证明程序没有错误。

测试是程序的执行过程，目的在于发现错误，而不是证明程序的正确性。一个好的测试用例在于可以发现未曾发现的错误。一个成功的测试是发现了至今还没有发现的错误。

2. 软件测试的原则

各种统计数据显示，软件开发过程中发现缺陷的时间越晚，修复它所花费的成本就越高，因此在需求分析阶段就应当有测试的介入。因为软件测试的对象不仅仅是程序编码，还应当对软件开发过程中产生的所有产品都进行测试。这就像造房屋一样，我们只有对房屋设计蓝图进行仔细审查后，才能进行施工。

软件测试的目标是以最少的时间和人力找出软件中潜在的各种错误和缺陷。如果成功地实施了测试，就能够发现软件中的错误。

根据这样的测试目的，软件测试的原则应该是：

（1）应当把"尽早地和不断地进行软件测试"作为软件开发者的座右铭。软件项目一启动，软件测试也就开始了，而不是等程序写完，才开始进行测试。

（2）测试用例应包括测试输入数据和与之对应的预期输出结果这两部分。只有对测试输入数据给出预期的输出结果，才会有一个检验实测结果的基准，而不会把一个似是而非的错误结果当成正确结果。

（3）程序员应避免检查自己的程序。由别人来测试程序员编写的程序，可能会更客观、更有效、更容易发现缺陷。

（4）设计测试用例时，应当包括合理的输入条件和不合理的输入条件。

合理的输入条件是指能验证程序正确的输入条件，而不合理的输入条件是指异常的、临界的、可能引起问题变异的输入条件。因此，软件系统处理非法命令的能力也必须在测试时受到检验。用不合理的输入条件测试程序时，往往比用合理的输入条件进行测试能发现更多的错误。

（5）充分注意测试中的群集现象。对发现错误较多的程序段，应进行更深入的测试。

（6）严格执行测试计划，排除测试的随意性。对于测试计划，要明确规定，不要随意解释。

（7）应当对每一个测试结果做全面检查。这是一条最明显的原则，但常常被忽视。必须对预期的输出结果有明确的定义，对实测的结果仔细分析检查，抓住关键，暴露错误。妥善保存测试计划、测试用例、出错统计和最终分析报告，为维护提供方便。

1.3　软件测试的复杂性与经济性分析

人们通常认为软件工程中程序的开发是一个复杂而困难的过程，需要投入大量的人力、物力和时间，而测试程序则比较容易，不需要花费太多的精力，并且通过测试可以找到所有的软件故障。这其实是人们对软件开发过程理解上的一个误区。在实际的软件开发过程中，软件测试作为现代软件开发工业的一个非常重要的组成部分，正扮演着越来越重要的角色。随着软件规模的不断扩大，如何在有限的条件下对被开发的软件进行有效的测试已经成为软件工程中一个非常关键的课题。

1.3.1　软件测试的复杂性

软件测试是一项细致并且需要具备高度技巧的工作，稍有不慎就会顾此失彼，造成不应有的疏漏。针对下面几个问题的分析充分说明了软件测试的复杂性。

1. 不可能对程序实现完全测试

完全测试是不现实的，在实际的软件测试工作中，由于测试的数量极其大，不论采用什么方法，都不可能进行完全测试。所谓完全测试，就是让被测程序在一切可能的输入情况下全部执行一遍。通常也称这种测试为"穷举测试"。穷举测试会引起以下几种问题：

（1）测试所需要的输入量太大。

（2）测试的输出结果太多。

（3）软件执行路径太多。

（4）软件的规格说明书存在主观性，没有一个客观的标准，从不同的角度来评判，软件缺陷的标准是不同的。

由于以上问题的存在，使得大多数的软件在测试过程中，对其进行穷举测试几乎是不可能的。以 Windows 系统中最简单的计算器程序为例，假如要对它进行穷举测试，首先进行加法的测试，那就要输入"1+0=""1+1=""1+2="…，计算器能处理的数字是 32 位的，所以要一直输入到"1+99 999…99 999（共 32 个 9）="。接下来，继续输入"2+0=""2+1=""2+2="…，直到输入"2+99 999…99 999（共 32 个 9）="。依次类推，加法的输入还在继续……

在软件的使用过程中，人们不仅要进行合法的输入，若出现某些意外情况，可能还要发生种种不合法的输入。所以测试人员既要测试所有合法的输入，还要对那些不合法但是可能的输入进行测试。比如，在测试加法计算时输入："1+a""jpkl+o9""jsfw+16"…，这样的测试情况可能出现无穷多个。

按照上述思路一个一个地测试，单是合法输入就接近无穷多个，使得在理论上根本无法进行穷举测试。在实际的使用过程中，测试人员还要考虑到包括随机出现的各种突发情况，比如用户不小心撞到键盘引起某个误操作。Glenford J. Myers 在 1979 年描述了一个只包含 loop 循环和 if 语句的简单程序，可以使用不同的语言将其写成 20 行左右的代码，但是这样简短的语句却有着十万亿条路径。面对这样一个庞大的数字，即便是一个有经验的优秀软件测试员也需要十亿年才能完成全部测试，而且在实际应用中，此类程序是非常有可能出现的。

E.W.Dijkstra 的一句名言对测试的不彻底性做了很好的注解："程序测试只能证明错误的存在，但不能证明错误的不存在。"由于穷举测试工作量太大，实践上行不通，这就注定了一切实际测试都是不彻底的，也就不能够保证被测试程序在理论上不存在遗留的错误。

2. 杀虫剂现象

软件中存在的故障现象与发现的故障数量成正比。1990 年，BorisBeizer 在其编著的 *Software Testing Techniques*（第 2 版）中提到了"杀虫剂怪事"一词，同一种测试工具或方法用于测试同一类软件越多，则被测试软件对测试的免疫力就越强。这与农药杀虫是一样的，老用一种农药，则害虫就有了免疫力，农药就失去了作用。

在现实当中，往往是发现了一个故障以后，很可能会接二连三地发现更多的软件故障。有这样一个现象值得我们去重视：47%的软件故障（是由用户发现的）是与系统中的 4%的程序模块有关。因此，经测试后的程序中隐藏的故障数目与该程序中发现的故障数目成正比。

产生杀虫剂现象可能的原因是开发过程中各种各样的主客观因素，再加上不可预见的突发性事件，软件测试员采用同一种测试方法或者工具不可能检测出所有的缺陷。为了克服被测试软件的免疫力，软件测试员必须不断编写新的测试程序，对程序的各个部分进行不断测试，以避免测试软件对单一的测试程序具有免疫力而使软件缺陷不被发现。

因此，根据经验，我们应当对故障集中的程序模块进行重点测试，越是问题多的模块，越是要花更多的时间和代价来测试，以此会达到更好的测试效果。

3. 软件测试的代价

穷举测试的不可行性使得大多数软件在进行测试的时候只能采取非穷举测试。如果一个软件不能做到穷举测试，这就意味着它是有风险的。

软件中有些缺陷必须经过特定的路径才会被测试发现，不使用穷举测试是很难发现的，这些故障很有可能在使用时被用户发现。如果程序中隐藏的故障在软件投入市场时才被发现，则修复代价就会非常高。这就会产生一个矛盾：软件测试员不能做到完全的测试，不完全测试又不能证明软件百分之百的可靠。那么如何在这两者的矛盾中找到一个相对的平衡点呢？

我们可以从如图 1-3 所示的最优测试量示意图中得到答案，当软件缺陷降低到某一数值后，随着测试量的不断上升软件缺陷并没有明显地下降。这是软件测试工作中需要注意的重要问题。如何把测试数据量巨大的软件测试减少到可以控制的范围，以及如何针对风险做出最明智的选择是软件测试人员必须把握的关键问题。

如图 1-3 所示的最优测试量示意图说明了软件故障缺陷数量和测试工作量之间的关系，随着测试工作量的增加，测试成本将呈几何数级上升，而软件缺陷数量降低到某一数值之后将没有明显的变化，最优测量值就是这两条曲线的交点。如何找到最优测试点，掌握好测试工作量是至关重要的。一位有经验的软件管理人员在谈到软件测试时曾这样说过："不充分的测试是愚蠢的，而过度的测试是一种罪孽。"测试不足意味着让用户承担隐藏错误带来的危险，过度测试则会浪费许多宝贵的资源。

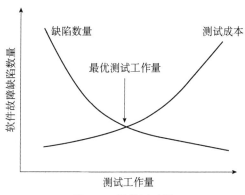

图 1-3　最优测试量

对于软件测试数据量巨大的问题没有十全十美的解决办法，采取最优测试工作量只是在两者中的一种妥协。然而糟糕的是矛盾还不止于此，在当今竞争激烈的市场里，争取时间可能是制胜的关键，这本身就使软件的开发与测试出现矛盾。使情况更加复杂的是，当一种新的技术或者新的标准出现时，可能人们会对软件是否十全十美并不在意了。在这种情况下，要进行多长时间的测试就更是一个值得商榷的问题。

4. 不能修复所有的软件故障

在软件测试中还有一个严峻的现实：即使花再多的时间和代价，也不能够使所有的软件故障都得到修复。但这并不能说明测试就是失败的，在实际操作过程中，测试人员要进行正确的判断，合理的取舍，根据风险分析来决定哪些故障需要修复，哪些故障可以不修复，即并不是所有的软件缺陷都需要被修复。

当确定是软件缺陷时，若出现以下情况，软件缺陷就不需要被修复。

（1）不会引起大的问题。为了防止整个系统由于局部修复而出现某些问题，在特殊情况下，不常出现的小问题可以暂时忽略。

（2）修复所冒的风险太大。由于软件本身各个模块之间有着千丝万缕的联系，使得单一修复某一段代码可能会产生更多的大量未知故障，所以在某些情况下不修复反而是最保险的做法。

（3）没有足够的时间去修复。在商业活动中，为了能及时交付软件产品，当部分软件缺陷没有足够的时间修复，又不会对软件的正常运行产生大的影响时，就只能在说明书中列出可能出现的缺陷。

（4）可以不算成故障的缺陷。某些特殊的缺陷有时从另一个方面看可以理解成一种新的附加功能，这是大多数商务软件在处理一些特殊缺陷时采取的做法。

1.3.2 软件测试的经济性

测试工作在整个项目开发过程中占有重要地位，从软件工程的总目标出发，测试的经济性要求充分利用有限的人力和物力资源，高效率、高质量地完成测试。在软件测试过程中，必须考虑它的经济性，考虑应该按照什么样的原则进行测试，以实现测试成本与测试效果的统一。为了降低测试成本，在选择测试用例时要遵守以下原则：

（1）被测对象的测试等级应该取决于被测对象在整个软件开发项目中的重要程度和一旦发生故障会造成的损失情况来综合分析。

（2）要制订科学有效的测试策略。在保证能够尽可能多地发现软件缺陷的前提下，尽量少使用测试用例。

测试是软件生命期中费用消耗最大的环节。测试费用除了测试的直接消耗外，还包括其他的相关费用。影响测试费用的主要因素有以下几个。

1. 软件的功能

软件产品需要达到的标准决定了测试的数量。对于那些至关重要的系统必须进行更多的测试。一台在 Boeing 757 上的系统应该比一个用于公共图书馆中检索资料的系统需要更多的测试。一个用来控制银行证券实时交易的系统应该比一个简单的网上实时交流系统具有更大的可靠性与可信度。一个用于国防的大型安全关键软件的开发组比一个网络游戏软件开发组要有苛刻得多的查找错误方面的要求。

2. 目标用户的数量

一个系统的目标用户数量的多少也在很大程度上影响了测试必要性的程度，这主要是由于用户团体在经济方面的影响。一个在全世界范围内有几千个用户的系统肯定比一个只在办公室中运行的有两三个用户的系统需要更多的测试。如果出现问题，前一个系统的经济影响肯定比后一个系统大。另外，在错误处理的分配上，所需花费代价的差别也很大。如果在内部系统中发现了一个严重的错误，处理错误的费用就会相对少一些。如果要处理一个遍布全世界的错误则要花费相当大的财力和精力，而且还会给开发公司造成严重的信誉危机和潜在用户的流失。

3. 潜在缺陷造成的影响

在考虑测试的必要性时，还需要将系统中所包含的信息价值考虑在内。例如，一个支持许多家大银行或众多证券交易所的客户机/服务器系统中一定含有经济价值非常高的内容。由于银行证券系统的特殊性，一旦出现问题，影响的将不仅是银行或证券公司，错误将波及所有与银行或证券公司有业务往来的公司或个人，后果将非常严重。很显然，这样的大型系统和其他单一的小型应用系统相比，需要进行更多的测试。这两种系统的用户都希望得到高质量、无错误的系统，但是前一种系统的影响比后一种要大得多。因此我们应该从经济方面考虑，投入与经济价值相对应的时间和金钱去进行测试。

4. 开发机构的业务能力

一个没有标准和缺少经验的开发机构很可能会开发出充满错误的软件系统，而一个建立了标准和有很多经验的开发机构开发出来的软件系统中的错误将会少很多。然而，那些需要进行大幅度改善的机构反而不大可能认识到自身的弱点。在许多情况下，机构的管理部门并不能真正地理解开发一个高质量的软件系统的好处，反而是那些拥有很多经验和建立了严格标准的开发机构更加重视软件测试。

5. 测试的时机

测试数量会随时间的推移发生改变。在一个竞争很激烈的市场里，争取时间可能是制胜的关键，开始可能不会在测试上花多少时间，但几年后如果市场分配格局已经建立起来了，那么产品的质量就变得更重要了，测试数量就要加大。测试数量应该针对合适的目标进行调整。

1.3.3　软件测试的充分性准则

软件测试的充分性准则有以下几点：

（1）对任何软件都存在有限的充分测试集合。

（2）当一个测试的数据集合对于一个被测的软件系统的测试是充分的，那么再多增加一些测试数据仍然是充分的。这一特性称为软件测试的单调性。

（3）即使对软件所有成分都进行了充分的测试，也并不意味着整个软件的测试已经充分了。这一特性称为软件测试的非复合性。

（4）即使一个软件系统整体的测试是充分的，也并不意味着这个软件系统中各个成分都已经得到了充分的测试。这个特性称为软件测试的非分解性。

（5）软件测试的充分性与软件的需求、软件的实现都相关。

（6）软件测试的数据量正比于软件的复杂度。这一特性称为软件测试的复杂性。

（7）随着测试次数的增加，检查出软件缺陷的概率随之不断减少。软件测试具有回报递减性。

1.4　软件测试的分类

软件测试的整个生命周期其实是由一系列不同的测试阶段组成的。因而，可以从不同的角度对软件测试进行分类。

1.4.1　按照软件测试的生命周期分类

按照软件测试的生命周期，可以将测试的执行过程划分为单元测试、集成测试、确认测试、系统测试、验收测试。

1.　单元测试

单元测试又称模块测试，单元测试是在软件开发过程中要进行的最小级别的测试，是程序员缩写的一小段代码，用于检验被测代码的一个很小的、很明确的功能是否正确。在单元测试中，软件的最小单元是在与程序的其他部分相隔离的情况下进行测试的。

单元测试是用于判断某个特定条件（或者场景）下某个特定函数的行为。例如，你可能会向某字符串中添加某种模式的字符，然后确认该字符串是否包含这些字符。

单元测试由程序员自己来完成，最终受益的也是程序员自己。可以这么说，程序员有责任编写功能代码，同时也就有责任为自己的代码编写单元测试代码。

单元测试的目的在于检查每个程序单元能否正确实现详细设计说明中的模块功能、性能、接口和设计约束等要求，发现各模块内部可能存在的各种错误。单元测试需要从程序的内部结构出发设计测试用例。对于多个模块，可以平行、独立地进行单元测试。

2.　集成测试

集成测试又称组装测试，通常是在单元测试的基础上，将所有的程序模块进行有序地、递增地组装为子系统或系统的测试。集成测试用于检验程序单元或部件的接口关系，使之逐步集成为符合概要设计要求的程序部件或整个系统。

进行集成测试时需要考虑以下情况：

（1）在把各个模块集成起来时，穿越模块接口的数据是否会丢失。

（2）各子功能组合起来，能否达到预期要求的父功能。

（3）一个模块的功能是否会对另一个模块的功能产生不利的影响。

（4）全局数据结构是否有问题。

（5）单个模块的误差积累起来，是否会放大，以致达到不可接受的程度。

因此，单元测试后有必要进行集成测试，以发现并排除在模块连接中可能发生的上述问题，最终构成符合要求的软件子系统或系统。

集成测试的实施是一种正规测试过程，必须精心计划，并与单元测试的完成时间协调起来。在制订测试计划时，应考虑如下因素：

（1）采用何种系统集成方法来进行集成测试。

（2）集成测试过程中如何连接各个模块的顺序。

（3）模块代码编制和测试进度是否与集成测试的顺序一致。

（4）测试过程中是否需要专门的硬件设备。

解决了上述问题之后，就可以列出各个模块的编制与测试计划表，标明每个模块单元测试完成的日期、首次集成测试的日期、集成测试全部完成的日期，以及需要的测试用例和所期望的测试结果。

3. 确认测试

确认测试又称有效性测试。确认测试是在模拟的环境下，运用黑盒测试的方法，检验被测软件是否满足需求规格说明书规定的要求。软件需求规格说明书中应包括安装测试、功能测试、可靠性测试、安全性测试、时间及空间性能测试、易用性测试、可移植性测试、可维护性测试、文档测试等方面的内容。这些内容就是做确认测试的基础，其任务是检验软件的功能、性能及其他特性是否与用户的要求一致。

通过集成测试之后，软件已完全组装起来，接口方面的错误也已排除，即可开始确认测试。进行确认测试时应检查软件能否按合同要求进行工作，即是否满足软件需求说明书中的确认标准，各类开发、用户文档资料是否完整，人机界面和其他方面（如可移植性、兼容性、错误恢复能力和可维护性等）是否令用户满意。确认测试阶段工作如图 1-4 所示。

4. 系统测试

系统测试是将已经确认的软件、计算机硬件、外设、网络等其他元素结合在一起，进行信息系统的各种集成测试和确认测试，其目的是通过与系统的需求相比较，发现所开发的系统与用户需求不符或矛盾的地方。

系统测试的任务是尽可能彻底地检查出程序中存在的错误，提高软件系统的可靠性，其目的是检验系统做得如何。这阶段可分为 3 个步骤：模块测试，任务是测试每个模块的程序是否有错误；组装测试，任务是测试模块之间的接口是否正确；确认测试，任务是测试整个软件系统是否满足用户功能和性能的要求。该阶段结束应交付测试报告，说明测试数据的选择，测试用例及测试结果是否符合预期结果。发现问题之后要经过调试找出错误的原因和位置，然后进行改正。

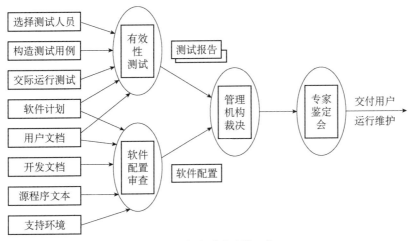

图 1-4　确认测试阶段工作

系统测试流程如图 1-5 所示。由于系统测试的目的是验证最终软件系统是否满足产品需求并且遵循系统设计，所以在完成产品需求和系统设计文档之后，系统测试小组就可以提前制订测试计划和设计测试用例，不必等到集成测试阶段结束。这样可以提高系统测试的效率。

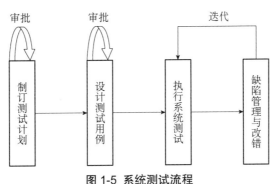

图 1-5　系统测试流程

5. 验收测试

验收测试是系统开发生命周期中的一个阶段，它是一项判断产品是否能够满足合同或用户既定需求的测试。这时系统最终用户或独立测试员根据测试计划对系统进行测试和接收，它的测试结果让系统最终用户做出接收系统还是拒绝系统的决定。

验收测试的工作流程如图 1-6 所示。

1.4.2　按照软件测试技术分类

按照软件测试技术可以将测试划分为白盒测试、黑盒测试、灰盒测试。

1. 白盒测试

白盒测试又称结构测试或逻辑驱动测试。它是按照程序内部的结构测试程序，检测产品内部动作是否按照软件设计说明书的规定正常进行，检验程序中的每条通路是否都能按预定要求正确工作。

2. 黑盒测试

黑盒测试又称功能测试或数据驱动测试，它主要是检测每个功能是否能正常使用。在测试过程中，将程序看作一个不能打开的黑盒子，在完全不考虑程序内部结构的情况下，主要检查程序的功能是否按照软件需求规格说明书的规定正常使用，程序是否能正确地接收所输入的数据，并产生正确的输出信息。黑盒测试只关注程序的外部特性，不考虑程序内部的逻辑结构，主要针对软件界面和软件功能等方面进行测试。

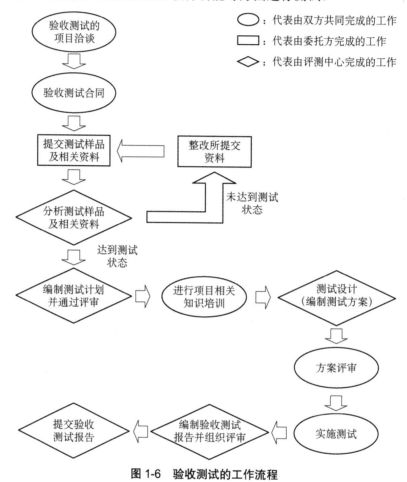

图 1-6　验收测试的工作流程

3. 灰盒测试

灰盒测试是介于白盒测试与黑盒测试之间的测试。它关注输出对于输入的正确性，同时也关注内部表现，但这种关注不像白盒测试那样详细、完整，只是通过一些表征性的现象、事件、标志来判断内部的运行状态。灰盒测试结合了白盒测试和黑盒测试的要素。进行灰盒测试时，要综合考虑用户端、特定的系统知识和操作环境，要在系统组件的协同环境中评价应用软件的设计。

1.4.3　按照软件测试实施主体分类

按照测试实施不同的主体进行分类，测试包括开发方测试、用户测试、第三方测试。

1. 开发方测试

开发方测试又称"验证测试"或"Alpha 测试"。开发方通过检测和提供客观证据，证实软件的实现能满足规定的需求。验证测试是在软件开发环境下，由开发者检测与证实软件的实现是否满足软件设计说明或软件需求说明的要求。开发方测试主要是指在软件开发完成以后，开发方将要提交的软件进行全面的自检与验证，目的是评价软件产品的功能、可使用性、可靠性、性能等。

验证测试可以在软件产品编码结束之后开始，或在模块（子系统）测试完成后开始，也可以在确认测试过程中，产品达到一定的稳定和可靠程度之后开始，可以与软件的"系统测试"一并进行。在验证测试中发现的错误，可以在测试现场立刻反馈给开发人员，由开发人员及时分析和处理。

2. 用户测试

用户测试又称"Beta 测试"，是用户在真实的应用环境下，通过运行和使用软件，检测与核查软件是否符合自己预期的要求。通常情况下用户测试不是指用户的"验收测试"，而是指用户的使用性测试，由用户找出软件在应用过程中发现的软件缺陷与问题，并对使用质量进行评价。

因而其做法主要是把软件产品有计划地免费分发到目标市场，让用户大量使用，并评价、检查软件。通过用户以各种各样的方式使用软件的途径来发现软件存在的问题与错误，并将信息反馈给开发者进行修改。可以说这些信息对软件产品的成功发布大有裨益。

3. 第三方测试

第三方测试是介于软件开发方和用户方之间的测试组织所做的测试，又称为独立测试。软件质量工程强调开展独立验证和确认（IV&V）活动。IV&V 是由在技术、管理和财务上与开发组织相对独立的组织执行验证和确认过程。因而软件第三方测试也就是由在技术、管理和财务上与开发方和用户方相对独立的组织进行的软件测试，一般在真实应用环境下或者模拟用户真实应用环境下进行软件确认或验收测试。

1.4.4　按照测试内容分类

按照软件测试的内容可以将测试划分为功能性测试、可靠性测试、易用性测试、效率测试、可移植性测试和文档测试等。

1. 功能性测试

功能性能测试应该从适合性、准确性、互操作性、安全性、功能的依从性等方面进行考查。

（1）适合性。在测试过程中，适合性测试是检验系统是否提供了满足需求的功能，以及系统所提供的功能对需求的适合程度的测试工作。

（2）准确性。在测试过程中，准确性测试是检验系统处理数据是否准确，以及处理数据的精度是否符合需求的测试工作。

（3）互操作性。在测试过程中，互操作性是检查系统的相关功能与其他特定系统之间交互能力的测试工作。

（4）安全性。在测试过程中，安全性测试是检验系统的安全性、防止对系统及数据非授权的故意或意外访问、防止重要数据丢失等方面的测试工作。

（5）功能的依从性。在测试过程中，功能的依从性测试是检验软件产品的功能是否遵循有关的标准、约定、法规等的测试工作。

主要考虑软件需求设计中涉及软件产品需要遵循的标准、约定、法规等内容，依据上述内容分别测试软件的依从性。

2. 可靠性测试

可靠性测试应该从成熟性、容错性、易恢复性等方面进行考查。

（1）成熟性测试。在测试过程中，成熟性测试是检验软件系统故障导致失效的可能程度的测试工作。

（2）容错性测试。在测试过程中，容错性测试是检验软件系统在出现故障或违反指定接口的情况下，是否能维持规定的性能水平的测试工作。

（3）易恢复性测试。在测试过程中，易恢复性测试主要检验软件失效后，重建其直接受影响的数据，以及为达此目的所需的时间和相关工作的软件属性。

3. 易用性测试

易用性测试是测量软件能被理解、学习和操作，能吸引用户，以及遵循易用性法规和指南的程度。易用性测试应该从易理解性、易学习性、易操作性几个方面进行考查。

（1）易理解性测试。在测试过程中，易理解性测试主要是检查用户为认识系统的逻辑概念及系统的应用所实施的相关工作的软件属性。

（2）易学习性测试。在测试过程中，易学习性测试主要检查用户为学习软件的输入、输出、计算、控制等应用所实施相关工作的软件属性。

（3）易操作性测试。在测试过程中，易操作性测试是检查系统中用户为操作和运行控制所付出努力有关的软件测试工作。

4. 效率测试（性能测试）

效率测试在测试或运行期间具有测试软件的计算机系统的时间消耗及资源利用特性。在多数情况下，效率测试是指性能测试。

1）时间特性测试

在测试过程中，时间特性测试主要考查的是系统的执行效率。

执行效率主要是对系统的事务处理平均响应时间、90%的事务处理响应时间、事务处理速率等相关参数进行测试，考查系统在各种情况下的性能表现。

时间特性测试可以通过单用户效率测试、系统并发性能测试、疲劳强度测试等方式进行。

2）资源利用性测试

在测试过程中，资源利用性测试主要是检测系统的设备效率与网络效率。

（1）设备效率测试：主要指对系统 CPU 占用率、内存占用率、磁盘占用率等相关参数进行测试，包括软件在不工作状态下对于硬件资源的占用情况和进行业务处理过程中对于硬件资源的占用情况，包括数据库服务器、应用服务器和客户端的资源占用情况等。

（2）网络效率测试：主要测试网络吞吐量、网络的使用频度与带宽占用情况等。

资源利用性测试可以通过单用户效率测试、系统并发性能测试、疲劳强度测试等方式进行。

5. 可移植性测试

可移植性测试是指测试软件是否可以被成功移植到指定的硬件或软件平台上，主要从适应性、易安装性、共存性、易替换性几方面进行考查。

（1）适应性测试。在测试过程中，适应性测试是检测系统软件无须特殊准备就可适应不同的规定环境的软件测试工作。

（2）易安装性测试。在测试过程中，易安装性测试主要是检测软件系统在指定环境下的安装过程中所需的相关工作。

（3）共存性测试。在测试过程中，共存性测试主要是检验软件系统与指定的其他软件共存于指定环境下的软件属性。

（4）易替换性测试。在测试过程中，易替换性测试主要是检验软件系统在该软件环境中用于替代指定的其他软件的机会和所付出的努力大小。

6. 文档测试

文档测试包括文档完整性、文档正确性、文档一致性与文档易理解性检查。这里的完整性、正确性、一致性与易理解性不仅指文档与文档之间的，也指文档与系统之间的。

（1）文档完整性。文档完整性测试是检查开发文档、管理文档等相关文档是否按照实际系统的全部功能提供了相关信息说明。

（2）文档正确性。文档正确性测试是检查开发文档、管理文档等相关文档的描述信息是否与实际系统的全部功能一一对应，并且准确无误。

（3）文档一致性。文档一致性测试考查包括文档与文档的一致性、文档与系统的一致性两部分，一般来讲，主要是考查文档与系统的一致性。

文档与系统的一致性包括用户手册（或软件需求说明书）与生产系统的一致性，以及数据库设计文档与生产系统数据结构的一致性两部分。

（4）文档易理解性。文档易理解性测试不仅要检查系统文档应具有易理解性，避免不必要的描述和表达形式，避免产生歧义，同时检查系统文档中是否对关键、重要的操作提供了直观、明了的文字或图表说明等。

文档的易理解性测试可以与文档一致性测试紧密配合，加强检查系统文档中各个要素的质量，重点检查文档内容是否具有易理解性，对于容易产生歧义的部分是否进行了详细说明，对于关键、重要的操作是否进行了图文并茂的详细说明等。

1.5　软件测试过程

软件测试从测试计划编写到测试实施，需要经历一系列的测试过程。这些测试按软件从编写到交付的各个阶段的先后顺序可分为单元测试、集成测试、确认（有效性）测试、系统测试和验收（用户）测试 5 个阶段，如图 1-7 所示。

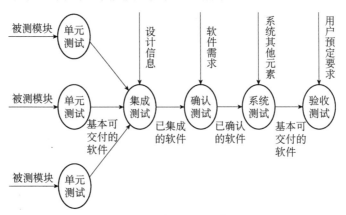

图 1-7　测试各阶段示意图

　　各阶段的测试对象、测试内容及测试方法均不同，具体体现如下：首先对每一个程序模块进行单元测试，以消除程序模块内部逻辑上和功能上的错误和缺陷。单元测试是基于代码的测试，由软件开发人员执行，以验证其程序代码的各个部分是否已达到了预期的功能要求；然后对照软件设计进行集成测试，检测和排除子系统（或系统）结构上的错误，集成测试验证了两个或多个单元之间的集成是否正确，并且有针对性地对设计说明书中所定义的各单元之间的接口进行检查；在单元测试和集成测试完成之后，再对照需求，进行确认测试。随后，将软件运行在用户实际环境的模拟系统中进行系统测试，以验证系统是否达到了在软件设计说明书中所定义的功能和性能；最后，当技术部门完成了所有测试工作，由业务专家或用户进行验收测试，以确保产品能真正符合用户业务上的需要。

1.5.1　软件测试与软件开发各阶段的关系

　　软件开发过程是一个自上而下、逐步细化的过程，在软件开发的各个阶段有着不同的侧重点。在软件计划阶段主要是根据客户的需求分析定义软件的作用域，在设计阶段主要是建立软件的数据域、约束、数据字典和一些有效性准则。在开发阶段，把软件的设计用某种程序语言转换成程序代码。接着进入集成、确认及系统测试阶段。而软件的测试过程则是依相反的顺序自下而上、逐步集成的过程，低一级测试为上一级测试的准备条件。在软件测试过程中，最先产生的错误有可能最后才被发现，如需求分析时产生的错误要到验收测试时才被发现，这一点要引起足够的重视。

　　如图 1-8 所示为软件测试与软件开发过程的关系图。

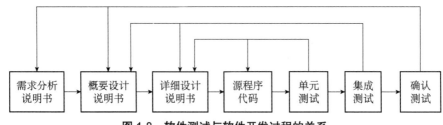

图 1-8　软件测试与软件开发过程的关系

1.5.2　一个完整的软件开发流程

软件测试不是简单地针对软件进行检测而是包含了很多复杂活动，并且这些活动贯穿于整个软件开发的过程。在软件开发的各个阶段，测试人员必须制订本阶段的测试方案，把软件开发和测试活动集成到一起。只有这样，才能提高软件测试工作的效率，提高软件产品的质量，最大限度地降低软件开发与测试的成本，减少重复劳动。如图 1-9 所示为软件测试与开发的完整流程。

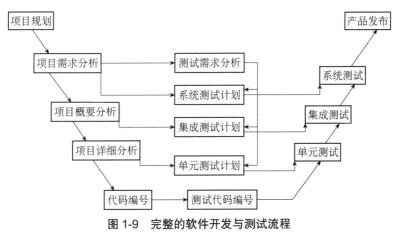

图 1-9　完整的软件开发与测试流程

1.5.3　测试在开发阶段的作用

1. 项目规划阶段

由专人负责从单元测试到系统测试的整个测试阶段的监控。

2. 需求分析阶段

（1）确保测试需求分析、系统测试计划的制订，并经评审后成为配置管理项。

（2）测试需求分析对产品生命周期中测试所需要的资源、配置、每阶段评判通过标志进行规约。

（3）系统测试计划是依据软件的需求规格说明书，制订测试计划和设计相应的测试用例。

（4）系统测试计划最大的好处是能够更进一步明确需求。

（5）最大的困难是如何设计测试用例才能验证需求，测试用例的预测结果是什么。

3. 详细设计和概要设计阶段

（1）确保集成测试计划和单元测试计划完成。

（2）测试计划后，会对参考的设计文档进行修改，也可能会修改前一阶段的文档。

4. 编码阶段

（1）开发人员在编写代码的同时，还必须撰写自己负责部分的测试代码。

（2）在项目较大的情况下，必须由专人负责编写项目组各开发人员都需要的测试代码。

5．测试阶段（单元测试、集成测试、系统测试）

（1）测试工程师依据测试代码进行测试。

（2）专人主持测试工作，并提交相应的测试状态报告和测试结果报告。

1.6 软件测试技术前沿

经过近50年的发展，软件系统工程化开发方面取得了令人瞩目的成就，大量新的理论、方法、技术和工具应运而生，但是近年来的研究和实践表明软件危机依然存在，软件开发的质量、进度和成本仍难以得到有效控制。随着网络技术的不断发展，基于网络的软件系统越来越复杂。如何支持这类复杂系统的开发、缓解和消除现阶段的软件危机是当前软件工程面临的一项重要挑战，这对软件测试工作也提出了越来越高的要求。为了应对上述挑战，近年来软件领域的一些学者提出了许多新的方法和技术，包括敏捷测试方法、测试驱动开发等。与传统的测试方法对比，这些新方法为软件测试提供了新的思路，已经在许多软件测试实践中取得了积极的成果。

1.6.1 敏捷测试方法

软件工程面临的一个共性问题是如何迅速、高效地开发软件系统，适应用户需求的快速变化，确保软件系统的质量，控制软件开发成本。自20世纪90年代以来，软件工程领域出现了一批新的方法，这些方法的主要特点是只编写少量文档、以用户为中心、主动适应需求变化。这些方法被称为敏捷软件开发，其代表性的成果是极限编程。敏捷软件开发是一类轻型的软件开发方法，它提供了一组思想和策略来指导软件系统的快速开发并响应用户需求的变化。"敏捷"一词于2001年才在软件工程界首次出现，此后，越来越多的人了解到敏捷测试方法。

敏捷测试方法有两个最主要的特征：轻量和简单。敏捷测试方法论包含最少的流程和文档，减少正式性，目的是做眼前能做的事情，而不去预测太远的未来，首先完成紧迫的事情，快速、增量的开发，能更快地交付客户使用，更快得到反馈。

敏捷测试方法对于产品质量来说有新的方式，专注于开发人员负责发现和移除缺陷，专注于客户负责确保项目开发，真正满足客户需要的高质量产品。

敏捷测试的典型测试过程如下：

（1）引入一个GUI测试执行工具（例如，Rational、Mercury、Compuware等）。

（2）定义所需要的测试用例。

（3）组建一个自动化测试组，实现每个测试用例的自动化执行。

（4）构建一个完整的测试库和框架。

（5）不断地完善和修正。

如果产品容易测试且变更不大，上述过程较为适合。但对于自动化测试，其范畴需进一步扩大。提出了敏捷自动化测试就是把敏捷开发的原则应用在测试自动化上。

敏捷自动化测试的原则可以概括为：

（1）测试自动化意味着使用工具支持测试项目的各个方面，而不仅仅是测试执行方面。

（2）当测试自动化得到指定的测试员（tool smith-工具铁匠）支持时，会不断地顺利进行。

（3）"工具铁匠"由测试组领导。

（4）"工具铁匠"收集并应用各种各样的工具来支持测试。

（5）"工具铁匠"帮助实现可测特性并"打造"工具以便于用这些可测特性。

（6）组织实现测试自动化是为了完成某个短期的目标。

（7）避免盲目进行长期的自动化测试任务应基于业务场景的分析。

对于一个大型的测试组来说，至少需要一名"工具铁匠"。但不要把所有测试员都作为"工具铁匠"，因为这样做的成本太高。

1.6.2　测试驱动开发

高效的软件开发过程对软件开发人员来说是至关重要的，决定着开发的成败。测试驱动开发（Test Driven Development，TDD）是极限编程的重要特点，它以不断的测试推动代码的开发，既简化了代码，又保证了软件质量。

1. TDD 的优势

TDD 的基本思路就是通过测试来推动整个开发的进行。而测试驱动开发技术并不只是单纯的测试工作。

需求是软件开发过程中最不易明确描述、最易变的东西。这里说的需求不仅指用户的需求，还包括对代码的使用需求。很多开发人员最害怕的就是后期还要修改某个类或者函数的接口，发生这样的事情就是因为这部分代码的使用需求没有很好地描述。测试驱动开发就是通过编写测试用例，先考虑代码的使用需求（包括功能、过程、接口等），而且这个需求描述是无二义的、可执行验证的。

通过编写这部分代码的测试用例，对其功能的分解、使用过程、接口都进行了设计。而且这种从使用角度对代码的设计通常更符合后期开发的需求。另外测试的要求，对代码的内聚性的提高和复用都非常有益，因此测试驱动开发也是一种代码设计的过程。

开发人员通常对编写文档非常厌烦，但要使用、理解别人的代码时通常又希望能有文档进行指导。而测试驱动开发过程中产生的测试用例代码就是对代码最好的解释。

快乐工作的基础就是对自己有信心，对自己的工作成果有信心。当前很多开发人员却经常在担心"代码是否正确""辛苦编写的代码还有没有严重 Bug""修改的新代码对其他部分有没有影响"。这种担心甚至导致某些代码应该修改，开发人员却不敢修改。测试驱动开发提供的测试集就可以作为信心的来源。

当然测试驱动开发最重要的功能还在于保障代码的正确性，能够迅速发现和定位 Bug，这是很多开发人员的梦想。针对关键代码的测试集，以及不断完善的测试用例，为迅速发现、定位 Bug 提供了条件。

2. TDD 的原理

测试驱动开发的基本思想就是在开发功能代码之前，先编写测试代码。也就是说在明确要开发某个功能后，首先思考如何对这个功能进行测试，并完成测试代码的编写，然后再编写相关的代码满足这些测试用例。之后循环添加其他功能，直到完成全部功能的开发。

把这个技术的应用领域从代码编写扩展到整个开发过程，应该对整个开发过程的各个阶段进行测试驱动，首先思考如何对这个阶段进行测试、验证、考核，并编写相关的测试文档，然后开始下一步工作，最后再验证相关的工作。

在开发的各个阶段，包括需求分析、概要设计、详细设计、编码过程等，都应该考虑相对应的测试工作，完成相关的测试用例的设计、测试方案、测试计划的编写。这里提到的开发阶段只是举例，需要根据实际的开发活动进行调整。相关的测试文档不一定非常详细复杂，但应该养成测试驱动的习惯。

3. TDD 的过程

软件开发其他阶段的测试驱动开发，根据测试驱动开发的思想完成对应的测试文档即可。下面针对详细设计和编码阶段进行介绍。

测试驱动开发的基本过程如下：

（1）明确当前要实现的功能（可以记录成一个 TODO 列表）。

（2）快速完成针对此功能的测试用例编写。

（3）测试代码编译通过。

（4）编写对应的功能代码。

（5）测试通过。

（6）对代码进行重构，并保证测试通过。

（7）循环完成所有功能的开发。

为了保证整个测试过程比较快捷、方便，通常可以使用测试框架组织所有的测试用例。XUnit 系列是一个免费、优秀的测试框架，几乎所有的语言都有对应的测试框架。

1.6.3 云计算与软件测试

1. 云计算概述

云计算（Cloud Computing）是网格计算（Grid Computing）、分布式计算（Distributed Computing）、并行计算（Parallel Computing）、效用计算（Utility Computing）、网络存储（Network Storage Technologies）、虚拟化（Virtualization）和负载均衡（Load Balance）等传统计算机技术和网络技术发展融合的产物。它旨在通过网络把多个成本相对较低的计算实体整合成一个具有强大计算能力的完美系统，把强大的计算能力分布到终端用户手中。如图 1-10 所示为云计算示意图。

2. 云计算环境对软件测试的新要求

云计算为企业开发人员及提供相关服务和工具的供应商带来了新机遇。对于软件测试团体来说，在面临新挑战的同时，也将得到新工具以解决软件测试中的关键问题。软件测试人员必须能够有效率地对所有层面进行测试——从应用到云服务供应商。

图 1-10　云计算示意图

（1）云计算给软件测试带来的第一个挑战是软件测试的对象更加庞大。

对于测试人员来说，云计算同样意味着一种转变。Chaudhary 举例道："比如你构建了一个应用，可以通过黑莓手机使用，并托管于一家云公司（Sales Force），Sales Force 要运行一定量的测试以保证服务可以正常使用。但是，对于应用本身来说，它是运行在 1 部手机上还是 50 部手机上呢？你是否需要加载一个非常大的页面呢？"另外，云托管公司可能会使用第三方的服务来提高性能。其对于测试结果的影响就是，终端用户的体验将受到公司、云供应商和所有其他相关团体的影响。

（2）如何控制云计算环境下的测试成本是软件测试面临的另一挑战。

基于云的测试也是企业了解云并减少测试成本的一个途径。传统的客户认为测试是一个扔钱的无底洞。他们一直在寻找可以减少成本的方法。对于公司来说，云计算的主要问题是，它是否足够可靠。而测试不同，云环境下的测试只是模拟真实的情况，它并不涉及与生产相关的问题。但是它确实可以减少成本。通过云计算，测试人员能够访问并使用大量的计算资源，而这正是测试所需要的。测试人员可以在短时间内准备好多台服务器，只需要按测试时间支付费用，而不需要为 Web 应用准备大型测试实验室。比如，可以使用 Soasta 的 CloudTest 虚拟云环境测试实验室或设备，它支持负载、性能、功能和 Web UI/Ajax 测试等。

互联网应用的性能测试特别需要在云环境下进行。对于互联网应用来说，这不只是应用本身的问题，它涉及所有相关的供应商。你无法决定用户是使用 DSL 还是拨号上网，或者是移动设备。性能测试本来就是取决于环境的。对于移动应用，性能测试和功能测试都应该在云环境下进行。功能测试同样也取决于供应商。测试者有一个可以登录的显示屏，即使应用可以正常运行，网页的大小、显示屏的大小，以及所有供应商也都会对其产生影响。通过在云环境下进行测试，企业就能更容易地对上百种设备进行测试，同时节约更多的成本。

（3）在云环境中的测试比基于单一服务器的应用测试脚本复杂得多。

在云环境下，需要测试与应用有关的网络性能、服务器性能、数据库性能、软件性能，以及它在客户端上的缓存情况。如果只在某个位置上运行一个应用，则可以在一个位置上对其进行测试。但是对于应用分布在许多不同且无法预测的位置上，显然要比运行一个基于单一服务器的应用测试脚本复杂得多。关键的问题就是，要在各个不同的组件和地理位置上运行测试以确定问题，而企业的应用开发通常无法使用这种环境。因此，就需要为测试人员提供一个可用的环境，让他们可以利用互联网云和各种可能出现的情况，使用真实的网络和桌面。

（4）对新测试工具的需求。

在云计算环境下，需要新型测试工具。不能再使用为 LAN 或独立服务器准备的测试工具来进行云计算。所以，需要新的测试工具，要让开发人员进入网络环境。据估计，在未来的 5 年里，所有的测试工具供应商都会进入云领域，届时将产生新一代的测试公司。

1.6.4 移动应用与软件测试

随着苹果 iOS 和谷歌 Android 两大手机操作系统的兴起，强大的开发平台和开发工具帮助开发人员更快地开发出移动应用软件。2019 年 10 月 31 日，在 2019 年中国国际信息通信展览会上，工信部宣布：5G 商用正式启动。同一天，中国移动、中国电信、中国联通三大运营商公布了 5G 商用套餐，套餐于 11 月 1 日正式上线。中国的 5G 在 2020 年开始全面普及。随着 5G 商用牌照的发放，我国正式步入 5G 商用元年。中国科协信息通信科学传播专家团队首席专家张新生认为，5G 不仅是新一代移动通信技术，更是经济和社会发展的基础设施。未来，云计算、大数据、人工智能等将推动 5G 成为开放融合的智能化网络。移动互联网的发展将互联网带入了人们的日常生活，而移动应用软件是最关键的载体。

移动设备的操作方式、网络连接方式、较小的存储空间、尺寸不同的屏幕以及移动性等都使得移动应用软件的操作流程和界面设计与传统 PC 应用完全不同，对用户体验的要求更进一步。

移动应用软件项目给软件测试带来的新的挑战有以下几点：

（1）需要快速地了解不同平台的特性，包括界面设计规范、移动设备的使用、与平台内置应用程序之间的交互。

（2）自动化测试也需要根据开发平台选择适合的工具和脚本语言。

（3）支持多语言的应用程序还需要我们了解移动设备是否自带多语言包以及切换语言的方式。

（4）更加快速地适应项目周期以及应对更新，制订合适的测试策略以保证软件质量。

移动应用软件运行在小小的移动设备上，更加接近用户而有其众多的特殊性。快速变化的移动互联网时代，移动应用慢慢渗入我们生活和工作的方方面面，涉及的业务广泛，其软件质量会影响其产品的用户量。移动应用软件测试技术以及项目的管理也需要改进，以快速提供高质量软件应用软件产品为目标，探索更多的测试方法甚至开发可靠的测试工具帮助提高移动应用软件测试的效率。

1.6.5 人工智能与软件测试

1. 人工智能测试的 6 个层次

什么是自动化测试的 6 个层次？这 6 个层次是目前人们看到的对于 AI 和自动化测试相对清晰的一个抽象，先简单介绍一下这 6 个层次的来源，这是由 Applitools 的高级架构师 Gil Tayar 在 Craft Conference 2018 上介绍他如何将 AI 技术应用到自动化测试的内容中提到的 6 个层次，分别为：

（1）完全没有自动，你需要自己写测试。

（2）驾驶辅助——AI 可以查看页面，帮助你写出断言。你还是要自己写"驱动"应用程序的代码，但是 AI 可以检查页面，并确保页面中的期望值是正确的。在这种模式下，软件测试工程师需要自己用传统技术解决流程驱动的问题，但无须在脚本中做 Expectation 的校验或者无须用脚本方式写 Check Point，而把校验的工作交由 AI 来完成，AI 技术在此过程中起到辅助的作用。

（3）部分自动化——虽然能分辨实际页面和期望值的区别这一点已经很好了，但是第 2 层次的 AI 需要有更深层的理解。比如说，如果所有页面都有相同的变更，AI 需要认识到这是相同的页面，并向我们展示出这些变更。

进一步来说，AI 需要查看页面的布局和内容，将每个变更分类为内容变更或是布局变更。如果我们要测试响应式 Web 网站，这会非常有帮助，即使布局有细微变更，内容也应该是相同的。这是 Applitools Eyes 这样的工具所处的层次。在这种模式下，AI 逐渐具备了贯穿上下文的能力，如果相对层次 2 而言，层次 2 停留在"点"上，层次 3 模式下的 AI 已经具备了"线"的辅助能力。

（4）条件自动化——在第 3 层，软件中检测的问题和变更仍然需要人来审查。第 3 层的 AI 可以帮助我们分析变更，但不能仅仅通过查看页面来判断页面是否正确，需要和期望值进行对比才能判断。但是第 4 层的 AI 可以做到这一方面，甚至更多其他方面，因为它会使用到机器学习的技术。

比如说，第 4 层的 AI 可以从可视化角度查看页面，根据标准设计规则，例如，对齐、空格、颜色和字体使用以及布局规则，判断设计是否过关。AI 也能查看页面的内容，基于相同页面之前的视图，在没有人工干预的情况下，判断内容是否合理。在这种模式下，AI 逐渐具备了自我学习的能力，能从"面"上进行辅助自动化，但这实现起来非常困难，目前相对不够成熟。

（5）高度自动化——直到现在，所有 AI 都只是在自动化地进行检查。尽管使用了自动化软件，但还需要手动启动测试，需要单击链接，而第 5 层的 AI 可以自动启动测试本身。AI 将通过观察启动应用程序的真实用户的行为，理解如何自己启动测试。这层的 AI 可以编写测试，可以通过检查点来测试页面。

但这不是终点，它还需观察人的行为，偶尔需要听从测试人员的指令。在这种模式下，相对前边的几种层次，这个层次的 AI 已经摆脱了人工驱动的模式，核心改变就是从人工驱动发展为 AI 驱动，如果说前面几种模式还需要测试人员编写流程驱动脚本，那么这种模式下，测试人员将摆脱这一束缚。

（6）完全自动化——必须承认，这个层次有点"恐怖"。这个层次的 AI 可以和产品经理"交流"，理解产品的标准，自己写测试，不需要人的帮助。这种模式可能是我们所希望追求的最高境界，或许发展到这个阶段，测试这个岗位需要重新被定义。如图 1-11 所示为人工智能测试的 6 个层次示意图。

2．运用场景

AI 技术在测试领域的运用并非新鲜话题，但业界对此讨论的一些方向也值得我们思考和探索。AI 和 ML（机器学习）技术能如何被运用到测试场景，常见的 3 种运用场景包括 Unit Tests、API Testing、UI Testing。

（1）Unit Tests

单元测试对于确保每一次 Build 都能构建出稳定和具备可测性的软件非常重要，但单元测试的构建和维护本身也面临很大的挑战，在业界例如像 RPA 这样的 AI-Powered Unit Test 工具，试图帮助开发人员来更加有效地维护单元测试用例，利用 AI 技术对代码进行分析和学习，从而有效地减少那些无用的用例集，从而维护一个更加可靠和稳定的单元测试用例库。

（2）API Testing

在敏捷开发模式下，测试人员会面临常态化多变的 UI 界面，此时针对系统 API（接口）的测试其有效性和效率可能会大于 UI 自动化测试，在此领域有非常多的一些使用 AI 技术的工具能帮助测试人员对手工 UI 测试自动转换为 API 测试，从而帮助组织更加高效地构建起复杂和完善的 API 测试策略。

人工智能测试的6个层次

	核心词	特点
层次1	手工测试	完全没有自动化，需要自己写测试
层次2	驾驶辅助	在这种模式下，软件测试工程师需要自己用传统技术解决流程驱动的问题，但无须在脚本中做Expectation的校验或者无须用脚本方式写Check Point，而把校验的工作交由AI来完成，AI技术在此过程中核心起到辅助的作用
层次3	部分自动化	在这种模式下，AI逐渐具备了贯穿上下文的能力，如果相对层次2而言，层次2停留在"点"上，层次3模式下的AI已经具备了"线"的辅助能力
层次4	条件自动化	在这种模式下，AI逐渐具备了自我学习的能力，能从"面"上进行辅助自动化，但这实现起来非常困难，目前相对不够成熟
层次5	高度自动化	在这种模式下，相对前面的几种层次，这个层次的AI已经摆脱了人工"驱动"的模式，核心改变就是从人工"驱动"发展为"AI"驱动，如果说前面几种模式还需要测试人员编写流程驱动脚本，而在这种模式下，测试人员将摆脱这一束缚
层次6	完全自动化	这种模式可能是我们所希望追求的最高境界，或许发展到这个阶段，测试这个岗位需要重新被定义

图 1-11　人工智能测试的 6 个层次

（3）UI Testing

目前对于 UI 自动化测试的主要思想还是如何把手工测试用例转换为自动化测试用例，AI 技术在此场景下目前大多被运用在结果识别以及多场景的适配测试领域，从而降低对 UI 自动化的维护和运行成本。

3. 业界在 AI 测试领域的解决方案

针对上述提到的运用场景和不同的 6 个层次，目前业界在此领域也有非常多的 AI Powered Testing Tools，我们可以快速做一个了解（工具排名不分先后）。

（1）Applitools

这是一个运用了 AI 技术的 Visual Testing 解决方案，它运用 AI 技术智能化识别 UI 界面上那些有价值的改动，并主动识别其是否是潜在的 Bug，或者是有意义的改动而并非 Bug，从而让自动化脚本的维护从规则化升级为智能化。

从其官方价值不难看出，其主要解决的问题是在软件 UI 影响用户体验的领域，比如像视窗存在遮挡，界面元素颜色、大小、位置可能存在问题等，这对于一些非常重视用户对软件产品体验方面的领域还是具有一定的价值的，而这些领域的测试如果用传统的基于规则的自动化，实现成本和维护成本会非常巨大。

（2）Appvance IQ

Appvance 公司的宣传口号是"The Only True AI-Driven Software Test Automation Technology Create 1000's of regression tests in minutes"，翻译过来大致的意思是这是一个真正的 AI 驱动的自动化测试解决方案技术，该技术能在 1 分钟内瞬间产生 1000 个左右的回

归测试用例，从官宣口号中不难看出，其主打的是"效率"二字，核心是希望解决回归测试的痛点，该公司也提出了一个 5 层自动化模型，这 5 层模型和前面提到的 6 层模型其实有异曲同工之处。

（3）Eggplant

该工具获得 2019 SIIA CODiE WINNNER（Best DevOps Tool Digital Automation Intelligence Suite），该工具的 Eggplant AI 功能号称能自动创建 Test Case，并优化测试执行来发现更多的 Bug，其提出的测试覆盖率思想中提出了一个"User Journeys"的思想相对有趣，官方有这么一段介绍"Eggplant AI automatically generates test cases and optimizes test execution to find defects and maximize coverage of user journeys"，其实这里的 Customer Journey 即是我们常常说的不同的测试场景，为了达到对于 Customer Journey 的覆盖，其核心实现逻辑抽取出了 Model 和 Tag 的概念，前者是 Journey 建模，后者实际上是数据驱动。

（4）Testim.io

机器学习的概念被这个工具用于测试集的自动化。它侧重于在功能级别上测试最终用户端场景，还测试应用程序中涉及的接口。UI 测试使用 Testim.io 是有效的，并减少时间花费高达 90%。它使用 JavaScript，也接受 HTML 语言。该工具的主要特点如下：

① 与像 Jenkins 这样的 CI 工具集成。

② 与 CD 工具如 Jira、Github 和 Visual studio 合作。

③ 支持不同的浏览器，如 Edge、IE、Safari、Internet Explorer 等。

人工智能现在正慢慢成为软件生命周期的一个重要方面。人工智能在我们的实践中应该涉及到什么范围，目前还在讨论和观察中。很多组织都不太愿意将它们用于生产工作，因为它需要大量的创造力和分析。

人工智能可以节省大量的原本需要更多人力投入的人工和自动化系统的成本。对于人工智能，我们需要做一次投资，然后才能在未来取得丰硕的成果。

手工测试涉及重复性的工作，因此需要大量的人力投入，这使得利用手工测试进行创新的空间更小。人工智能测试将解放人力，因此我们可以交叉培训低技能劳动者，让他们接受人工智能机器学习。这将帮助我们实现更高效的人工智能系统，提高生产率，从而产生巨额利润。所有的节省都可以智能地用于执行最好的质量保证活动、探索性测试和即兴的应用程序测试的其他领域。

人工智能机器学习和人工智能机器人与现代测试框架兼容，并与许多 CI/CD 工具集成。因此，人工智能机器人与应用测试的协作是很容易的。人工智能有它的局限性，我们还需要进一步研究。通过更多的探索和使用人工智能系统，我们会意识到它的局限性。然后我们可以在这些基础上继续工作，并获得克服现有版本困难的下一个高级版本。

在未来，人工智能可以帮助人类测试人员探索测试的新方面，因此这是一个人类和机器携手合作以获得更大优势的新时代的开始。

1.7　软件测试人员的素质

软件测试是一项复杂而艰巨的任务，软件测试人员的目标是尽早发现软件缺陷，以便降低修复成本。软件测试人员是客户的眼睛，是最早看到并使用软件的人，所以应当站在客户的角度，代表客户说话，及时发现问题，力求使软件功能趋于完善。

很多比较成熟的软件公司都把软件测试视为高级技术职位。软件测试员的工作与程序员的工作对软件开发所起的作用是相当的。虽然软件测试员不一定是一个优秀的程序员，但是作为一个出色的软件测试员应当具备丰富的编程知识，掌握软件编程的基础内容，了解软件编程的过程，这无疑对出色完成软件测试任务具有很大的帮助。

通常软件人员应具备如下素质。

1. 良好的沟通能力

测试人员需要和各类人员进行沟通，既要能够和技术（开发者）人员讨论系统设计和实现的问题，又要和非技术人员，包括用户、管理人员交流系统的需求和规格。这是不同的两类人员，他们关心的侧重点不一样。即使对同一个事件也会用不同的方式表达出来。有时，测试人员可以说是技术人员、用户和管理人员的桥梁。

测试常被人理解为一种"破坏"性的工作，容易导致测试人员与其他相关人员之间的冲突。比如，用户担心将来开发出来的系统会不符合自己要求，开发人员则担心由于系统需求不正确而导致不得不重新设计开发，管理人员则担心这个系统突然崩溃而使自己的公司声誉受损。这就要求测试人员能够理解不同人的想法，尽量减少和避免与各方的冲突和对抗。

在发现错误特别是重大错误后，如何将其告诉相关人员也是一门艺术，机智老练和熟练的"外交手法"有助于维护测试工程师与开发人员的协作关系。如果采取的方法过于死板和生硬，对测试工程师来说，在以后的工作中就会出现"赢了战争却输了战役"的不利情况。

2. 掌握比较全面的技术

不懂开发的测试工程师已经是新时代的文盲，开发人员对那些不懂技术的人持一种轻视的态度。一旦测试小组的某个成员做出了一个比较明显的错误断定，可能会被夸张地到处喧扬，那么测试小组的可信度就会受到影响，其他正确的测试结果也会受到质疑。再者，由于软件错误通常依赖于技术，或者至少受构造系统所使用的技术的影响，所以测试人员应掌握编程语言、系统构架、操作系统的特性、网络、表示层、数据库的功能和操作等知识，应该了解系统是怎样构成的，明白被测试软件系统的概念、技术，要建立测试环境、编写测试脚本，又要会使用软件工程工具。要做到这些，需要有几年以上的编程经验及对技术和应用领域的深刻理解。所以在优秀的测试工程师难找的情况下，已经有越来越多的公司选择直接用研发工程师来顶替了。

3. 充分的自信心

通常开发人员认为测试工程师的开发技术掌握得不如自己，持一种轻视的态度。在这种情况下测试人员除了要有过硬的技术基础外，还要有足够的自信心来面对开发人员的质疑和指责，坚持正确客观的立场，继续开展测试工作。

4. 足够的耐心和责任感

有些质量保证工作非常烦琐，重复性很强，容易使人变得疲倦和无聊，这时就需要难以置信的耐心。有时分离、识别一个错误需要花费惊人的时间和精力，这些工作是耐不住性子的人无法完成的。另外，有些错误隐藏得很深，必须要有责任感，坚持不懈，想方设法找出问题所在。

5．要具备怀疑精神和学习能力

开发人员会尽他们最大的努力解释每一个错误，测试人员必须保持怀疑的态度，直到他确认以后。

6．超强的记忆力和良好的洞察力

理想的测试人员应该有能力将以前曾经遇到过的类似的错误从记忆深处挖掘出来，这项能力在测试过程中的价值是无法估量的。因为许多新出现的问题和我们已经发现的问题非常类似。

一个好的测试人员应具备良好的洞察力，对细节超乎寻常地关注，能够明确捕获用户的观点。

习　题

一、选择题

1．软件测试的目的是_____。

　　A．表明软件的正确性　　　　　　　　B．评价软件质量

　　C．尽可能发现软件中的错误　　　　　D．判定软件是否合格

2．下面关于软件测试的说法中，_____是错误的。

　　A．软件测试是程序测试

　　B．软件测试贯穿于软件定义和开发的整个期间

　　C．需求规格说明、设计规格说明都是软件测试的对象

　　D．程序是软件测试的对象

3．某软件公司在招聘软件测试员时，应聘者甲向公司做如下保证：

　　① 经过自己测试的软件今后不会再出现问题。

　　② 在工作中对所有程序员一视同仁，不会因为在某个程序员编写的程序中发现的问题多，就重点审查该程序，以免不利于团结。

　　③ 承诺不需要其他人员，自己就可以独立进行测试工作。

　　④ 发扬咬定青山不放松的精神，不把所有问题都找出来，决不罢休。

　　你认为应聘者甲的保证_____。

　　A．①、④是正确的　　　　　　　　　B．②是正确的

　　C．都是正确的　　　　　　　　　　　D．都不正确

4．软件测试的对象包括_____。

　　A．目标程序和相关文档　　　　　　　B．源程序、目标程序、数据及相关文档

　　C．目标程序、操作系统和平台软件　　D．源程序和目标程序

5．导致软件缺陷的原因有很多，①～④是可能的原因，其中最主要的原因包括_____。

　　① 软件需求说明书编写得不全面，不完整，不准确，而且经常更改。

　　② 软件设计说明书。

③ 软件操作人员的水平。

④ 开发人员不能很好地理解需求说明书和沟通不足。

A. ①、②、③　　　　　　　　　　　　B. ①、③

C. ②、③　　　　　　　　　　　　　　D. ①、④

6. 下面关于软件测试的原则说明中错误的是_____。

　　A. 应当把"尽早地和不断地进行软件测试"作为软件开发者的座右铭

　　B. 测试用例应包括测试输入数据和与之对应的预期输出结果这两部分组成

　　C. 程序员应避免检查自己的程序。如果由别人来测试程序员编写的程序，可能会更客观、更有效、更容易取得成功

　　D. 设计测试用例时，输入条件应当是合理的

7. 软件测试类型按开发阶段划分是_____。

　　A. 需求测试、单元测试、集成测试、验证测试

　　B. 单元测试、集成测试、确认测试、系统测试、验收测试

　　C. 单元测试、集成测试、验证测试、确认测试、验收测试

　　D. 调试、单元测试、集成测试、用户测试

8. _____可以作为软件测试结束的标志。

　　A. 使用了特定的测试用例　　　　　　B. 错误强度曲线下降到预定的水平

　　C. 查出了预定数目的错误　　　　　　D. 按照测试计划中所规定的时间进行了测试

二、简答题

1. 简述软件测试发展的历史及软件测试的现状。

2. 简述软件缺陷在不同阶段发现错误修复的费用。

3. 简述软件测试的复杂性。

4. 对软件的经济性进行总结和分析。

5. 描述测试流程整体框架。

6. 简述软件测试与软件开发的关系。

7. 简述软件测试工程师应具备的素质。

第 2 章

白盒测试技术

白盒测试（White-Box Testing）又称结构测试或逻辑驱动测试，是软件测试技术中最为有效和实用的方法之一。白盒测试将被测程序看作一个打开的盒子，测试者能够看到被测源程序，可以分析被测程序的内部结构，此时测试的焦点集中在分析其内部结构是否合理，以及设计测试用例来检测产品内部操作是否按规格说明书正确执行。

白盒测试方法可以分为两大类：静态测试方法和动态测试方法。动态测试方法是设计一系列的测试用例，通过输入预先设定好的数据来动态地运行程序，从而达到发现程序错误的目的。静态测试方法则不在计算机上实际执行程序，而是以一些人工的模拟技术或使用测试软件对软件进行分析和测试。动态测试方法主要有逻辑覆盖、独立路径测试等。静态测试方法主要有静态结构分析、静态质量度量、代码检查方法等。

2.1 逻辑覆盖测试

逻辑覆盖测试通过对程序的逻辑结构的遍历实现程序的覆盖。测试人员要深入了解被测程序的逻辑结构特点，完全掌握源代码的流程，才能设计出恰当的用例。

既然白盒测试是根据被测程序的内部结构来设计测试用例的一类测试，也许有人会认为，只要保证程序中所有的路径都执行一次，全面的白盒测试将产生"百分之百正确的程序"。这实际上是不可能的，即使是一个非常小的控制流程，进行穷举测试所需的时间都是一个巨大的数字。

因此，白盒测试要求对某些程序的结构特性做到一定程度的覆盖，或者说这种测试是"基于覆盖率的测试"。在逻辑覆盖测试中的一个重要的度量指标就是覆盖率，覆盖率是度量测试完整性的一个手段，是测试有效性的一个度量。测试人员可以严格定义要测试的确切内容，明确要达到的测试覆盖率，减少测试的过分和盲目，并以此为目标，引导测试者朝着提高覆盖率的方向努力，找出那些可能已被忽视的程序错误。

覆盖率的计算公式如下：

$$覆盖率=至少被执行一次的\ item\ 数/item\ 总数$$

利用覆盖率，可以评估测试的有效性，找出弱点，有目的地补充用例。但是并不是所有的测试覆盖率都必须达到100%，因为测试成本随着覆盖率的提高而增加，因此往往在覆盖率达不到100%的情况下，可以设置一个覆盖率指标，达到这个指标后就认为达到了测试的效果。

根据不同的测试要求，覆盖测试可以分为语句覆盖、判断覆盖、条件覆盖、判断/条件覆盖、条件组合覆盖和路径覆盖。

下面是一段简单的 Java 语言程序，以此作为公共程序段来说明 6 种覆盖测试各自的特性。

程序 2-1：

```
 1  /**
 2   *  白盒测试逻辑覆盖测试范例
 3   *
 4   */
 5  int coverageExample (int x, int y)
 6  {
 7     int gift=0;
 8     if (x>0 && y>0)
 9     {
10        gift = x+y+5;     // 语句块 1
11     }
12     else
13     {
14        gift = x+y-5;     // 语句块 2
15     }
16     if (gift < 0)
17     {
18        gift = 0;         // 语句块 3
19     }
20     return gift;         // 语句块 4
21  }
```

一般做白盒测试时先根据源代码画出流程图，再根据流程图来设计测试用例和编写测试代码，程序 2-1 的流程图如图 2-1 所示。

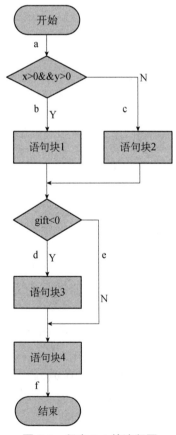

图 2-1　程序 2-1 的流程图

2.1.1　语句覆盖

1. 语句覆盖定义

语句覆盖（Statement Coverage）就是设计足够多的测试用例，使得被测试程序中的每条可执行语句至少被执行一次。在本例中，可执行语句是指语句块 1 到语句块 4 中的语句。

2. 测试用例设计

测试用例组 1 如表 2-1 所示。

表 2-1　测试用例组 1

测试用例编号	测试输入 x，y	测试输出 gift	执行语句块
Test Case 1	2，2	9	语句块 1，语句块 4
Test Case 2	−2，−2	0	语句块 2，语句块 3，语句块 4

需要注意的是，测试用例（测试用例组）的设计是不唯一的。

3. 测试的充分性

从表面上看，语句覆盖用例测试了程序中的每一个语句行，好像对程序覆盖得很全面，但实际上语句覆盖测试是最弱的逻辑覆盖方法。假设第一个判断语句 if（x>0 && y>0）中的"&&"被程序员错误地写成了"‖"，即 if（x>0 ‖ y>0），使用上面设计出来的一组测试用例来进行测试，仍然可以达到 100% 的语句覆盖，所以语句覆盖无法发现上述的逻辑错误。

根据上述分析可知，语句覆盖测试只是表面上的覆盖程序流程，没有针对源程序各个语句间的内在关系设计更为细致的测试用例。

2.1.2　判定覆盖

1. 判定覆盖定义

判定覆盖（Branch Coverage）又称分支覆盖，就是设计足够多的测试用例，使得被测试程序中的每个判断的"真""假"分支至少被执行一次。在本例中共有两个判断 if（x>0 && y>0）（记为 P1）和 if（gift < 0）（记为 P2）。

2. 测试用例设计

测试用例组 2 如表 2-2 所示。

表 2-2　测试用例组 2

测试用例编号	测试输入 x，y	测试输出 gift	判断 P1	判断 P2
Test Case 1	2，2	9	T	F
Test Case 2	−2，−2	0	F	T

两个判断的取真、假分支都已经被执行过，所以满足了判定覆盖的标准。

3. 测试的充分性

假设第一个判断语句 if（x>0 && y>0）中的"&&"被程序员错误地写成了"‖"，即 if（x>0 ‖ y>0），使用上面设计出来的一组测试用例来进行测试，仍然可以达到 100% 的判定覆盖，所以判定覆盖也无法发现上述的逻辑错误。

跟语句覆盖相比，由于可执行语句要不就在判定的真分支，要不就在假分支上，所以，只要满足了判定覆盖标准就一定满足语句覆盖标准，反之则不然。因此，判定覆盖比语句覆盖更强。

2.1.3 条件覆盖

1. 条件覆盖定义

条件覆盖（Condition Coverage）是指设计足够多的测试用例，使得被测试程序中的每个判断语句中的每个逻辑条件的可能值至少被满足一次。或者说设计足够多的测试用例，使得被测试程序中的每个逻辑条件的可能值至少被满足一次。

在本例中有两个判断 if（x>0 && y>0）（记为 P1）和 if（gift < 0）（记为 P2），共计 3个条件 x>0（记为 C1）、y>0（记为 C2）和 gift<0（记为 C3），即需要设计的测试用例至少能满足 C1，C2，C3 真假取值一次。

2. 测试用例设计

测试用例组 3 如表 2-3 所示。

表 2-3　测试用例组 3

测试用例编号	测试输入 x, y	测试输出 gift	C1（x>0）	C2（y>0）	C3（gift<0）
Test Case 1	2，2	9	T	T	F
Test Case 2	−2，−2	0	F	F	T

设计的测试用例 3 将 3 个条件的各种可能取值都满足了一次，因此，达到了 100%条件覆盖的标准。

3. 测试的充分性

上面的测试用例同时也到达了 100%判定覆盖的标准，但并不能保证达到 100%条件覆盖标准的测试用例（组）都能到达 100%的判定覆盖标准，如表 2-4 所示。

表 2-4　测试用例组 4

测试用例编号	测试输入 x, y	测试输出 gift	C1（x>0）	C2（y>0）	C3（gift<0）	P1 f（x>0 && y>0）	P2（gift < 0）
Test Case 3	1，−1	0	T	F	T	F	T
Test Case 4	−2，9	2	F	T	F	F	F

既然条件覆盖标准不一定能 100%达到判定覆盖的标准，也就不一定能够达到 100%的语句覆盖标准了。

2.1.4 判定/条件覆盖（分支/条件覆盖）

1. 判定/条件覆盖定义

判定/条件覆盖是指设计足够多的测试用例，使得被测试程序中的每个判断本身的判定结果（真假）至少满足一次，同时，每个逻辑条件的可能值也至少被满足一次，即同时满足 100%判定覆盖和 100%条件覆盖的标准。在保证完成要求的情况下，测试用例的数目越少越好。

2. 测试用例设计

测试用例组 5 如表 2-5 所示。

表 2-5　测试用例组 5

测试用例编号	测试输入 x, y	测试输出 gift	C1 (x>0)	C2 (y>0)	C3 (gift<0)	P1 (x>0 && y>0)	P2 (gift < 0)
Test Case 1	2，2	9	T	T	F	T	F
Test Case 2	−2，−2	0	F	F	T	F	T

测试用例组 5 的测试用例将所有条件的可能取值都满足了一次，而且所有的判断本身的判定结果也都满足了一次。

3. 测试的充分性

只要达到 100%判定/条件覆盖标准就一定能够达到 100%条件覆盖、100%判定覆盖和 100%语句覆盖。

2.1.5　条件组合覆盖

1. 条件组合覆盖定义

条件组合覆盖是指设计足够多的测试用例，使得被测试程序中的每个判断的所有可能条件取值的组合至少被满足一次。

注意：

（1）条件组合只针对同一个判断语句内存在多个条件的情况，让这些条件的取值进行笛卡儿乘积组合。

（2）不同的判断语句内的条件取值之间无须组合。

（3）对于单条件的判断语句，只需要满足自己的所有取值即可。

2. 测试用例设计

分析：

判断 P1（x>0 && y>0）中条件可能的组合为：

```
x> 0 , y>0    记为组合 1（C1，C2）。
x<=0 , y>0    记为组合 2（-C1，C2）。
x> 0 , y<=0   记为组合 3（C1，-C2）。
x<=0 , y<=0   记为组合 4（-C1，-C2）。
```

判断 P2（gift < 0）是单条判断语句，所以条件的可能组合为：

```
gift < 0, 记为组合 5。
gift>= 0, 记为组合 6。
```

设计测试用例如表 2-6 所示。

表 2-6　测试用例组 6

测试用例编号	测试输入 x，y	测试输出 gift	C1 （x>0）	C2 （y>0）	C3 （gift < 0）	覆盖组合
Test Case 1	2，2	9	T	T	F	组合 1，组合 6
Test Case 2	−2，−2	0	F	F	T	组合 4，组合 5
Test Case 5	2，−2	0	T	F	T	组合 3，组合 5
Test Case 6	−2，2	0	F	T	T	组合 2，组合 5

3. 测试的充分性

只要 100%满足条件组合标准就一定满足 100%条件覆盖标准和 100%判定覆盖标准。

2.1.6　路径覆盖

1. 路径覆盖定义

路径覆盖就是设计足够多的测试用例，使得被测试程序中的每条路径至少被覆盖一次。

2. 测试用例设计

测试用例组 7 如表 2-7 所示。

表 2-7　测试用例组 7

测试用例 编号	测试输入 x，y	测试输出 gift	C1 （x>0）	C2 （y>0）	C3 （gift < 0）	P1 （x>0 && y>0）	P2 （gift < 0）	路径
Test Case 1	—	这条路径不可能	—	—	—	—	—	a-b-d-f
Test Case 2	−2，2	0	F	T	T	F	T	a-c-d-f
Test Case 3	2，2	9	T	T	F	T	F	a-b-e-f
Test Case 4	−2，9	2	F	T	F	F	F	a-c-e-f

所有可能的路径都满足过一次。

3. 测试的充分性

由表 2-7 可见，100%满足路径覆盖，但并不一定能 100%满足条件覆盖（C2 只取到了真），但一定能 100%满足判定覆盖标准（因为路径就是从判断的某条分支走的）。

应该注意的是，在实际测试程序中，一个简短的程序，其路径数目是一个庞大的数字，要对其实现路径覆盖测试是很难的。所以，路径覆盖测试是相对的，要尽可能把路径数压缩到一个可承受的范围。当然，即使对某个简短的程序段做到了路径覆盖测试，也不能保证源代码不存在其他软件问题了。其他的软件测试手段也是有必要的，它们之间是相辅相成的。没有一个测试方法能够找尽所有软件缺陷，只能说是尽可能多地查找软件缺陷。

虽然结构测试提供了评价测试的逻辑覆盖准则，但结构测试是不完全的。如果程序结构本身存在问题，比如程序逻辑出错或者遗漏了规格说明书中已规定的功能，那么，无论哪种结构测试，即使其覆盖率达到了 100%，也是检查不出来的。因此，提高结构测试的覆盖率，可以增强对被测软件的可信度，但并不能做到万无一失。

2.2　路径分析测试

从广义的角度讲，任何有关路径分析的测试都可以称为路径测试。完成路径测试的理想情况是做到路径覆盖。对于比较简单的程序实现路径覆盖是有可能做到的，而对于程序中出现较多的判定和较多的循环时，路径数目将急剧增加，不可能实现路径覆盖。独立路径选择和 Z 路径覆盖是两种常见的路径覆盖方法。

2.2.1　控制流图

为了突出程序的内部结构，便于测试人员理解源代码，可以对程序流程图进行简化，生成控制流图（Control Flow Graph）。简化后的控制流图由节点和控制流边组成。

1．控制流图的特点

控制流图有以下几个特点：

（1）具有唯一入口节点，即源节点，表示程序段的开始语句。

（2）具有唯一出口节点，即汇节点，表示程序段的结束语句。

（3）节点由带有标号的圆圈表示，表示一个或多个无分支的源程序语句。

（4）控制流线由带箭头的直线或弧表示，可称为边，代表控制流的方向。

常见的控制流图如图 2-2 所示。

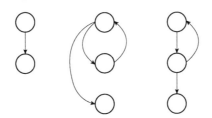

順序语句　For/While循环语句　Until循环语句

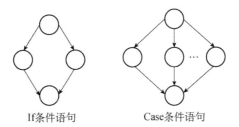

If条件语句　　　　　　Case条件语句

图 2-2　常见的控制流图

包含条件的节点被称为判定节点，由判定节点发出的边必须终止于某一个节点。

可以将一个程序的流程图转化为控制流图，转化的过程如图 2-3 所示。

2．环形复杂度

程序的环形复杂度是描述程序逻辑复杂度的一种软件度量，该度量适用于独立路径方法，它可以给出程序的独立路径条数，这是确保程序中每个可执行语句至少执行一次所必需的测试用例数目的上界。

给定一个控制流图 G，设其环形复杂度为 $V(G)$，在这里介绍 3 种常见的计算方法来求解 $V(G)$。

（1） $V(G)=E-N+2$，其中 E 是控制流图 G 中边的数量，N 是控制流图中节点的数目。

（2） $V(G)=P+1$，其中 P 是控制流图 G 中判定节点的数目。

（3） $V(G)=A$，其中 A 是控制流图 G 中区域的数目。由边和节点围成的区域叫作区域，当在控制流图中计算区域的数目时，控制流图外的区域也应记为一个区域。

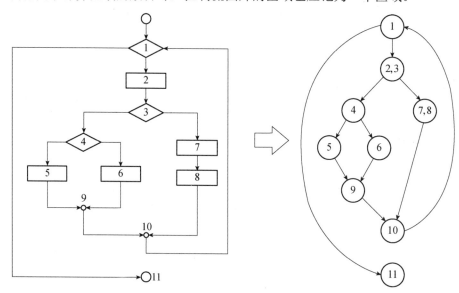

图 2-3　将程序的流程图转化为控制流图

2.2.2　独立路径测试

从 2.1 节逻辑覆盖测试中可知，对于一个较为复杂的程序要做到完全的路径覆盖测试是不可能实现的。既然如此，那么可以对某个程序的所有独立路径进行测试，也就是说检验程序的每一条语句，从而实现语句覆盖，这种测试方法就是独立路径测试方法。从控制流图来看，一条独立路径是至少包含有一条在其他独立路径中从未有过的边的路径。路径可以用控制流图中的节点序列来表示。

例如，在如图 2-3 所示的控制流图中，一组独立的路径是：

path 1：1→11。

path 2：1→2→3→4→5→9→10→1→11。

path 3：1→2→3→4→6→9→10→1→11。

path 4：1→2→3→7→8→10→1→11。

路径 path 1、path 2、path 3、path 4 组成了控制流图的一个独立路径集。白盒测试可以设计成独立路径集的执行过程。通常，独立路径集并不唯一确定。

独立路径测试的步骤包括 3 个方面：

（1）导出程序控制流图。

（2）求出程序环形复杂度。

（3）设计测试用例（Test Case）。

下面通过一个 Java 语言程序实例来具体说明独立路径测试的设计流程。

程序 2-2：

```
1 import java.util.Scanner;
2 public class Exam4_2 {
3   public static void main (String[] args) {
4       int j,number1=0,number2=0;
5       Scanner scanner = new Scanner (System.in);
6       System.out.print ("Enter an integer for i: ");
7       int i = scanner.nextInt ();
8       System.out.print ("Enter 1 or 0 for j: ");
9       j = scanner.nextInt ();
10      while (i<10) {
11          if (j==0)
12              number1++;
13          else if (j==1) {
14              number2++;
15          }
16      i++;
17      }
18      System.out.print("number1 is: "+number1+",number2 is: "+number2);
19  }
20 }
```

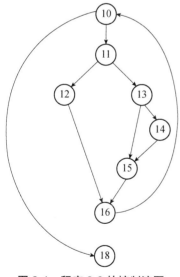

图 2-4 程序 2-2 的控制流图

步骤 1：导出程序控制流图。

根据源代码可以导出程序的控制流图，如图 2-4 所示。每个圆圈代表控制流图的节点，可以表示一个或多个语句。圆圈中的数字对应程序中某一行的编号。箭头代表边的方向，即控制流方向。

步骤 2：求出程序环形复杂度。

根据程序环形复杂度的计算公式，求出程序路径集合中的独立路径数目。

公式 1：$V(G)=10-8+2$，其中 10 是控制流图 G 中边的数量，8 是控制流图中节点的数目。

公式 2：$V(G)=3+1$，其中 3 是控制流图 G 中判定节点的数目。

公式 3：$V(G)=4$，其中 4 是控制流图 G 中区域的数目。

因此，控制流图 G 的环形复杂度是 4，就是说至少需要 4 条独立路径组成独立路径集合，并由此得到能够覆盖所有程序语句的测试用例。

步骤 3：设计测试用例。

根据上面环形复杂度的计算结果，源程序的独立路径集合中有 4 条独立路径：

path 1：10→18。

path 2：10→11→12→16→10→18。

path 3：10→11→13→15→16→10→18。

path 4：10→11→13→14→15→16→10→18。

根据上述 4 条独立路径，设计了测试用例组 8，如表 2-8 所示。测试用例组 8 中的 4 个测试用例作为程序输入数据，能够遍历这 4 条独立路径。对于源程序中的循环体，测试用例组 8 中的输入数据使其执行零次或一次。

表 2-8　测试用例组 8

测试用例编号	输入		预期输出		执行路径
	i	j	numberl	number2	
Test Case 1	20	1	0	0	path 1
Test Case 2	5	0	5	0	path 2
Test Case 3	5	1	0	5	path 3
Test Case 4	5	2	0	0	path 4

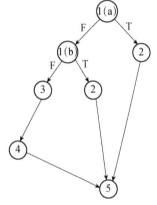

图 2-5　程序 2-3 的控制流图

注意：如果程序中的条件判断表达式是由一个或多个逻辑运算符（and，or，not）连接的复合条件表达式，则需要变换为一系列只有单个条件的嵌套的判断。

程序 2-3：

```
1  if  (a or b)
2      procedure x;
3  else
4      procedure y;
5  ……
```

对应的控制流图如图 2-5 所示，程序行 1 的 a，b 都是独立的判定节点，共计 2 个判定节点，所以图 2-5 的环形复杂度为 $V(G)=2+1$。

2.2.3　Z 路径覆盖测试

和独立路径选择一样，Z 路径覆盖也是一种常见的路径覆盖方法。可以说 Z 路径覆盖是路径覆盖的一种变体。对于语句较少的简单程序，路径覆盖是具有可行性的。但是对于源代码很多的复杂程序，或者对于含有较多条件语句和较多循环体的程序来说，需要测试的路径数目会成倍增长，达到一个巨大数字，以至于无法实现路径覆盖。

为了解决这一问题，必须舍弃一些不重要的因素，简化循环结构，从而极大地减少路径的数量，使得覆盖这些有限的路径成为可能。采用简化循环方法的路径覆盖就是 Z 路径覆盖。所谓简化循环就是减少循环的次数。不考虑循环体的形式和复杂度如何，也不考虑循环体实际上需要执行多少次，只考虑通过循环体零次和一次这两种情况。这里的零次循环是指跳过循环体，从循环体的入口直接到循环体的出口。通过一次循环体是指检查循环初始值。

　　根据简化循环的思路，循环要么执行，要么跳过，这和判定分支的效果是一样的。可见，简化循环就是将循环结构转变成选择结构。

　　如图 2-6(a)和图 2-6(b)所示为两种最典型的循环控制结构。图 2-6(a)是先比较循环条件后执行循环体，循环体 B 可能被执行也可能不被执行。假设限定循环体 B 执行零次和一次，这样就和图 2-6(c)的条件结构一样了。图 2-6(b)是先执行循环体后比较循环条件。假设循环体 B 被执行一次，再经过条件判断跳出循环，那么其效果就和图 2-6(c)的条件结构只执行右分支的效果一样了。

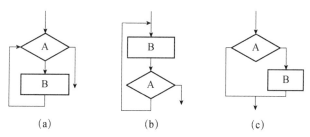

图 2-6　循环结构和条件结构

　　一旦将循环结构简化为选择结构后，路径的数量将大大减少，这样就可以实现路径覆盖测试了。对于实现简化循环的程序，可以将程序用路径树来表示。当得到某一程序的路径树后，从其根节点开始，一次遍历，再回到根节点时，将所经历的叶子节点名排列起来，就得到一个路径。如果已经遍历了所有叶子节点，那就得到了所有的路径。当得到所有的路径后，生成每个路径的测试用例，就可以实现 Z 路径覆盖测试。

2.3　循环测试

　　循环测试是一种着重循环结构有效性测试的白盒测试方法。循环结构测试用例的设计有以下 4 种模式，分别如图 2-7(a)、图 2-7(b)、图 2-7(c)、图 2-7(d)所示。

2.3.1　简单循环

　　对于图 2-7(a)所示的简单循环，设计测试用例时，有以下几种测试集情况，其中 n 是可以通过循环体的最大次数。

　　（1）零次循环：跳过循环体，从循环入口到出口。

　　（2）通过一次循环体：检查循环初始值。

　　（3）通过两次循环体：检查两次循环。

　　（4）m 次通过循环体（$m<n$）：检查多次循环。

　　（5）n，$n-1$，$n+1$ 次通过循环体：检查最大次数循环以及比最大次数多一次、少一次的循环。

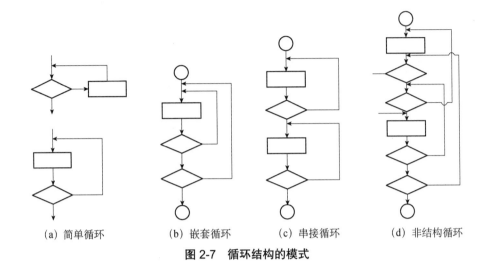

(a) 简单循环   (b) 嵌套循环   (c) 串接循环   (d) 非结构循环

图 2-7　循环结构的模式

2.3.2 嵌套循环

对于如图 2-7(b)所示的嵌套循环，如果采用简单循环中的测试集来测试嵌套循环，可能的测试数目就会随着嵌套层数的增加呈几何级地增长。这样的测试是无法实现的。所以，要减少测试数目。

（1）对最内层循环按照简单循环的测试方法进行测试，把其他外层循环设置为最小值。

（2）逐步外推，对其外面一层的循环进行测试。测试时保持本次循环的所有外层循环仍取最小值，而由本层循环嵌套的循环取某些"典型"值。

（3）反复进行（2）中的操作，向外层循环推进，直到所有各层循环测试完毕。

2.3.3 串接循环

对于如图 2-7(c)所示的串接循环，如果串接循环的循环体之间是彼此独立的，那么可以采用简单循环的测试方法进行测试。如果串接循环的循环体之间有关联，例如，前一个循环体的结果是后一个循环体的初始值，那么需要应用嵌套循环的测试方法进行测试。

2.3.4 非结构循环

对于如图 2-7(d)所示的非结构循环，不能进行测试，需要重新设计出结构化的程序后再进行测试。

2.4　代码检查法

代码检查法主要检查代码和设计的一致性，代码对标准的遵循、可读性，代码逻辑表达的正确性，代码结构的合理性等方面；发现违背程序编写标准的问题，程序中不安全、不明确和模糊的部分，找出程序中违背编程风格的问题，包括变量检查、命名和类型检查、程序逻辑检查、程序语法和结构检查等内容。

2.4.1　代码审查

人们可以审查任何一种软件工程产品，包括需求和设计文档、源代码、测试文档及项目计划等。审查定义为多阶段过程，涉及由受过培训的参与者组成的小组，他们把重点放在查找工作产品缺陷上。审查提供了一个质量关卡，文档在最终确定以前，必须通过该关卡的检查。但是审查是强有力的质量技术，这是毫无疑问的。

1．代码审查小组构成

代码审查是由审查小组通过阅读、讨论和争议，对程序进行静态分析的过程。审查小组由若干程序员和测试人员组成，通常分成 4 类角色：主持人、作者、评论员和记录员。审查的一个关键特征就是每个人都要扮演某一个明确的角色。下面分别对 4 个角色进行描述。

（1）主持人

主持人负责保证审查以既定的速度进行，使其既能保证效率，又能发现尽可能多的错误。主持人在技术上面虽然不一定是被检查的代码方面的专家，但必须能够理解有关的细节。主持人还负责管理审查的其他方面，例如，分派审查代码的任务、分发审查所需的检查单、预定会议室、报告审查结果及负责跟踪审查会议上指派的任务。

（2）作者

作者是直接参与代码设计和编写的人，在审查中扮演相对次要的角色。审查的目标之一就是让代码本身能够表达自己。如果它不够清晰，那么就需要向作者分配任务，使其更加清晰。除此之外，作者的责任就是解释代码中不清晰的部分，偶尔还需要解释那些看起来好像有错的地方为什么实际上是可以接受的。如果参与评论的人对项目不熟悉，作者可能还需要陈述项目的概况，为审查会议做准备。

（3）评论员

评论员是同代码有直接关系，但又不是作者的人。测试人员或者高层架构师也可以参与。评论员的责任是找出缺陷，他们通常在为审查会议做准备的阶段就已经找出了部分缺陷，然后随着审查会议中对代码的讨论，他们应该能够找出更多的缺陷。

（4）记录员

记录员将审查会议期间发现的错误，以及指派的任务记录下来。作者和主持人都不应该担任记录员。

一般来说，参与审查的人数不应该少于 3 人，如果少于 3 人就不可能有单独的主持人、作者和评论员了，因为这 3 种角色不应该被合并。传统的建议是限制参与审查的人数在 6 人左右，因为如果人数过多，那么这个小组就变得难以管理。

2．代码审查的步骤

图 2-8 详细描述代码审查的一般步骤。

（1）计划（Plan）

作者将代码提交给主持人。主持人决定哪些人复查这些材料，并决定会议在什么时间、什么地点召开。接下来主持人会将代码，以及一个要求与会者注意的检查单分发给各人。材料应该打印出来，并且每行应当有行号，以便在会议中更快地标识出错误的位置。

（2）概述（Overview Meeting）

当评论员不熟悉他们要审查的项目时，作者可以花大约一个小时来描述一下这些代码的技术背景。加入概述也许有风险，因为这往往导致被检查的代码中不清晰的地方被掩饰。代码本身应该可以自我表达，在概述中不应该谈论它们。

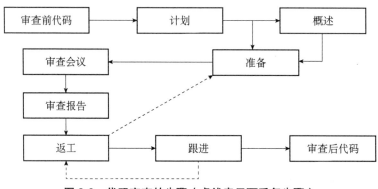

图 2-8　代码审查的步骤（虚线表示可重复步骤）

（3）准备（Preparation）

每一个评论员独立地对代码进行审查，找出其中的错误。评论员使用检查单来指导他们对材料的审查。

（4）审查会议（Inspection Meeting）

主持人挑选出除作者之外的某个人来阅读代码。所有的逻辑都应当有解释，包括每个逻辑结构的每个分支。在此过程中，其他小组成员可以提出问题，展开讨论，审查错误是否存在。实践证明，作者在讲解过程中能发现许多原来自己没有发现的错误，而讨论则促进了问题的暴露。在陈述期间，记录员需要记录发现的错误，但是所有的讨论应当在确认这是一个错误的时候停止。当记录员将错误的类型和严重程度记录下来以后，审查工作继续向下进行。如果一直在对某个问题不停地争论，那么主持人就应当敲桌子（摇铃）引起大家的注意，以使讨论回到正轨。

对代码的思考速度不能够太慢或者太快。如果速度太慢，那么大家的注意力就会不集中，这样的会议是不会有成效的；如果速度太快，那么小组可能会忽视某些本应该被发现的问题。一个理想的审查速度应该随着环境的不同有很大变化。应保留以前的记录，这样以后就可以逐渐知道你所在的环境的最佳速度是怎样的。

不要在开会的过程中讨论解决方案，小组应该把注意力集中在识别缺陷上。某些审查小组甚至不允许讨论某个缺陷是否确实是一个缺陷。他们认为如果某个人对某个问题有困惑，那么就应该认为是一个缺陷了，设计、代码或者文档应该进一步清理。会议期间要避免受到外部干扰。通常会议不应该超过两个小时，最佳时长约为 90～120 分钟。因为这样的会议是很耗费脑力的，过长的会议会导致效率低下。大多数的审查每小时讨论 150 行左右的代码。因此，较大规模的程序最好分多次审查，每一次处理一个模块或子程序。同理，一天安排超过一个审查会议也是不明智的。

（5）审查报告（Report）

一天的审查会议之后，主持人要写出一份审查报告，列出每一个缺陷，包括它的类型和严重级别。审查报告有助于确保所有的缺陷都得到修正，它还可以用来开发一份检查单，强调与该组织相关的特定问题。

（6）返工（Rework）

主持人将缺陷分配给某人来修复，这个人通常是作者。得到任务的人负责修正列表中的每个缺陷。

（7）跟进（Follow-up）

主持人负责监督在审查过程中分配的返工任务。根据发现错误的数量和这些错误的严重级别，跟踪工作进展的方式可以是让评论员重新审查整个工作成果，或者让评论员只重新审查修复的部分，或者允许作者只完成修改而不做任何跟进。

有的书提到在审查会议之后第三小时的会议。虽然在进行审查期间，与会者不允许讨论所发现问题的解决方案，但还是可能有人想对此进行讨论。你可以主持一个非正式的第三小时的会议，允许有兴趣的人在正式审查结束之后讨论解决方案。

为了使审查过程更有效果，需要树立起对审查的正确态度。如果代码的作者认为审查是对自己人格的攻击并采取一种防御的态度，那么审查过程将会没什么效率。相反，作者必须采取一种积极和建设性的态度：审查的目的是找出程序中的错误，进而改进程序的质量。因此，大多数人建议审查的结果不公开，只有与会者知道。类似地，审查的结果不作为员工表现的评估标准。在审查中被检验的代码仍处于开发阶段，对员工的评估应当基于最终产品，而不是尚未完成的工作。所以，在审查的时候让经理参与通常不是一个好主意。软件审查的要点是，这是一个纯技术性的复查。经理的出席会对交流产生影响，人们会觉得他们不是在审查各种材料，而是在被评估，关注的焦点就会从技术问题转换到行政问题上了。不过经理有权知道审查的结果，应当准备一份审查报告让经理了解情况。

审查过程除了具有发现代码中的缺陷这一主要作用，还产生其他一些有益的效果：

◇ 作者通常会获得关于编程风格、算法选择和编程技巧方面的反馈。其他与会者也会从暴露出的问题中获得经验。

◇ 审查过程在早期就确定了程序中容易出错的部分，有助于在以后的自动测试过程中对这些部分重点关注。

在审查过程中一个重要的环节是使用一个检查单来对照检查程序中的常见错误。检查单不仅要关注程序风格问题，比如，"注释是否准确和有意义""if-else、do-while 等代码块是否对齐"等。更重要的是关注一些通过人工审查能检查出来的错误。检查单表述不能太模糊而不实用，比如，"代码是否满足设计要求"这样的表述。表 2-9 给出的检查单是从多年实践中总结出来的程序中的常见错误，它把程序中可能发生的各种错误进行分类，对每一类型列举出尽可能多的典型错误。检查单基本上是同编程语言无关的，其中大多数错误都可能在任何语言中出现，实际的操作中可以根据使用的编程语言和实践来补充这份检查单。

表 2-9　检查单的示例

数据引用错误
1．是否引用了未初始化或未经赋值的变量？
2．数组的下标是不是整数值？数组的下标是否越界？
3．在检索操作或使用下标引用数组时，是否存在"差1"错误？
4．指针或引用变量指向的内存是否已被分配？
5．不同的数据类型指向同一内存区域时，当通过某一类型变量引用时，内存中的值是否和该变量为同一类型？
6．当分配的内存空间比可寻址的内存单元小时，是否有明显或不明显的寻址问题？
7．使用指针或引用变量时，是否与引用的值具有相同的类型？
8．当一个数据结构在多个子程序中使用时，该数据结构是否在每个子程序中定义一致？
9．对字符串进行读/写操作时，是否有超出了字符串的界限？
10．对于面向对象的语言，所有的继承条件是否都在实现类中满足？

变量声明错误
1．是否所有的变量都显式地声明？
2．如果变量在声明中所有的属性都未显式地给出，那么能否理解为默认类型？
3．变量在声明时的初始化是否正确？
4．每个变量是否有正确的数据类型？
5．不同的变量是否有相似的名字？

计算错误
1．是否有不同类型的数据混合在一起计算（如非计算型的）？
2．计算表达式运算过程中是否会发生上溢或下溢？
3．除法操作的除数是否为0？
4．是否会有不准确的计算结果？
5．变量值是否超出了实际的有效取值范围？
6．在由多个运算符构成的表达式中，对计算的顺序和运算符优先级的假设是否正确？
7．是否存在对整数算术的非法使用，特别是除法？

比较错误
1．是否存在不同类型之间的比较？是否存在混合比较或不同长度的变量之间的比较？
2．比较操作符是否正确？
3．每一个布尔表达式是否得到预期的结果？
4．布尔运算符的操作数是否为布尔类型？
5．是否有小数和浮点数之间的比较？
6．在一个包含多个布尔运算符的表达式中，对计算的次序和优先级的假设是否正确？
7．编译器计算布尔表达式的方式是否对程序有影响？

控制流程错误
1．每个循环是否最后能终止？
2．程序、模块或子程序是否会终止？
3．是否有可能因为某些取值而使某些循环从来不会被执行？如果有，是否疏忽？
4．控制条件中是否有"差1"错误？
5．对每个开括号是否有对应的闭括号？
6．是否存在非穷举判断？

续表

接口错误
1．子程序接收的参数数目是否和调用程序传递的参数数目相同？顺序是否正确？
2．每个参数的类型是否和声明的类型一致？
3．每个参数使用的单位系统是否和声明的一致？
4．调用内置函数时，参数的数目、类型和顺序是否正确？
5．子程序是否改变了只作为输入参数传入的参数值？
6．如果使用了全局变量，那么在所有引用它们子程序中是否具有一致的定义？
7．常数是否作为参数传送？

输入/输出错误
1．文件是否被显式地声明？它们的属性是否正确？
2．在文件的打开语句中属性是否正确？
3．文件的格式规范是否和 I/O 语句中的信息一致？
4．是否有足够的内存保存读入的文件数据？
5．所有的文件是否在使用前都打开？
6．所有的文件是否在使用后都关闭？
7．文件结束的情况是否被考虑并正确处理？
8．I/O 错误是否被正确处理？
9．在程序打印出或显示的文本中是否有拼写和语法错误？

总结代码审查方法，可以概括出以下 9 个方面的特点：

① 代码审查并不专注于修正，而是专注于缺陷的检测。

② 审查人员要为审查会议预先做好准备，制订一份他们发现的已知问题检查单。

③ 参与者都要被赋予明确的角色。

④ 审查的主持人不能由被检查产品的作者担任。

⑤ 审查的主持人应该已经接受过主持审查会议方面的培训。

⑥ 所有与会者都做好准备之后才召开审查会议。

⑦ 每次审查所收集的数据都会被应用到以后的审查中，以便对审查进行改进。

⑧ 高层管理人员不参加审查会议。

⑨ 检查单关注的是审查者过去所遇到的问题。

2.4.2　桌面检查

桌面检查是一种人工检查程序的方法，通过对源程序代码进行分析、检验来发现程序中的错误。桌面检查关注的是变量的值和程序逻辑，所以执行桌面检查要严格按照程序中的逻辑顺序。检查人员使用笔和纸记录下检查结果。

比较正式的桌面检查可以使用表格的形式来记录检查的结果，表格的设计如下：

（1）第一列是行号（源程序中可能没有行号，但在桌面检查中标明正在检查的行是很有必要的，这可以使检查过程清晰明了）。

（2）待检查程序中使用的每个变量占据一列。变量名作为列标题，最好按照字母顺序排列。随着程序流程的执行，新的变量值填入对应的表格中。如果变量名由多个单词构成，可以用空格把多个单词分开。比如，对于变量名"discountPrice"，可以使用"discount Price"作为列标题。

（3）条件（Conditions）列。条件的结果可能为真（T）或假（F）。随着程序的执行，条件值被计算出来并记录到表格中。这可以用在任何需要计算条件值的地方——if、while 和 for 语句都有计算条件值的含义。

（4）输入/输出（Input/Output）列。这列用来记录需要用户输入的值和程序输出的值。输入数据可以表示为：变量名+"?"+变量值，例如，price?200；输出数据可以表示为：变量名+"="+变量值，例如，discount=180。

下面通过几个例子来说明如何使用桌面检查技术。

程序 2-4：包含顺序执行语句。

程序描述：将华氏温度转化为摄氏温度。

代码：

```
1 public class FahrenheitToCelsius {
2   public static void main (String[] args) {
3     String fahrenheitString = JOptionPane.showInputDialog (null, "请输入
一个华氏温度: ", "华氏温度转化为摄氏温度", JOptionPane.QUESTION_MESSAGE);
4     double fahrenheit = Double.parseDouble (fahrenheitString);
5     double celsius = (5.0 / 9.0) * (fahrenheit - 32);
6     System.out.println ("摄氏温度为" +celsius + "度");
7     System.exit (0);
8   }
9 }
```

测试数据：

```
输入: fahrenheitString =41。
正确结果: celsius =5.0。
```

根据前面所建议的表格格式，第一列"L"表示代码行号，最后一列"Input/Output"表示输入/输出数据。中间各列为代码中出现的变量名（按字母顺序排列），把由两个字母构成的变量名用空格分隔开，如表 2-10 所示。

表 2-10　程序 2-4 桌面检查的结果

L	fahrenheitString	fahrenheit	celsius	Input/Output
1				
2				
3	"41"			fahrenheitString?"41"
4		41.0		
5			(5.0/9.0) * (41.0−32) =5.0	
6				celsius=5.0
7				
8				
9				

程序 2-5：包含选择语句 if-else。

程序描述：根据收入计算税费。

代码：

```
1 public class CalcTax {
2   public static void main (String[] args) {
```

```
3         Scanner scanner = new Scanner (System.in);
4         double tax;
5         System.out.println ("Enter an integer: ");
6         int income = scanner.nextInt ();
7         if (income < 2000)
8             tax = 0;
9         else {
10            if (income < 6000)
11                tax = (income - 2000) * 0.1;
12            else
13                tax = 4000 * 0.1 + (income - 6000) * 0.2;
14        }
15        System.out.println ("The tax is: " + tax);
16    }
17 }
```

测试数据：

输入：income=8000。
正确结果：tax=800。

第一列"L"表示代码行号，最后一列"Input/Output"表示输入/输出数据，倒数第二列"Conditions"记录代码中出现的各个条件表达式的值。中间各列为代码中出现的变量名（按字母顺序排列），把由两个字母构成的变量名用空格分隔开，如表 2-11 所示。

表 2-11　程序 2-5 桌面检查的结果

L	income	tax	Conditions	Input/Output
1				
2				
3				
4				
5				Enter an integer
6	8000			income?8000
7			8000<2000?is F	
8				
9				
10			8000<6000?is F	
11				
12				
13		4000 * 0.1 +（8000-6000）*0.2=800		
14				
15				tax=800
16				
17				

程序 2-6：包含循环语句 for。

程序描述：计算 x 的平方，x 为 1～3。

代码：

```
1  calcSquares ( ) {
2    int x,xSquare;
3    for (x=1;x<=3;x++) {
4      xSquared=x * x;
5      System.out.println ("x="+x+",xSquare="+xSquare);
6    }
7  }
```

测试数据：

```
输入：    无。
正确结果：x=1，xSquared=1。
          x=2，xSquared=4。
          x=3，xSquared=9。
```

第一列"L"表示代码代号，最后一列"Input/Output"表示输入/输出数据，倒数第二列"Conditions"记录代码中出现的各个条件表达式的值。中间各列为代码中出现的变量名（按字母顺序排列），如表 2-12 所示。

表 2-12　程序 2-6 桌面检查的结果

L	x	xSquared	Conditions	Input/Output
1				
2				x，xSquared
3	1		1<=3?is T	
4		1*1=1		
5				x=1，xSquared=1
6	1+1=2			
3			2<=3?is T	
4		2*2=4		
5				x=2，xSquared=4
6	2+1=3			
3			3<=3?is T	
4		3*3=9		
5				x=3，xSquared=9
6	3+1=4			
7				

桌面检查可以由程序作者本人来执行，但这对于大多数程序员来说效率并不高。因为这违反了一条测试原则——人们在测试自己的程序时效率通常是很低的。所以，桌面检查最好由另一个人来执行而不是程序作者本人（比如可以两个程序员互相检查对方的程序）。但这种方法不如审查或走查（见 2.4.3 节）过程有效，因为审查或走查需要一个团队，团队

会营造一种健康的竞争环境，团队成员以找出错误来体现自己的价值。而桌面检查过程只有一个人在阅读代码，没有团队成员之间的协作效应。总之，桌面检查比什么都不做要好，但不如审查或走查有效。

2.4.3　代码走查

代码走查和代码审查具有很多相同的步骤，但在查找错误的方法上二者有些小小的不同。和审查一样，走查也是一次持续一到两小时的会议。走查团队由 3～5 人组成。其中一人扮演审查中的主持人角色，一人扮演审查中的记录员角色，一人扮演测试者的角色。当然代码作者也是其中之一。其他的与会者可以包括：一个很有经验的程序员、编程语言的专家、初级程序员（新手，可以从新鲜的无偏见的视角看问题）、最终维护程序的人、其他项目组的成员、同一编程小组的成员。

开始的步骤和代码审查过程一样：提前几天把相关材料分发给与会者，让他们认真研究程序，然后开会。会议的进程与代码审查不同，不是简单地读程序和对照检查单进行检查，而是让与会者"充当"计算机。首先由测试者为所测程序准备一批有代表性的测试用例，提交给走查小组。在会议上，与会者集体扮演计算机的角色，让测试用例沿程序的逻辑运行一遍，随时记录程序的踪迹和状态（也就是各变量的值），供分析和讨论用。

当然用例数量不能太多、太复杂，因为人们"执行"程序的速度要比计算机慢很多。用例本身并不起主要作用，它们只是作为媒介来向代码的作者提出有关程序设计和逻辑方面的问题。在大多数走查过程中，更多的错误是在提问的过程中，而不是在直接运行测试用例的过程中被发现的。

和审查过程一样，与会者的态度是关键。评论只针对程序，而不针对程序员。换句话说，出现错误不要看作是代码作者的问题，而是软件开发过程中固有的难点。走查也有和审查一样的后续步骤，审查所带来的好处同样适用于走查。

2.5　白盒测试综合策略

使用各种测试方法的综合策略如下：

（1）在测试中，应尽量先用测试工具进行静态结构分析。

（2）测试中可采取先静态后动态的组合方式：先进行静态结构分析、代码检查和静态质量度量，再进行覆盖率测试。

（3）利用静态分析的结果作为引导，通过代码检查和动态测试的方式对静态分析结果进行进一步确认，使测试工作更为有效。

（4）覆盖率测试是白盒测试的重点，一般可使用独立路径测试法达到语句覆盖标准；对于软件的重点模块，应使用多种覆盖率标准衡量代码的覆盖率。

（5）在不同的测试阶段，测试的侧重点不同。在单元测试阶段，以代码检查、逻辑覆盖为主；在集成测试阶段，需要增加静态结构分析、静态质量度量；在系统测试阶段，应根据黑盒测试的结果，采取相应的白盒测试。

2.5.1 最少测试用例数的计算

为实现测试的逻辑覆盖，必须设计足够多的测试用例，并使用这些测试用例执行被测程序，实施测试。人们关心的是，对某个具体程序来说，至少要设计多少测试用例。这里提供一种估算最少测试用例数的方法。

结构化程序是由以下 3 种基本控制结构组成的：

① 顺序型——构成串行操作。

② 选择型——构成分支操作。

③ 重复型——构成循环操作。

为了把问题简化，避免出现测试用例极多的组合爆炸，把构成循环操作的重复型结构用选择型结构代替。也就是说，并不指望测试循环体中所有的重复执行，而是只对循环体检验一次。这样，任一循环便改造成进入循环体或不进入循环体的分支操作了。

图 2-9 给出了类似于流程图的 N-S 图表示的基本控制结构（图中 A、B、C、D、S 均表示要执行的操作，P 是可取真假值的谓词，Y 表示真值，N 表示假值）。其中，如图 2-9(c) 和图 2-9(d)所示的两种重复型结构代表了两种循环。在做了如上简化循环的假设以后，对于一般的程序控制流，就只考虑选择型结构。事实上它已经能体现顺序型和重复型结构了。

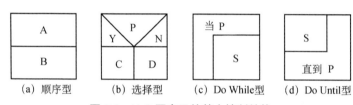

(a) 顺序型　　(b) 选择型　　(c) Do While型　　(d) Do Until型

图 2-9　N-S 图表示的基本控制结构

例如，图 2-10 表达了两个顺序执行的分支结构。两个分支谓词 P1 和 P2 取不同值时，将分别执行 a 或 b，以及 c 或 d 操作。显然，要测试这个小程序，需要至少提供 4 个测试用例才能做到逻辑覆盖，使得 ac、ad、bc 及 bd 操作均得到检验。其实，这里的 4 是图中第 1 个分支谓词引出的两个操作，及第 2 个分支谓词引出的两个操作组合起来而得到的，即 2×2=4。并且，这里的 2 是由于两个并列的操作，即 1+1=2 而得到的。

对于一般的、更为复杂的问题，估算最少测试用例数的原则也是同样的。现以图 2-11 所示的程序为例。该程序中共有 9 个分支谓词，尽管这些分支结构交错起来似乎十分复杂，很难一眼看出应至少需要多少个测试用例，但如果仍用上面的方法，也是很容易解决的。要注意该图可分上下两层：分支谓词 1 的操作域是上层，分支谓词 8 的操作域是下层。这两层正如图 2-9 所示的简单例子中的 P1 和 P2 的关系一样。只要分别得到两层的测试用例个数，再将其相乘即得总的测试用例数。这里首先考虑较为复杂的上层结构。分支谓词 1 不满足时要做的操作又可进一步分解为两层，这就是如图 2-12 所示的子图(a)和(b)。它们所需测试用例的个数分别为 1+1+1+1+1=5 及 1+1+1=3。因而两层组合，得到 5×3=15，于是整个程序结构的上层所需测试用例数为 1+15=16，而下层的个数显然为 3。故最后得到整个程序所需测试用例数至少为 16×3=48。

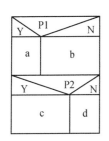

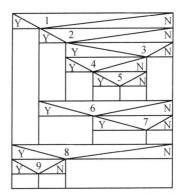

图 2-10　两个串行的分支结构的 N-S 图　　　　图 2-11　计算最少测试用例数实例

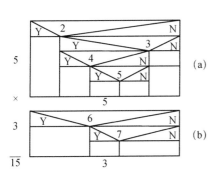

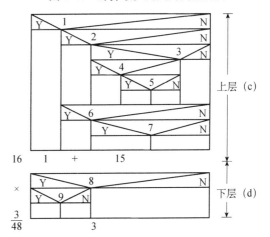

图 2-12　最少测试用例数计算

2.5.2　测试覆盖准则

下面介绍两种覆盖准则。

1. Foster 的 ESTCA 覆盖准则

前面介绍的逻辑覆盖的出发点似乎是合理的。所谓"覆盖"，就是想要做到全面而无遗漏。但事实表明，它并不能真的做到无遗漏。

K. A. Foster 从测试工作实践的教训出发，吸收了计算机硬件的测试原理，提出了一种经验型的测试覆盖准则，Foster 的经验型覆盖准则是从硬件的早期测试方法中得到启发的。我们知道，在硬件测试中，对每一个门电路的输入、输出测试都是有额定标准的。通常，电路中一个门的错误常常是"输出总是 0"或是"输出总是 1"。与硬件测试中的这一情况类似，人们常常要重视程序中谓词的取值，但实际上它可能比硬件测试更加复杂。Foster 通过大量的实验确定了程序中谓词最容易出错的部分，得出了一套错误敏感测试用例分析 ESTCA（Error Sensitive Test Cases Analysis）规则。事实上，该规则十分简单。

【规则 1】　对于 A rel B（rel 可以是<，=和>）型的分支谓词，应适当地选择 A 与 B 的值，使得测试执行到该分支语句时，A<B、A=B 和 A>B 的情况分别出现一次。

【规则2】 对于 A rel1 C （rel1 可以是>或是<，A 是变量，C 是常量）型的分支谓词，当 rel1 为<时，应适当地选择 A 的值，使 A=C−M。

注意：M 是距 C 最小的容器容许正数，若 A 和 C 均为整型，M=1。同样，当 rel1 为>时，应适当地选择 A，使 A=C+M。

【规则3】 对外部输入变量赋值，使其在每一测试用例中均有不同的值与符号，并与同一组测试用例中其他变量的值与符号不一致。

显然，规则 1 是为了检测 rel 的错误，规则 2 是为了检测"差一"之类的错误（如本应是"IF A>1"而错成"IF A>0"），而规则 3 则是为了检测程序语句中的错误（如应引用一个变量而错成引用一个常量）。

上述 3 条规则并不是完备的，但在普通程序的测试中却是有效的。原因在于规则本身针对着程序编写人员容易发生的错误，或是围绕着发生错误的频繁区域，从而提高了发现错误的命中率。

当然，ESTCA 规则也有很多缺陷。一方面是有时不容易找到输入数据，使得规则所指的变量值满足要求；另一方面是仍有很多缺陷发现不了。对于查找错误的广度问题在变异测试中得到较好的解决。

2. Woodward 等人的层次 LCSAJ 覆盖准则

Woodward 等人曾经指出结构覆盖的一些准则，如分支覆盖或路径覆盖，都不足以保证测试数据的有效性。为此，他们提出了一种层次 LCSAJ 覆盖准则。

LCSAJ（Linear Code Sequence and Jump）的意思是线性代码序列与跳转。一个 LCSAJ 是一组顺序执行的代码，以控制流跳转为其结束点。它不同于判断—判断路径。判断—判断路径是根据程序有向图决定的。一个判断—判断路径是指两个判断之间的路径。但其中不再有判断。程序的入口、出口和分支节点都可以是判断点。而 LCSAJ 的起点是根据程序本身决定的。它的起点是程序第一行或转移语句的入口点，或是控制流可以跳达的点。几个首尾相接，且第一个 LCSAJ 起点为程序起点，最后一个 LCSAJ 终点为程序终点的 LCSAJ 串就组成了程序的一条路径。一条程序路径可能是由 2 个、3 个或多个 LCSAJ 组成的。基于 LCSAJ 与路径的这一关系，Woodward 等人提出了层次 LCSAJ 覆盖准则。这是一个分层的覆盖准则：

[第一层]：语句覆盖。

[第二层]：分支覆盖。

[第三层]：LCSAJ 覆盖。即程序中的每一个 LCSAJ 都至少在测试中经历过一次。

[第四层]：两两 LCSAJ 覆盖。即程序中每两个首尾相连的 LCSAJ 组合起来在测试中都要经历一次。

[第 n+2 层]：每 n 个首尾相连的 LCSAJ 组合在测试中都要经历一次。

它们说明了，越是高层的覆盖准则越难满足。

在实施测试时，若要实现上述的 Woodward 层次 LCSAJ 覆盖，需要产生被测程序的所有 LCSAJ。

2.6 白盒测试设计案例

【案例 2.1】 请运用逻辑覆盖的方法测试以下程序。

程序 2-7：

```
1  if （x>0&&y==1）
2      z=z*2；
3  if （x==2 || z>1）
4      y++；
```

程序 2-7 的流程图如图 2-13 所示。

运用逻辑覆盖的方法设计测试用例组，如表 2-13 所示。

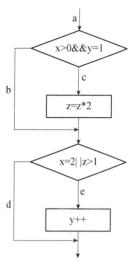

图 2-13　程序 2-7 的流程图

表 2-13　测试用例组 9

逻辑覆盖方法	测试用例	执行路径
语句覆盖	x=2,y=1,z=2	a,c,e
判定覆盖	x=2,y=1,z=2	a,c,e
	x=0,y=1,z=1	a,b,d
条件覆盖	x=2,y=0,z=1	a,b,e
	x=0,y=1,z=2	a,b,e
判定/条件覆盖	x=2,y=1,z=2	a,c,e
	x=0,y=0,z=1	a,b,d
条件组合覆盖	x=2,y=1,z=2	a,c,e
	x=2,y=0,z=1	a,b,e
	x=0,y=1,z=2	a,b,e
	x=0,y=0,z=1	a,b,d
路径覆盖	x=2,y=1,z=2	a,c,e
	x=2,y=0,z=1	a,b,e
	x=1,y=1,z=0	a,c,d
	x=0,y=1,z=1	a,b,d

【案例 2.2】 请运用路径分析的方法测试以下程序。

程序 2-8：

```
1 import java.util.Scanner;
2 public class Example4_8 {
3   public static void main （String[] args） {
4       int tag, i, j, x = 0, y = 0;
5       Scanner scanner = new Scanner （System.in）;
6       System.out.print （"Enter an integer for tag: "）;
7       tag = scanner.nextInt （）;
8       System.out.print （"Enter an integer for i: "）;
9       i = scanner.nextInt （）;
10      System.out.print （"Enter an integer for j: "）;
11      j = scanner.nextInt （）;
12      while （tag > 0） {
13          x += 1;
14          if （i == 1） {
```

```
15              y += 1;
16              tag = 0;
17          } else {
18              if (j == 1)
19                  y -= 1;
20              else
21                  x -= 2;
22              tag--;
23          }
24      }
25      System.out.println ("x=" + x + ",y=" + y);
26  }
27 }
```

程序 2-8 的流程如图 2-14 所示。

程序 2-8 的控制流图如图 2-15 所示，其中 R1、R2、R3 和 R4 代表控制流图的 4 个区域。R4 代表的是控制流图外的区域，也算作控制流图的一个区域。

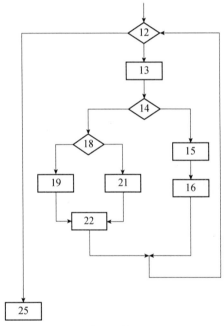

图 2-14　程序 2-8 的流程图

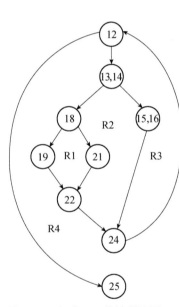

图 2-15　程序 2-8 的控制流图

下面运用路径分析的方法设计测试用例组。

（1）根据程序环形复杂度的计算公式，求出程序路径集合中的独立路径数目。

公式 1：$V(G)=11-9+2$，其中 11 是控制流图 G 中边的数量，9 是控制流图中节点的数目。

公式 2：$V(G)=3+1$，其中 3 是控制流图 G 中判定节点的数目。

公式 3：$V(G)=4$，其中 4 是控制流图 G 中区域的数目。

因此，控制流图 G 的环形复杂度是 4。

（2）根据上面环形复杂度的计算结果，源程序的独立路径集合中有 4 条独立路径：

path 1：12→25。

path 2：12→13,14→15,16→24→12→25。

path 3：12→13,14→18→19→22→24→12→25。

path 4：12→13,14→18→21→22→24→12→25。

（3）设计试用例组 10 如表 2-14 所示。根据上述 4 条独立路径设计出了这组测试用例，其中的 4 组数据能够遍历各个独立路径，也就满足了路径分析测试的要求。

需要注意的是，对于源程序中的循环体，测试用例组 10 中的输入数据使其执行零次或一次。

表 2-14　测试用例组 10

测试用例	输入			期望输出		执行路径
	tag	i	j	x	y	
Test Case 1	0	1	1	0	0	path 1
Test Case 2	1	1	0	1	1	path 2
Test Case 3	1	0	1	1	−1	path 3
Test Case 4	1	0	0	−1	0	path 4

习　题

一、选择题

1. 在下面所列举的逻辑测试覆盖中，测试覆盖最强的是_____。

   A．条件覆盖　　　　　　　　　　　B．条件组合覆盖

   C．语句覆盖　　　　　　　　　　　D．判定/条件覆盖

2. 在下面所列举的逻辑测试覆盖中，测试覆盖最弱的是_____。

   A．条件覆盖　　　　　　　　　　　B．条件组合覆盖

   C．语句覆盖　　　　　　　　　　　D．判定/条件覆盖

3. 下面的个人所得税程序中，满足语句覆盖测试用例的是_____。

```
if (income < 800)  taxRate = 0 ;
else if (income <= 1500)  taxRate = 0.05 ;
else if (income < 2000)  taxRate = 0.08 ;
else  taxRate = 0.1 ;
```

   A．income = (800, 1500, 2000, 2001)　　　B．income = (800, 801, 1999, 2000)

   C．income = (799, 1499, 2000, 2001)　　　D．income = (799, 1500, 1999, 2000)

4. 下面的个人所得税程序中，满足判定覆盖测试用例的是_____。

```
if (income < 800)  taxRate = 0 ;
else if (income <= 1500)  taxRate = 0.05 ;
else if (income < 2000)  taxRate = 0.08 ;
else  taxRate = 0.1 ;
```

   A．income = (799, 1500, 1999, 2001)　　　B．income = (799, 1501, 2000, 2001)

   C．income = (800, 1500, 2000, 2001)　　　D．income = (800, 1499, 2000, 2001)

5. 阅读如图 2-16 所示的流程图。

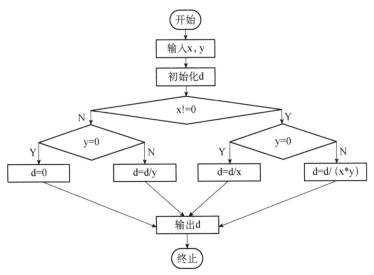

图 2-16 题 5 图

当使用判定覆盖法进行测试时，至少需要设计_____个测试用例。

    A. 2   B. 4

    C. 6   D. 8

6. 如图 2-17 所示控制流程图（程序图）的环复杂度 $V(G)$ 等于_____。

    A. 4   B. 5

    C. 6   D. 1

7. 如图 2-18 所示程序控制流图中有_____条线性无关（即相互独立）的独立路径。

    A. 1   B. 2

    C. 3   D. 4

8. 如图 2-19 所示控制流图的环复杂度 $V(G)$ 是_____。

    A. $V(G)=4$ B. $V(G)=5$

    C. $V(G)=6$ D. $V(G)=7$

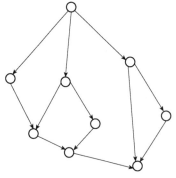

图 2-17 题 6 图

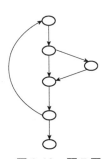

图 2-18 题 7 图

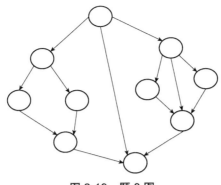

图 2-19　题 8 图

9. 条件组合覆盖是一种逻辑覆盖，它的含义是设计足够的测试用例，使得每个判断中条件的各种可能组合都至少出现一次，满足条件组合覆盖级别的测试用例也是满足_____级别的。

　　A. 语句覆盖、判定覆盖、条件覆盖、判定/条件覆盖

　　B. 判定覆盖、条件覆盖、判定/条件覆盖

　　C. 语句覆盖、判定覆盖、判定/条件覆盖

　　D. 路径覆盖、判定覆盖、条件覆盖、判定/条件覆盖

10. 逻辑路径覆盖法是白盒测试用例的重要设计方法，其中语句覆盖法是较为常用的方法，针对下面的语句段，采用语句覆盖法完成测试用例设计，测试用例见表 2-15，对表中的空缺项（TRUE 或者 FALSE），正确的选择是_____。

语句段：

```
if (A&&(B||C)) x=1;
else   x=0;
```

表 2-15　用例表

	用例 1	用例 2
A	TRUE	FALSE
B	①	TRUE
C	FALSE	②
A&&（B||C）	③	FALSE

　　A. ①TRUE ②FALSE ③TRUE

　　B. ①TRUE ②FALSE ③FALSE

　　C. ①FALSE ②FALSE ③TRUE

　　D. ①TRUE ②TRUE ③FALSE

二、简答题

1. 阐述白盒测试的各种方法。

2. 简述逻辑覆盖测试的 6 种覆盖策略及各自的特点。

3. 简述独立路径测试的基本步骤。

4. 使用独立路径法设计出的测试用例能够保证程序的每一条可执行语句在测试过程中至少执行一次。以下代码由 Java 语言书写，请按要求回答问题。

```
int GetMaxDay ( int year, int month )
{
1    int maxday = 0;
2    if ( month >= 1 && month <= 12 )
3    {
4      if ( month == 2 )
5      {
6        if ( year % 4 == 0 )
7        {
8          if ( year % 100 == 0 )
9          {
10           if ( year % 400 == 0 )
11             maxday = 29;
12           else
13             maxday = 28;
14         }
15         else
16           maxday = 29;
17       }
18       else
19         maxday = 28;
20     }
21     else if ( month == 4 || month == 6 || month == 9 || month == 11 )
22         maxday = 30;
23     else
24       maxday = 31;
25   }
26   return maxday;}
```

（1）请画出以上代码的控制流图。

（2）请计算上述控制流图的环复杂度 $V(G)$（独立线性路径数）。

（3）假设输入的取值范围是 $1000 < year < 2001$，请使用独立路径测试法为变量 year、month 设计测试用例（写出 year 取值、month 取值、maxday 预期结果），使其满足独立路径覆盖要求。

第 3 章

黑盒测试技术

黑盒测试在软件测试技术中是最重要的基本方法之一，在各类测试中都有着广泛的应用，在软件测试中占有非常高的地位。黑盒测试的基本方法有等价类划分法、边界值分析法、决策表法和因果图法等。

3.1 黑盒测试概述

黑盒测试又称功能测试或数据驱动的测试，主要从用户的观点出发，以软件规格说明书为依据，着重测试软件的功能需求，对程序功能和程序接口进行测试，可以发现以下错误：

（1）是否有不正确的功能，是否有遗漏的功能。

（2）在接口上，是否能够正确地接收输入数据并产生正确的输出结果。

（3）是否有数据结构错误或外部信息访问错误。

（4）性能上是否能够满足要求。

（5）是否有程序初始化和终止方面的错误。

在黑盒测试时，测试者将整个被测试的程序看成一个黑盒子，在完全不考虑程序或者系统的内部结构和内部特性的情况下，检查程序的功能是否按照需求规格说明书的规定正常运行，程序是否能适当地接收输入数据而产生正确的输出结果。这就好比一个人虽然会使用照相机拍照，却并不知道照相机内部的工作原理。在这里，测试者运行一个程序时并不需要理解其内部结构，只是根据产品应该实现的实际功能和已经定义好的产品规格，来验证产品所应该具有的功能是否实现，每个功能是否都能正常使用，是否满足用户的要求。因此，如果软件外部特性本身有问题或规格说明书的规定有误，用黑盒测试方法是发现不了的。

黑盒测试有两种基本方法，即通过测试和失败测试。在进行通过测试时，实际上是确认软件能做什么，而不会去考验其能力如何，软件测试人员只是运用最简单、最直观的测试用例。在设计和执行测试用例时，总要先进行通过测试，验证软件的基本功能是否都已实现。在确信软件能正确运行之后，就可以采取各种手段通过搞垮软件来找出缺陷。这种纯粹为了破坏软件而设计和执行的测试用例，称为失败测试或迫使出错测试。

3.2 等价类划分法

3.2.1 等价类划分法的概念

黑盒测试属于穷举输入测试方法，就要求每一种可能的输入或者输入的组合都要被测试到，才能查出程序中所有的错误，但这通常是不可能的。假设有一个程序要求有两个输入数据 x 和 y，以及一个输出数据 z，在字长为 32 位的计算机上运行。若 x、y 取整数，按黑盒测试方法进行穷举测试，则测试数据的最大可能数目为 $2^{32} \times 2^{32} = 2^{64}$。如果测试一组数据需要 1 毫秒，一天工作 24 小时，一年工作 365 天，那么完成所有测试需 5 亿年。可见，要进行穷举输入是不可能的。为了解决这个难题，可以引入等价类划分法，它将不能穷举的测试过程进行合理分类，从而保证设计出来的测试用例具有完整性和代表性。

等价类划分法把所有可能的输入数据，即程序的输入域划分成若干部分（子集），然后从每一个子集中选取少数具有代表性的数据作为测试用例。所谓等价类是指输入域的某个子集合，所有等价类的并集就是整个输入域。在等价类中，各个输入数据对于揭露程序中的错误都是等效的，它们具有等价特性。因此，测试某个等价类的代表值就是等价于对这一类中其他值的测试。

软件不能只接收合理有效的数据，也要具有处理异常数据的功能，这样的测试才能确保软件具有更高的可靠性。因此，在划分等价类的过程中，不但要考虑有效等价类划分，同时也要考虑无效等价类划分。

有效等价类是指对软件规格说明来说，合理、有意义的输入数据所构成的集合。利用有效等价类可以检验程序是否满足规格说明所规定的功能和性能。

无效等价类则和有效等价类相反，即不满足程序输入要求或者无效的输入数据所构成的集合。利用无效等价类可以检验程序异常情况的处理。使用等价类划分法设计测试用例，首先必须在分析需求规格说明的基础上划分等价类，然后列出等价类表。

以下是划分等价类的几个原则：

（1）如果规定了输入条件的取值范围或者个数，则可以确定一个有效等价类和两个无效等价类。例如，程序要求输入的数值是从 60 到 100 之间的整数，则有效等价类为"大于等于 60 而小于等于 100 的整数"，两个无效等价类为"小于 60 的整数"和"大于 100 的整数"。

（2）如果规定了输入值的集合，则可以确定一个有效等价类和一个无效等价类。例如，程序要进行平方根函数的运算，则"大于等于 0 的数"为有效等价类，"小于 0 的数"为无效等价类。

（3）如果规定了输入数据的一组值，并且程序要对每一个输入值分别进行处理，则可为每一个值确定一个有效等价类，此外根据这组值确定一个无效等价类，即所有不允许的输入值的集合。例如，程序规定某个输入条件 x 的取值只能为集合 $\{2，3，4，5\}$ 中的某一个，则有效等价类为 $x=2$，$x=3$，$x=4$，$x=5$，程序对这 4 个数值分别进行处理；无效等价类则为 $x \neq 2$，3，4，5 的值的集合。

（4）如果规定了输入数据必须遵守的规则，则可以确定一个有效等价类和若干个无效等价类。例如，程序中某个输入条件规定必须为 5 位数字，则可划分一个有效等价类为输入数据为 5 位数字，3 个无效等价类分别为输入数据中含有非数字字符、输入数据少于 5 位的数字、输入数据多于 5 位的数字。

（5）如果已知的等价类中各个元素在程序中的处理方式不同，则应将该等价类进一步划分成更小的等价类。

在确立了等价类之后，建立等价类表，列出所有划分出的等价类，格式如表 3-1 所示。再根据已列出的等价类表，按以下步骤确定测试用例：

（1）为每一个等价类规定一个唯一的编号。

表 3-1　等价类表

输入条件	有效等价类	无效等价类
…	…	…
…	…	…

（2）设计一个新的测试用例，使其尽可能多地覆盖尚未被覆盖的有效等价类，重复这个过程，直至所有的有效等价类均被测试用例所覆盖。

（3）设计一个新的测试用例，使其仅覆盖一个无效等价类，重复这个过程，直至所有的无效等价类均被测试用例所覆盖。

划分等价类的标准为：

（1）完备性。所有等价类的并集就是整个输入域，提供一种形式的完备性。

（2）无冗余性。等价类是输入域的某个子集合，子集互不相交，保证一种形式的无冗余性。

3.2.2　标准与健壮等价类划分

针对是否对无效数据进行测试，可以将等价类测试分为标准等价类测试、健壮等价类测试。

1. 标准等价类测试

标准等价类测试不考虑无效数据值，测试用例使用每个等价类中的一个值。通常，标准等价类测试用例的数量和最大有效等价类的数目相等。

以三角形问题为例，要求输入 3 个整数 a、b、c，分别作为三角形的 3 条边，取值范围为 1～100，判断由 3 条边构成的三角形类型为等边三角形、等腰三角形、一般三角形及不构成三角形。在多数情况下，要从输入域划分等价类，但对于三角形问题，则从输出域来定义等价类是最简单的划分方法。

利用这些信息可以确定下列输出（值域）等价类：

R1={<a, b, c>：边为 a, b, c 的等边三角形}

R2={<a, b, c>：边为 a, b, c 的等腰三角形}

R3={<a, b, c>：边为 a, b, c 的一般三角形}

R4={<a, b, c>：边为 a, b, c 不能构成三角形}

三角形问题的 4 个标准等价类测试用例，如表 3-2 所示。

表 3-2　三角形问题的 4 个标准等价类测试用例

测试用例	a	b	c	预期输出
T1	50	50	50	等边三角形
T2	50	50	30	等腰三角形
T3	30	40	50	一般三角形
T4	20	20	50	不构成三角形

2．健壮等价类测试

区别于标准等价类测试，健壮等价类测试用例则考虑了无效等价类。

在设计健壮等价类测试用例时，对有效输入，测试用例从每个有效等价类中取一个值；对无效输入，一个测试用例有一个无效值，其他值均取有效值。

对于上述三角形问题，取 a、b、c 的无效值产生了 7 个健壮等价类测试用例，如表 3-3 所示。

表 3-3　三角形问题的健壮等价类测试用例

测试用例	a	b	c	预期输出
TR1	30	40	60	一般三角形
TR2	−1	60	60	a 值超出定义域范围
TR3	60	−1	60	b 值超出定义域范围
TR4	60	60	−1	c 值超出定义域范围
TR5	101	60	60	a 值超出定义域范围
TR6	60	101	60	b 值超出定义域范围
TR7	60	60	101	c 值超出定义域范围

3.2.3　等价类划分法案例

【例 3.1】　某网站用户申请注册时，要求用户必须输入用户名、密码及确认密码，对每一项输入条件的要求如下：

用户名要求为 4～12 位，只能使用英文字母、数字、"−"、"_" 这几种字符组合，并且首字符必须为字母或数字；密码要求为 6～12 位，只能使用英文字母、数字以及 "−"、"_" 这几种字符组合，并且区分大小写。

试用等价类划分法为其设计测试用例。分析如下：

（1）分析程序的规格说明，列出等价类表（包括有效等价类和无效等价类），如表 3-4 所示。

表 3-4　等价类表

输入条件	有效等价类	编号	输入条件	无效等价类	编号
用户名	4～12 位	1	用户名	少于 4 位	8
	首字符为字母	2		多于 12 位	9
	首字符为数字	3		首字符为除字母、数字之外的其他字符	10
	英文字母、数字、"−"、"_" 组合	4		组合中含有除英文字母、数字、"−"、"_" 之外其他特殊字符	11

续表

输入条件	有效等价类	编号	输入条件	无效等价类	编号
密码	6~12 位	5	密码	少于 6 位	12
				多于 12 位	13
	英文字母、数字、"–"、"_"组合	6		组合中含有除英文字母、数字、"–"、"_"之外其他特殊字符	14
确认密码	内容与密码相同	7	确认密码	内容与密码不相同	15
				内容与密码相同，但大小写不同	16

（2）根据上述等价类表，设计测试用例，如表 3-5 所示。

表 3-5　设计测试用例

测试用例	用户名	密码	确认密码	预期输出
TC1	test_2010	admin_123	admin_123	注册成功
TC2	2010–abc	123-admin	123-admin	注册成功
TC3	abc	admin_123	admin_123	提示用户名错误
TC4	abcdefghijkl123456	admin_123	admin_123	提示用户名错误
TC5	_test_2010	admin_123	admin_123	提示用户名错误
TC6	abc@123	admin_123	admin_123	提示用户名错误
TC7	test_2010	12345	12345	提示密码错误
TC8	test_2010	administrator_123	administrator_123	提示密码错误
TC9	test_2010	abc@123	abc@123	提示密码错误
TC10	test_2010	admin_123	abc_123	提示确认密码错误
TC11	test_2010	admin_123	ADMIN_123	提示确认密码错误

3.3　边界值分析法

3.3.1　边界值分析法的概念

边界值分析法（Boundary Value Analysis，BVA）的测试用例来自于等价类的边界，是一种补充等价类划分法的测试用例设计技术。在软件设计中大量的错误发生在输入或输出范围的边界上，而不是发生在输入/输出范围的内部。因此针对各种边界情况设计测试用例，可以达到更好的测试效果。

在实际的软件设计过程中，会涉及大量的边界值条件和过程，这里有一个简单的 Java 程序的例子：

```java
double[] test = new double[4];
for ( int i=1 ; i<=4; i++ )
    test[i]=i;
```

在这个程序中，目标是为了创建一个拥有 4 个元素的一维数组，看似合理，但是，在 Java 语言中，当一个数组被定义时，其第一个元素所对应的数组下标是 0 而不是 1。所以，上述数组定义后，数组中成员的下标最大值是 3，上述程序运行后，会造成数组下标越界错误。

使用边界值分析方法设计测试用例，首先应确定边界情况。通常输入和输出等价类的边界，就是应着重测试的边界情况。应当选取正好等于、刚刚大于或刚刚小于边界的值作为测试数据，而不是选取等价类中的典型值或任意值作为测试数据。

在应用边界值分析法设计测试用例时，应遵循以下几条原则：

（1）如果输入条件规定了值的范围，则应该选取刚达到这个范围的边界值，以及刚刚超过这个范围边界的值作为测试输入数据。

（2）如果输入条件规定了值的个数，则用最大个数、最小个数、比最小个数多 1、比最大个数少 1 的数作为测试数据。

（3）根据规格说明的每一个输出条件，分别使用以上两个原则。

（4）如果程序的规格说明给出的输入域或者输出域是有序集合（如有序表、顺序文件等），则应选取集合的第一个元素和最后一个元素作为测试用例。

（5）如果程序中使用了一个内部数据结构，则应当选择这个内部数据结构的边界值作为测试用例。

（6）分析规格说明，找出其他可能的边界条件。

比如，有两个输入变量 x1($a \leq$x1$\leq$b)和 x2($c \leq$x2$\leq$d)的程序的边界值分析测试用例的输入项，可以这样设计：{<x1nom,x2min>,<x1nom,x2min+>,<x1nom,x2nom>, <x1nom,x2max>，<x1nom,x2max->,<x1min,x2nom>,<x1min+,x2nom>,<x1max,x2nom>,<x1max-,x2nom> }。

【例 3.2】 有二元函数 $f(x,y)$，x、y 为整数，其中 $x \in [1,12]$，$y \in [1,31]$，则采用边界值分析法设计的测试用例输入项是：{ <1,15>, <2,15>, <11,15>, <12,15>, <6,15>, <6,1>, <6,2>, <6,30>, <6,31> }。

【例 3.3】 有三元函数 $f(x,y,z)$，x、y、z 为整数，其中 $x \in [1\,900, 2\,100]$，$y \in [1,12]$，$z \in [1,31]$。请写出该函数采用边界值分析法设计的测试用例。

{<2 000,6,1>, <2 000,6,2>, <2 000,6,30>, <2 000,6,31>, <2 000,1,15>, <2 000,2,15>, <2 000,11,15>, <2 000,12,15>, <1 900,6,15>, <1 901,6,15>, <2 099,6,15>, <2 100,6,15>, <2 000,6,15> }

推论 1： 对于一个含有 n 个变量的程序，采用边界值分析法测试程序会产生 $4n+1$ 个测试用例。

健壮性测试采用边界值分析法设计测试用例时，为了检查输入数据超过极限值时系统的情况，还需要考虑采用一个略超过最大值（max+）及略小于最小值（min-）的取值。

例 3.2 考虑健壮性测试时的边界值分析法设计的测试用例输入项是：

{<0,15>, <1,15>, <2,15>, <11,15>, <12,15>,<13,15>,<6,15>,<6,0>,<6,1>, <6,2>, <6,30>, <6,31> ,<6,32>}。

【例 3.4】 有一个成绩管理系统，在测试考生考试成绩的输入（不计小数点）时，采用边界值分析法设计的健壮性测试用例输入项是：{-1,0,1,50,99,100,101}。

推论 2： 对于一个含有 n 个变量的程序，健壮性测试时采用边界值分析法测试程序会产生 $6n+1$ 个测试用例。

3.3.2 边界值分析法案例

【例 3.5】 某个计算长方体体积的程序要求输入长方体的长、宽、高，分别由 3 个整

数 x、y、z 来表示。x、y、z 的上界为 100，下界为 1。表 3-6 给出了健壮性边界值分析测试用例。

表 3-6　长方体体积计算程序健壮性边界值分析测试用例

测试用例	x	y	z	预期输出
Test case 1	50	50	0	z 超出 ［1，100］
Test case 2	50	50	1	2 500
Test case 3	50	50	2	5 000
Test case 4	50	50	50	125 000
Test case 5	50	50	99	247 500
Test case 6	50	50	100	250000
Test case 7	50	50	101	z 超出 ［1，100］
Test case 8	50	0	50	y 超出 ［1，100］
Test case 9	50	1	50	2 500
Test case 10	50	2	50	5 000
Test case 11	50	99	50	247 500
Test case 12	50	100	50	250 000
Test case 13	50	101	50	y 超出 ［1，100］
Test case 14	0	50	50	x 超出 ［1，100］
Test case 15	1	50	50	2 500
Test case 16	2	50	50	5 000
Test case 17	99	50	50	247 500
Test case 18	100	50	50	250 000
Test case 19	101	50	50	x 超出 ［1，100］

【例 3.6】　一个计算第二天日期的 NextDate 程序，规定输入的年、月、日的变量分别为 month、day、year，相应的取值范围为 year$\in$[1950,2050]，month$\in$[1,12]，day$\in$[1,31]，表 3-7 给出了健壮性边界值分析测试用例。

表 3-7　NextDate 程序健壮性边界值分析测试用例

测试用例	month	day	year	预期输出
Test case 1	6	15	1949	year 超出[1950,2050]
Test case 2	6	15	1950	1950.6.16
Test case 3	6	15	1951	1951.6.16
Test case 4	6	15	1985	1985.6.16
Test case 5	6	15	2049	2049.6.16
Test case 6	6	15	2050	2050.6.16
Test case 7	6	15	2051	year 超出[1950,2050]
Test case 8	6	0	1975	day 超出 ［1，31］
Test case 9	6	1	1975	1975.6.2
Test case 10	6	2	1975	1975.6.3
Test case 11	6	30	1975	1975.7.1
Test case 12	6	31	1975	输入日期越界
Test case 13	6	32	1975	day 超出 ［1，31］
Test case 14	0	15	1975	month 超出 ［1，12］
Test case 15	1	15	1975	1975.1.16
Test case 16	2	15	1975	1975.2.16
Test case 17	11	15	1975	1975.11.16
Test case 18	12	15	1975	1975.12.16
Test case 19	13	15	1975	month 超出 ［1，12］

3.4 决策表法

3.4.1 决策表法的概念

决策表是分析和表达多个逻辑条件下执行不同操作情况的工具。由于决策表可以把复杂的逻辑关系和多种条件组合的情况表达得既具体又明确，因此在程序设计发展的初期，决策表就已被当作编写程序的辅助工具了。

决策表通常由 4 个部分组成，如图 3-1 所示。

（1）条件桩：列出了问题的所有条件，通常认为列出的条件的先后次序无关紧要。

（2）动作桩：列出了问题规定的可能采取的操作，这些操作的排列顺序没有约束。

（3）条件项：针对条件桩给出的条件列出所有可能的取值。

（4）动作项：与条件项紧密相关，列出在条件项的各组取值情况下应该采取的动作。

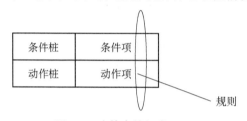

图 3-1 决策表的组成

任何一个条件组合的特定取值及其相应要执行的操作都称为一条规则，在决策表中贯穿条件项和动作项的一列就是一条规则。显然，决策表中列出多少组条件取值，也就有多少条规则，即条件项和动作项有多少列。

根据软件规格说明，建立决策表的步骤如下：

（1）确定规则的个数。假如有 n 个条件，每个条件有两个取值，故有 2^n 种规则。

（2）列出所有的条件桩和动作桩。

（3）填入条件项。

（4）填入动作项，得到初始决策表。

（5）化简。合并相似规则（相同动作）。

表 3-8 所示是一张"超市销售库存决策表"，具体问题描述如下：

超市中如果某产品销售好并且库存低，则继续销售并增加该产品的进货量；如果该产品销售好，但库存量不低，则继续销售；若该产品销售不好，但库存量低，则该产品下架；若该产品销售不好，且库存量不低，如有空货架，则继续销售，如果没有空货架，则该产品下架。

超市销售库存决策表构造过程如下：

（1）确定规则的个数。对于本题有 3 个条件（销售、库存、有空货架），每个条件可以有两个取值，故有 $2^3=8$ 种规则。

（2）列出所有的条件桩和动作桩。

条件：

c1：销售好？

c2：库存低？

c3：有空货架？

动作：

a1：增加进货

a2：继续销售

a3：产品下架

（3）填入条件项。

（4）填入动作项，得到初始决策表，如表 3-8 所示。

表 3-8　超市销售库存决策表

选项		规则							
		1	2	3	4	5	6	7	8
条件	c1:销售好？	T	T	T	T	F	F	F	F
	c2:库存低？	T	T	F	F	T	T	F	F
	c3:有空货架？	T	F	T	F	T	F	T	F
动作	a1:增加进货	√	√						
	a2:继续销售	√	√	√	√			√	
	a3:产品下架					√	√		√

每种测试方法都有适用的范围，决策表法适用于下列情况：

（1）规格说明以决策表形式给出，或很容易转换成决策表。

（2）条件的排列顺序不会也不应影响执行哪些操作。

（3）规则的排列顺序不会也不应影响执行哪些操作。

（4）每当某一规则的条件已经满足，并确定要执行的操作后，不必检验别的规则。

（5）如果某一规则得到满足要执行多个操作，这些操作的执行顺序无关紧要。

实际使用决策表时需要简化，简化是以合并相似规则为目标。若表中有两条以上规则具有相同的动作，并且在条件项之间存在极为相似的关系，则可以合并。根据表 3-8 中的情形，第 1、2 条规则其动作项一致，条件项中的前两个条件取值一致，只有第 3 个条件取值不同。说明前两个条件分别取真和假值时，无论第 3 个条件取何值，都对相应的动作没有影响，这两条规则可以合并。合并后的第 3 项条件用符号"—"表示，说明在当前规则中该条件的取值与动作的取值无关，称为"无关条件"。根据此原则，第 3、4 条规则和第 5、6 条规则也可以合并，化简后的超市销售库存决策表，如表 3-9 所示。

表 3-9　化简后的超市销售库存决策表

选项		规则				
		1、2	3、4	5、6	7	8
条件	c1：销售好？	T	T	F	F	F
	c2：库存低？	T	F	T	F	F
	c3：有空货架？	—	—	—	T	F
动作	a1：增加进货	√				
	a2：继续销售	√	√		√	
	a3：产品下架			√		√

决策表最突出的优点是，能够将复杂的问题按照各种可能的情况全部列举出来，简明并避免遗漏。因此，利用决策表能够设计出完整的测试用例集合。运用决策表设计测试用例，可以将条件理解为输入，将动作理解为输出。

3.4.2 决策表法案例

【例3.7】 某房产中介公司的中介费政策如下：如果房屋销售总价少于10万元，那么基础中介费将是销售额的2%；如果房屋销售总价大于10万元，但少于100万元，那么基础佣金将是销售额的1.5%，外加1 000元；如果销售额大于100万元，那么基础中介费将是房屋销售总价的1%，外加1 500元。另外房屋销售单价和销售的套数对中介费也有影响。如果单价低于1万元/m²，则外加基础中介费的5%，此外若是老顾客，则减免外加基础中介费；若单价在1万元/m²以上，但低于2万元/m²，则外加基础中介费的2.5%，若是老顾客，则减免外加基础中介费；若单价在2万元/m²以上，则减免外加基础中介费，若是老顾客，则减去基础中介费的5%。

分析如下：

（1）分析各种输入情况，列出为房屋销售总价、单价、客户性质的有效等价类。

房屋销售总价的有效等价类：

S1：$\{0 \leqslant Sale < 100\,000\}$。

S2：$\{100\,000 \leqslant Sale < 1\,000\,000\}$。

S3：$\{Sale \geqslant 1\,000\,000\}$。

房屋销售单价的有效等价类：

P1：$\{Price < 10\,000\}$。

P2：$\{10\,000 \leqslant Price < 20\,000\}$。

P3：$\{Price \geqslant 20\,000\}$。

客户性质的有效等价类：

B1：$\{$新客户$\}$。

B2：$\{$老客户$\}$。

（2）分析程序的规格说明，并结合以上等价类划分的情况，给出问题规定的可能采取的操作（即列出所有的动作桩）。考虑各种有效的输入情况，程序中可能采取的操作有以下6种：

a1：基础中介费为销售总价的2%。

a2：基础中介费为（销售总价的1.5%+1 000）元。

a3：基础中介费为（销售总价的1%+1 500）元。

a4：外加基础中介费的5%。

a5：外加基础中介费的2.5%。

a6：减去基础中介费的5%。

（3）根据以上分析的步骤（1）和（2），画出决策表，如表3-10所示。

表 3-10　房产中介费的决策表

条件/动作	选项	规则 1	2	3	4	5	6	7	8	9	10	11	12	13	14	15	16	17	18
条件	C1：销售总价	S1	S1	S1	S1	S1	S1	S2	S2	S2	S2	S2	S2	S3	S3	S3	S3	S3	S3
	C2：销售单价	P1	P1	P2	P2	P3	P3	P1	P1	P2	P2	P3	P3	P1	P1	P2	P2	P3	P3
	C3：客户性质	B1	B2	B1	B2	B1	B2	B1	B2	B1	B2	B1	B2	B1	B2	B1	B2	B1	B2
动作	a1	√	√	√	√	√	√												
	a2							√	√	√	√	√	√						
	a3													√	√	√	√	√	√
	a4	√												√					
	a5			√				√		√						√			
	a6						√						√						√

根据上述房产中介费收费的决策表，设计测试用例，如表 3-11 所示。

表 3-11　房产中介费的测试用例表

测试用例	销售总价（元）	销售单价（元/m²）	客户性质	预期输出
Test Case 1	50,000	5,000	老客户	1,050
Test Case 2	50,000	5,000	新客户	1,000
Test Case 3	50,000	15,000	老客户	1,025
Test Case 4	50,000	15,000	新客户	1,000
Test Case 5	50,000	25,000	老客户	1,000
Test Case 6	50,000	25,000	新客户	950
Test Case 7	500,000	5,000	老客户	8,925
Test Case 8	500,000	5,000	新客户	8,500
Test Case 9	500,000	15,000	老客户	8,712.5
Test Case 10	500,000	15,000	新客户	8,500
Test Case 11	500,000	25,000	老客户	8,500
Test Case 12	500,000	25,000	新客户	8,075
Test Case 13	1,500,000	5,000	老客户	17,325
Test Case 14	1,500,000	5,000	新客户	16,500
Test Case 15	1,500,000	15,000	老客户	16,912.5
Test Case 16	1,500,000	15,000	新客户	16,500
Test Case 17	1,500,000	25,000	老客户	16,500
Test Case 18	1,500,000	25,000	新客户	15,675

3.5　因果图法

3.5.1　因果图法的概念

前面介绍的等价类划分法和边界值分析法都着重考虑输入条件，而没有考虑输入条件的各种组合情况，也没有考虑各个输入条件之间的相互制约关系。因此，必须考虑采用一种适合于多种条件的组合，相应能产生多个动作的形式来进行测试用例的设计，这就需要采用因果图法。因果图法就是一种利用图解法分析输入的各种组合情况，从而设计测试用例的方法，它适合于检查程序输入条件的各种情况的组合。

在因果图中使用 4 种符号分别表示 4 种因果关系，如图 3-2 所示。用直线连接左右节点，其中左节点 c1 表示输入状态（或称原因），右节点 e1 表示输出状态（或称结果）。c1 和 e1 都可取值 0 或 1，0 表示某状态不出现，1 表示某状态出现。

图 3-2 中各符号的含义如下。

（a）图表恒等：若 c1 是 1，则 e1 也是 1；否则，若 c1 是 0，则 e1 为 0。

（b）图表非：若 c1 是 1，则 e1 是 0；否则，若 c1 是 0，则 e1 为 1。

（c）图表或：若 c1 或 c2 或 c3 是 1，则 e1 是 1；否则，若 c1、c2、c3 全为 0，则 e1 为 0。

（d）图表与：若 c1 和 c2 都是 1，则 e1 是 1；否则，只要 c1、c2 中有一个为 0，则 e1 为 0。

在实际问题中，输入状态相互之间还可能存在某些依赖关系，称为约束。例如，某些输入条件不可能同时出现。输出状态之间也往往存在约束，在因果图中，以特定的符号标明这些约束，如图 3-3 所示。

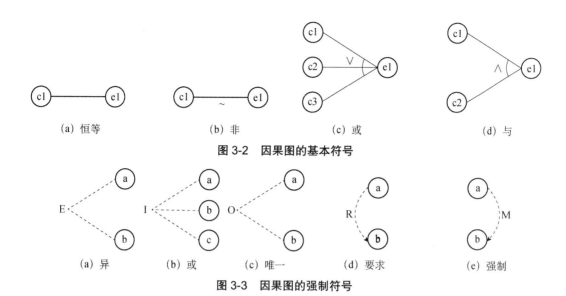

图3-2 因果图的基本符号

(a) 恒等   (b) 非   (c) 或   (d) 与

(a) 异   (b) 或   (c) 唯一   (d) 要求   (e) 强制

图3-3 因果图的强制符号

对输入条件的约束有：

（a）图表 E 约束（异）：a 和 b 中最多有一个可能为 1，即 a 和 b 不能同时为 1。

（b）图表 I 约束（或）：a、b 和 c 中至少有一个必须是 1，即 a、b 和 c 不能同时为 0。

（c）图表 O 约束（唯一）：a 和 b 中必须有且仅有一个为 1。

（d）图表 R 约束（要求）：a 是 1 时，b 必须是 1，即 a 是 1 时，b 不能是 0。

对输出条件的约束只有 M 约束。

（e）图表 M 约束（强制）：若结果 a 是 1，则结果 b 强制为 0。

因果图法最终要生成决策表。

利用因果图法生成测试用例需要以下几个步骤：

（1）分析软件规格说明书中的输入/输出条件，并且分析出等价类。分析规格说明中的语义的内容，通过这些语义来找出相对应的输入与输入之间、输入与输出之间的对应关系。

（2）将对应的输入与输入之间、输入与输出之间的关系连接起来，并且将其中不可能的组合情况标注成约束或者限制条件，形成因果图。

（3）将因果图转换成决策表。

（4）将决策表的每一列作为依据，设计测试用例。

3.5.2 因果图法设计测试用例

【例3.8】 某软件的规格说明中对登录名输入包含这样的要求：输入的第一个字符必须是 "$" 或英文字母，第二个字符必须是一个数字，在此情况下进入第二个窗口；但如果第一个字符不正确，则给出信息 M；如果第二个字符不是数字，则给出信息 N。

用因果图法设计测试用例的过程如下：

（1）分析程序的规格说明，列出原因和结果。

原因：

c1——第一个字符是 "$"。

c2——第一个字符是英文字母。

c3——第二个字符是一个数字。

结果：

e1——给出信息 M。

e2——进入第二个窗口。

e3——给出信息 N。

（2）将原因和结果之间的因果关系用逻辑符号连接起来，得到因果图，如图 3-4 所示。编号为 11 的中间节点是导出结果的进一步原因。

因为 c1 和 c2 不可能同时为 1，即第一个字符不可能既是 A 又是 B，在因果图上可对其施加 E 约束，得到具有约束的因果图，如图 3-5 所示。

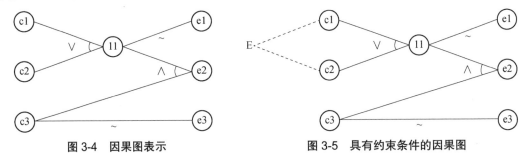

图 3-4　因果图表示　　　　　　　　图 3-5　具有约束条件的因果图

（3）将因果图转换成决策表，如表 3-12 所示。

（4）设计测试用例。表 3-12 中的前两种情况，因为 c1 和 c2 不可能同时为 1，所以应排除这两种情况。根据此表，可以设计出 6 个测试用例，如表 3-13 所示。

表 3-12　决策表

选项		规则							
		1	2	3	4	5	6	7	8
条件	c1	1	1	1	1	0	0	0	0
	c2	1	1	0	0	1	1	0	0
	c3	1	0	1	0	1	0	1	0
	11			1	1	1	1	0	0
动作	e1			0	0	0	0	1	1
	e2			1	0	1	0	0	0
	e3			0	1	0	1	0	1
	不可能	1	1						
测试用例				$5	$a	a9	cb	42	@%

表 3-13　测试用例

编号	输入数据	预期输出
Test Case 1	$5	进入第二个窗口
Test Case 2	$a	给出信息 N
Test Case 3	a9	进入第二个窗口
Test Case 4	cb	给出信息 N
Test Case 5	42	给出信息 M
Test Case 6	@%	给出信息 M 和信息 N

【例 3.9】　某公司人事软件的工资计算模块的需求规格说明书中描述：

（1）年薪制员工：严重过失，扣当月薪资的 4%；过失，扣年终奖的 2%。

（2）非年薪制员工：严重过失，扣当月薪资的 8%；过失，扣年终奖的 4%。

请绘制出因果图和判定表，并给出相应的测试用例。

用因果图法设计测试用例过程如下：

（1）分析程序的规格说明，列出原因和结果。

原因：

　　c1：年薪制

　　c2：严重过失

结果：

　　e1：扣当月薪资的 4%

　　e2：扣年终奖的 2%

　　e3：扣当月薪资的 8%

　　e4：扣年终奖的 4%

（2）将原因和结果之间的因果关系用逻辑符号连接起来，得到因果图，如图 3-6 所示。

（3）根据因果图设计的判定表，如表 3-14 所示。

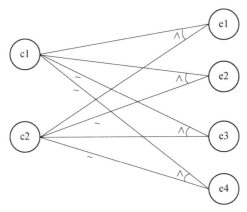

图 3-6　因果图表示

表 3-14　判定表

选项		规则			
		1	2	3	4
条件	c1	1	1	0	0
	c2	1	0	1	0
动作	e1	√			
	e2		√		
	e3			√	
	e4				√

（4）根据判定表设计测试用例，如表 3-15 所示。

表 3-15 测试用例

测试用例编号	测试输入	预期输出
1	年薪制员工；严重过失	扣当月薪资的 4%
2	年薪制员工；过失	扣年终奖的 2%
3	非年薪制员工；严重过失	扣当月薪资的 8%
4	非年薪制员工；过失	扣年终奖的 4%

事实上，特别是在较为复杂的问题中，合理使用因果图法非常有效，可以帮助检查输入条件的各种组合，设计出非冗余、高效的测试用例。如果开发项目在设计阶段就采用了决策表，就不必再画因果图，可以直接利用决策表设计测试用例。

3.6 测试方法的选择

为了最大限度地减少测试遗留的缺陷，同时也为了最大限度地发现存在的缺陷，在测试实施之前，测试工程师必须确定将要采用的测试策略和测试方法，并以此为依据制订详细的测试方案。通常，一个好的测试策略和测试方法必将给整个测试工作带来事半功倍的效果。

如何才能确定好的测试策略和测试方法呢？通常，在确定测试方法时，应该遵循以下原则：

（1）据程序的重要性和一旦发生故障将造成的损失程度来确定测试等级和测试重点。

（2）认真选择测试策略，以便能尽可能少地使用测试用例，发现尽可能多的程序错误。因为一次完整的软件测试过后，如果程序中遗留的错误过多并且严重，则表明该次测试是不足的，而测试不足则意味着让用户承担隐藏错误带来的危险，但测试过度又会带来资源的浪费。因此，测试需要找到一个平衡点。

测试用例的设计方法不是单独存在的，具体到每个测试项目里都会用到多种方法，在实际测试中，往往是综合使用各种方法才能高效率、高质量地完成测试。一个好的测试策略和测试方法必将给整个测试工作带来事半功倍的效果，从而充分利用有限的人力和物力资源。

以下是各种测试方法选择的综合策略：

（1）进行等价类划分，包括输入条件和输出条件的等价类划分，将无限测试变成有限测试，这是减少工作量和提高测试效率的最有效方法。

（2）在任何情况下都必须使用边界值分析方法。经验表明用这种方法设计出的测试用例发现程序错误的能力最强。

（3）采用错误推测法再追加测试用例。

（4）对照程序逻辑，检查已设计出的测试用例的逻辑覆盖程度。如果没有达到要求的覆盖标准，应当再补充足够的测试用例。

（5）如果程序的功能说明中含有输入条件的组合情况，则应在一开始就选用因果图法。

3.7　黑盒测试设计案例

本节以教务管理系统为例，介绍在实际项目中如何来做黑盒测试。

在本教务管理系统中，登录窗口的界面如图 3-7 所示。

图 3-7　系统登录界面

在登录窗口中要考虑验证账号和密码及"登录""重置"按钮的正确性。账号输入条件要求为 6 位数字，密码的输入条件要求为 6 位，可以使用英文字母和数字及各种组合。

首先应用等价类划分法对账号和密码进行等价类划分（包括有效等价类和无效等价类），如表 3-16 所示。

表 3-16　登录窗口的等价类表

输入条件	有效等价类	编号	输入条件	无效等价类	编号
账号	6 位	1	账号	空值	5
	数字	2		大于 6 位	6
				有除数字之外的其他字符	7
密码	6 位	3	密码	空值	8
	英文字母、数字组合	4		大于 6 位	9
				组合中含有除英文字母、数字之外的其他字符	10

登录窗口除了要验证账号和密码的有效性，还要验证各个功能之间的正确性，因此，再应用决策表法。登录窗口对应的决策表，如表 3-17 所示。

表 3-17　登录窗口对应的决策表

选项		规则						
		1	2	3	4	5	6	7
条件	c1：账号正确？	—	—	—	1	0	1	1
	c2：密码正确？	—	—	—	1	—	0	1
	c3：验证码正确？	—	—	—	1	—	—	0
	c4：选择"登录"按钮	1	0	0	1	1	1	1
	c5：选择"重填"按钮	1	0	1	0	0	0	0
动作	a1：提示账号错误					√		
	a2：提示密码错误						√	
	a3：提示验证码错误							√

选项	规则						
	1	2	3	4	5	6	7
a4：成功登录				√			
a5：清空选项			√				
不可能	√	√					

根据上述分析，可以确定测试用例，如表 3-18 所示。

表 3-18 登录窗口测试用例

项目/软件名称	教务管理系统		程序版本	1.0
功能模块名	LOGIN		编制人	×××
用例编号	SYSTEM_LOGIN_1		编制时间	2010.3.25
相关的用例	无		预置条件	无
功能特性	用户登录信息验证			
测试目的	验证是否输入合法的信息，允许合法登录，阻止非法登录			
预置条件	无		特殊规程说明	如数据库访问权限
参考信息	需求说明中关于"登录"的说明			
测试数据	账号：001001 密码：abc123 验证码：8ICG			
操作步骤	操作描述	数据	期望结果	实际结果
1	输入账号、密码和验证码，单击"登录"按钮	账号：001001 密码：abc123 验证码：8ICG	成功登录，进入系统页面	与期望结果一致
2	输入密码和验证码，单击"登录"按钮	账号：空 密码：abc123 验证码：8ICG	提示"账号错误！"	与期望结果一致
3	输入账号、密码和验证码，单击"登录"按钮	账号：00100100 密码：abc123 验证码：8ICG	提示"账号错误！"	与期望结果一致
4	输入账号、密码和验证码，单击"登录"按钮	账号：ab1001 密码：abc123 验证码：8ICG	提示"账号错误！"	与期望结果一致
5	输入账号和验证码，单击"登录"按钮	账号：001001 密码：空 验证码：8ICG	提示"密码错误！"	与期望结果一致
6	输入账号、密码和验证码，单击"登录"按钮	账号：001001 密码：abc123456 验证码：8ICG	提示"密码错误！"	与期望结果一致
7	输入账号、密码和验证码，单击"登录"按钮	账号：001001 密码：a@*123 验证码：8ICG	提示"密码错误！"	与期望结果一致
8	输入账号、密码和验证码，单击"重置"按钮	账号：001001 密码：a@*123 验证码：8ICG	清空所有输入信息	与期望结果一致
9	输入账号、密码和验证码，单击"登录"按钮	账号：a1001 密码：a@*123 验证码：GGGG	提示"账号错误！"	与期望结果一致

续表

项目/软件名称	教务管理系统		程序版本	1.0
10	输入账号、密码和验证码，单击"登录"按钮	账号：001001 密码：a@*123 验证码：8ICG	提示"密码错误！"	与期望结果一致
11	输入账号、密码和验证码，单击"登录"按钮	账号：001001 密码：abc123 验证码：8ICG	提示"验证码错误！"	与期望结果一致

习　题

一、选择题

1．用边界值健壮测试法，假定 x 为整数，$10 \leqslant x \leqslant 100$，那么 x 在测试中应该取＿＿＿＿＿为边界值。

A．$x=10$，$x=100$　　　　　　　　B．$x=9$，$x=10$，$x=11$，$x=99$，$x=100$，$x=101$

C．$x=10$，$x=11$，$x=99$，$x=100$　　D．$x=9$，$x=10$，$x=50$，$x=100$

2．在某大学学籍管理信息系统中，假设学生年龄的输入范围为 15～45，则根据黑盒测试中的等价类划分技术，下面划分中正确的是＿＿＿＿＿。

A．可划分为 2 个有效等价类，2 个无效等价类

B．可划分为 1 个有效等价类，2 个无效等价类

C．可划分为 2 个有效等价类，1 个无效等价类

D．可划分为 1 个有效等价类，1 个无效等价类

3．黑盒测试是通过软件的外部表现来发现软件缺陷和错误的测试方法，具体地说，黑盒测试用例设计技术包括＿＿＿＿＿等。

A．等价类划分法、因果图法、边界值分析法、错误推测法、决策表法

B．等价类划分法、因果图法、路径覆盖法、正交试验法、符号法

C．等价类划分法、因果图法、边界值分析法、功能图法、独立路径法

D．等价类划分法、因果图法、边界值分析法、条件组合覆盖法、场景法

4．＿＿＿＿＿＿方法根据输出对输入的依赖关系设计测试用例。

A．路径测试　　　　　　　　　　B．等价类

C．因果图　　　　　　　　　　　D．边界值分析

5．如果程序的功能说明中含有输入条件的组合情况，则一开始就可以选用＿＿＿＿＿和决策表法。

A．等价类划分　　　　　　　　　B．因果图法

C．边界值分析　　　　　　　　　D．场景法

6．关于黑盒测试技术，下面说法中错误的是＿＿＿＿＿。

A．黑盒测试着重测试软件的功能需求，是在程序接口上进行的测试

B．失败测试是纯粹为了破坏软件而设计和执行测试案例的

C．边界值测试是黑盒测试特有的技术方法，不适用于白盒测试

D．黑盒测试无法发现规格说明中的错误，不能进行充分的测试

二、填空题

1．测试程序时，不可能遍历所有可能的输入数据，而只能是选择一个子集进行测试，那么最好的方

法是_____。

2．边界值分析法的测试用例来自于_____。

3．决策表由_____、_____、_____、_____4个部分构成。

4．因果图分析法适用于_____情况。

三、简答题

1．分析黑盒测试技术的实质及要点，及其与白盒测试的主要区别。

2．常用的黑盒测试用例设计方法有哪些？各有什么优缺点？

3．边界值分析方法如何帮助生成测试用例？如何结合使用等价类划分法和边界值分析法生成测试用例？

4．请使用等价类划分法为某保险公司计算保险费的程序设计测试用例。

某保险公司的人寿保险的保费计算方式为：投保额×保险费率。

其中，保险费率依点数不同而有别，10点及10点以上保险费率为0.6%，10点以下保险费率为0.1%；而点数又是由投保人的年龄、性别、婚姻状况和抚养人数来决定的，具体规则如表3-19所示。

表3-19　保险费率规则

年龄（岁）			性别		婚姻		抚养人数
20～39	40～59	其他	男	女	已婚	未婚	1人扣0.5点 最多扣3点 （四舍五入取整）
6点	4点	2点	5点	3点	3点	5点	

请根据表3-19所示的保险费率规则，划分等价类设计测试用例。

第 **4** 章

软件测试计划、文档及测试用例

4.1 测试计划

4.1.1 测试计划的基本概念

软件测试计划（Software Test Planing，STP）是描述对计算机软件配置、系统或子系统进行合格性测试的计划安排，内容包括进行测试的环境、测试工作的标识及测试工作的时间安排等。

软件测试是一个有组织、有计划的活动，应当给予充分的时间和资源进行测试计划，这样软件测试才能在合理的控制下正常进行。测试计划（Test Planning）作为软件测试工作的第一步，是整个软件测试过程的关键。软件测试计划是软件测试的纲领性文件，是实现软件测试目标的具体实施方案。

1. 测试计划的定义

测试计划规定了测试各个阶段所要使用的方法策略、测试环境、测试通过或失败的准则等内容。《ANSI/IEEE 软件测试文档标准 829—1983》将测试计划定义为："一个叙述了预定的测试活动的范围、途径、资源及进度安排的文档。它确认了测试项、被测特征、测试任务、人员安排，以及任何偶发事件的风险。"

2. 测试计划的内容

软件测试计划是整个测试过程中最重要的部分，为实现可管理且高质量的测试过程提供基础。测试计划以文档形式描述软件测试预计达到的目标，确定测试过程所要采用的方法策略。测试计划包括测试目的、测试范围、测试对象、测试策略、测试任务、测试用例、资源配置、测试结果分析和度量及测试风险评估等，测试计划应当足够完整但也不应当太详尽。借助软件测试计划，参与测试的项目成员，尤其是测试管理人员，可以明确测试任务和测试方法，保持测试实施过程的顺畅沟通，跟踪和控制测试进度，应对测试过程中的各种变更。因此一份好的测试计划需要综合考虑各种影响测试的因素。

3. 测试计划书

测试计划文档化就成为测试计划书，包含总体计划和分级计划，是可以更新改进的文档。从文档的角度看，测试计划书是最重要的测试文档，完整细致并具有远见性的计划书会使测试活动安全顺利地进行，从而确保所开发的软件产品的质量。

实际的测试计划内容因不同的测试对象而灵活变化，但通常来说一个正规的测试计划书应该包含以下项目，也可以看作是通用的测试计划书样本。

（1）测试的基本信息：包括测试目的、背景、测试范围等。

（2）测试的具体目标：列出软件需要进行测试的部分和不需要进行测试的部分。

（3）测试的策略：测试人员采用的测试方法，如回归测试、功能测试、自动测试等。

（4）测试的通过标准：测试是否通过了界定标准，以及没有通过情况的处理方法。

（5）停测标准：给出每个测试阶段停止测试的标准。

（6）测试用例：详细描述测试用例，包括测试值、测试操作过程、测试期望值等。

（7）测试的基本支持：测试所需的硬件支持、自动测试软件等。

（8）部门责任分工：明确所有参与软件管理、开发、测试、技术支持等部门的责任细则。

（9）测试人力资源分配：列出测试所需人力资源及软件测试人员的培训计划。

（10）测试进度安排：制订每一个阶段的详细测试进度安排表。

（11）风险估计和危机处理：估计测试过程中潜在的风险及面临危机时的解决办法。

一个理想的测试计划应该体现以下几个特点：

（1）在检测主要缺陷方面有一个好的选择。

（2）提供绝大部分代码的覆盖率。

（3）具有灵活性。

（4）易于执行、回归和自动化。

（5）定义要执行测试的种类。

（6）测试文档明确说明期望的测试结果。

（7）当缺陷被发现时提供缺陷核对。

（8）明确定义测试目标。

（9）明确定义测试策略。

（10）明确定义测试通过标准。

（11）没有测试冗余。

（12）确认测试风险。

（13）文档化确定测试的需求。

（14）定义可交付的测试件。

软件测试计划是整个软件测试流程工作的基本依据，测试计划中所列条目在实际测试中必须一一执行。在测试的过程中，若发现新的测试用例，就要尽早补充到测试计划中。若预先制订的测试计划项目在实际测试中不适用或无法实现，那么也要尽快对计划进行修改，使计划具有可行性。

4．测试计划的目的和作用

测试计划的目的是明确测试活动的意图，它规范了软件测试内容、方法和过程，为有组织地完成测试任务提供保障。专业的测试必须以一个好的测试计划作为基础。尽管测试的每一个步骤都是独立的，但是必须有一个起到框架结构作用的测试计划。

测试计划的主要作用是明确测试内容、测试完成时间、测试资源、测试风险、测试方法和过程等。最终目的是提高测试的工作效率，保障测试工作顺利、保质保量地完成。

一个好的测试计划可以起到如下 5 个方面的作用：

（1）在测试过程中起指导作用（目标、方法、里程碑的时间……）。

（2）提高测试的组织、规划和管理能力。

（3）避免测试的"事件驱动"。

（4）使测试工作和整个开发工作融合起来，改善测试任务与测试过程的关系。

（5）资源和变更事先作为一个可控制的风险。

5.　测试计划的编制原则

编制测试计划的关键除了要对项目的需求非常了解之外还应该了解公司的开发过程、测试流程及所测产品的特点。做好一个测试计划需要：

（1）明确测试的目标，增强测试计划的实用性。

编制软件测试计划的主要目的就是帮助管理测试项目，找出软件潜在的缺陷。因此，软件测试计划中的测试范围必须高度覆盖功能需求，测试方法必须切实可行，测试工具必须具有较高的实用性，生成的测试结果直观、准确。

（2）坚持"5W"规则，明确测试的内容与过程。

"5W"规则指的是"What（做什么）""Why（为什么做）""When（何时做）""Where（在哪里）""Who（由谁做）"。"5W"规则指出了"在什么时候什么地方由谁采用什么方法来完成什么样的任务"。所以要做一个测试的计划首先要理解需求，通过对需求的分析，我们可以分析出 What，即要测试什么；通过对可调控的资源的分析，可以知道测试的对象 Who、Where 和 When；另外需要完成测试这项活动，采用什么样的方法，也是必要的，所以在测试计划中需要有对于各项测试的方法的安排，这样分析就有了 How（如何做）。

（3）采用评审和更新机制，保证测试计划满足实际需求。

测试计划写作完成后，如果没有经过评审，直接发送给测试团队，测试计划内容可能不准确或遗漏测试内容，或者软件需求变更引起测试范围的增减，而测试计划的内容没有及时更新，误导测试执行人员。

（4）分别创建测试计划与测试详细规格、测试用例。

应把详细的测试技术指标包含到独立创建的测试详细规格文档，把用于指导测试小组执行测试过程的测试用例放到独立创建的测试用例文档或测试用例管理数据库中。测试计划和测试详细规格、测试用例之间是战略和战术的关系，测试计划主要从宏观上规划测试活动的范围、方法和资源配置，而测试详细规格、测试用例是完成测试任务的具体战术。

4.1.2　测试计划的制订及其在软件测试过程中的地位

1.　测试计划的制订

测试计划与控制是整个测试过程中最重要的阶段，它为实现可管理且高质量的测试过程提供基础。软件开发基本上采用"自上而下"的开发方式，在这种开发方式下，各子项目主要活动比较清晰，易于操作。整个项目生命周期为"需求—设计—编码—测试—发布—实施—维护"。然而，在制订测试计划时，要避免把测试单纯理解成系统测试，或者把各类型测试设计（测试用例的编写和测试数据准备）全部放入生命周期的"测试阶段"，这样一方面浪费了开发阶段可以并行的项目日程，另一方面造成测试不足。

合理的测试阶段应遵循如图 4-1 所示的划分方法。

在项目开发生命周期的各个阶段可以同步进行相应的测试计划编制，而测试设计也可以结合在开发过程中实现并行，测试的实施即执行测试的活动可连贯在开发之后。值得注意的是，单元测试和集成测试往往由开发人员承担，因此这部分的阶段划分可能会安排在开发计划而不是测试计划中。测试计划制订阶段需要完成的主要工作内容是：拟订测试计划，论证那些在开发过程中难以管理和控制的因素，明确软件产品的最重要部分。

	需求	设计	编码	单元测试	集成测试	系统测试	确认测试
单元测试	计划	设计					执行
集成测试	计划	设计			执行		
系统测试		计划	设计		执行		
确认测试			计划，设计	执行			

图 4-1　测试与项目开发生命周期的关系

（1）概要测试计划

概要测试计划是在软件开发初期制订的，其内容包括：

① 定义被测试对象和测试目标。

② 确定测试阶段和测试周期的划分。

③ 确定测试人员，软、硬件资源和测试进度等方面的计划。

④ 明确任务与分配及责任划分。

⑤ 规定软件测试方法、测试标准。比如，语句覆盖率达到 98%，三级以上的错误改正率达 98%等。

⑥ 所有决定不改正的错误都必须经专门的质量评审组织同意。

⑦ 支持环境和测试工具等。

（2）详细测试计划

详细测试计划是测试者或测试小组的具体测试实施计划，它规定了测试者负责测试的内容、测试强度和工作进度，是检查测试实际执行情况的重要标准。

（3）制订主要内容

详细的测试计划的主要内容有：计划进度和实际进度对照表、测试要点、测试策略、尚未解决的问题和障碍。

（4）制订测试大纲

测试大纲是软件测试的依据，保证功能测试不被遗漏、不被重复测试，以便能够合理安排测试人员，使得软件测试不依赖于个人。

测试大纲包括：测试项目、测试步骤、测试完成的标准及测试方式（手动测试或自动测试）。测试大纲不仅是软件开发后期测试的依据，而且在系统的需求分析阶段也是质量保证的重要文档和依据。无论是自动测试还是手动测试，都必须满足测试大纲的要求。

测试大纲的本质：从测试的角度对被测对象的功能和各种特性的细化和展开。针对系统功能的测试大纲是基于软件质量保证人员对系统需求规格说明书中有关系统功能定义的理解，将其逐一细化展开后编制而成的。

（5）制订测试通过或失败的标准

测试标准为客观的陈述，它指明了判断/确认测试在何时结束，以及所测试的应用程序的质量。测试标准可以是一系列的陈述或对另一文档（如测试过程指南或测试标准）的引用。

测试标准应该指明：

① 确切的测试目标。

② 度量的尺度如何建立。

③ 使用了哪些标准对度量进行评价。

（6）制订测试挂起标准和恢复的必要条件

制订测试挂起标准和恢复的必要条件，指明挂起全部或部分测试项的标准，并指明恢复测试的标准及其必须重复的测试活动。

（7）制订测试任务安排

明确测试任务，对每项任务都必须明确 7 个主题。

① 任务：用简洁的句子对任务加以说明。

② 方法和标准：指明执行该任务时，应该采用的方法及所应遵守的标准。

③ 输入/输出：给出该任务所必需的输入/输出。

④ 时间安排：给出任务的起始和持续时间。

⑤ 资源：给出任务所需要的人力和物力资源。

⑥ 风险和假设：指明启动该任务应满足的假设，以及任务执行可能存在的风险。

⑦ 角色和职责：指明由谁负责该任务的组织和执行，以及谁将担负怎样的职责。

（8）制订应交付的测试工作产品

指明应交付的文档、测试代码和测试工具，一般包括的文档有：测试计划、测试方案、测试用例、测试规程、测试日志、测试总结报告、测试输入与输出数据、测试工具。

（9）制订工作量估计

给出前面定义任务的人力需求和总计。

（10）编写测试方案文档

测试方案文档是设计测试阶段的文档，指明为完成软件或软件集成的特性测试而进行的设计测试方法的细节文档。

2．测试计划的地位

软件开发、软件测试与测试计划制订的并行关系，如图 4-2 所示。可见测试计划在软件开发及软件测试中具有重要的作用。

4.1.3 测试计划的变更

在软件测试过程中，可能会遇到开发人员个人、软硬件资源限制，项目优先级发生变化等情况，这些情况可能会导致项目被暂停或改变项目测试计划。此时需要对测试计划进行变更。

测试计划改变了根据既定任务进行测试的方式，因此，为使测试计划得到贯彻和落实，测试组人员必须及时跟踪软件开发的过程，对产品提交测试做准备。测试计划的目的是强调按规划的测试战略进行测试，淘汰以任务为主的临时性。在这种情况下，测试计划中强调对变更的控制显得尤为重要。

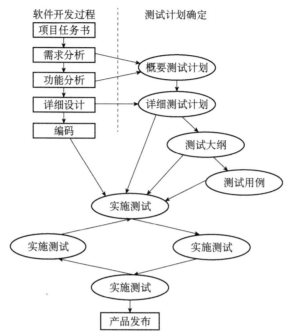

图 4-2　软件开发、软件测试与测试计划制订的并行关系

变更来源于以下几个方面：

① 项目计划的变更。

② 需求的变更。

③ 测试产品版本的变更。

④ 测试资源的变更。

测试阶段的风险主要是对上述变更所造成的不确定性，有效地应对这些变更就能降低风险发生的概率。要想计划本身不成为空谈和空白无用的纸质文档，必须对不确定因素的预见和事先防范做到心中有数。

对于项目计划的变更，除了测试人员及时跟进项目以外，项目经理必须认识到测试组也是项目成员，因此必须把这些变更信息及时通知到项目组，使得整个项目得到顺延。项目计划变更一般涉及的是日程变更，这样，执行测试的时间就被压缩了。为了保证质量，可以调整测试计划中的测试策略和测试范围。调整的目的是重新检查不重要的测试部分，调换测试的次序和减少测试规模，对测试类型重新组合择优，力求在限定时间内做最重要部分的测试，可以把忽略部分留给确认测试或现场测试。

项目进行过程中最不可避免的就是需求的变更。当制订计划时，如果项目需求处于动态变化，在测试用例章节就要进行说明，在计划中对需求变更造成的测试（设计）方式变化进行说明，例如，采用用例和数据分离、流程和界面分离、字典项和数据元素分离的设计方式，然后等到最终需求确定后细化测试设计。

对于测试产品版本的变更，除了部分是由于需求变更造成的之外，很有可能是由于修改缺陷引发的问题或配置管理不严格造成的。众所周知，测试必须是基于一个稳定的"基线"进行，否则，因反复修改造成测试资源和开发资源的浪费是相当大的。合理的测试计划在章节中应增加一个测试更新管理的章节，在此章节明确更新周期和暂停测试的原则。例如，小版本的产品更新不能大于每天 3 次，一个相对大的版本每周不能大于 1 次等。测试计划通常制订了准入和准出准则，但同时还要考虑测试暂停准则。

测试资源的变更是源自测试组内部的风险，当测试资源不足或者有冲突时，测试部门不可能保质保量完成测试工作。为了排除这种风险，除了像时间不足、测试计划变更时那样缩减测试规模等方法以外，测试经理必须在人力资源和测试环境一栏标出明确需要保证的资源，否则，必须将这个问题作为风险记录。

好的测试计划是软件测试成功的一半，对测试计划的执行也非常重要。对小项目而言，一份易于操作的测试计划更为实用，对中型乃至大型项目而言，测试经理的测试管理能力就显得格外重要。要确保计划不折不扣地执行下去，测试经理的人际协调能力、项目测试的操作经验、公司的质量现状都能够对项目测试产生足够的影响。另外，计划也是"动态的"，没必要把所有的因素都囊括进去，也没必要针对这种变化额外制订"计划的计划"。测试计划制订不能在项目开始后束之高阁，而是要紧追项目的变化，实时进行思考和贯彻，根据现实修改，然后成功实施，这样才能实现测试计划的最终目标，保证最终产品的质量。

4.2　测试文档

4.2.1　测试文档的概念

1. 测试文档的定义

测试文档（Testing Documentation）是测试活动中非常重要的文件，用来记录和描述整个测试流程。测试过程实施所必备的核心文档是：测试计划、测试用例（大纲）和软件测试报告。软件测试文档应在软件开发的需求分析阶段就开始着手编制，软件开发人员的一些设计方案也应在测试文档中得到反映，以利于设计的检验。测试文档对于测试阶段的工作有着非常明显的指导作用和评价作用。

2. 测试文档的重要性

软件测试是一个很复杂的过程，涉及软件开发其他阶段的工作，对于提高软件质量、保证软件正常运行有着十分重要的意义，因此必须把对测试的要求、过程及测试结果以正式的文档形式写下来。软件测试文档用来描述要执行的测试及测试的结果。可以说，测试文档的编制是软件测试工作规范化的一个重要组成部分。

软件测试文档不只在测试阶段才开始考虑，它应在软件开发的需求分析阶段就开始着手编制，软件开发人员的一些设计方案也应在测试文档中得到反映，以利于设计的检验。测试文档在测试阶段的工作中起到非常明显的指导作用和评价作用。即便在软件投入运行的维护阶段，也常常要进行再测试或回归测试，这时仍会用到软件测试文档。

3. 测试文档的内容

整个测试流程会产生很多个测试文档，一般可以把测试文档分为两类：测试计划和测试分析报告。

测试计划文档描述将要进行的测试活动的范围、方法、资源和时间进度等。测试计划书应包含详细的测试要求，包括测试的目的、内容、方法、步骤及测试的准则等。通常，测试计划的编写要从需求分析阶段开始，直到软件设计阶段结束时才完成。如表 4-1 所示为小型测试任务中所使用的测试计划模板。

表 4-1　小型测试任务中所使用的测试计划模板

测试计划概述			
项目名称		测试开始日期	
测试产品版本		提交版本日期	
开发人员		测试人员	
产品经理		发布日期	
测试阶段	测试周期		任务安排
第一阶段			
第二阶段			
第三阶段			
第四阶段			
第五阶段			
第六阶段			
参考文档			
测试环境			
测试需求描述	测试项描述	期望结果	优先级别

测试报告是执行测试阶段的测试文档，对测试结果进行分析说明，说明软件经过测试以后，结论性的意见如何，软件的能力如何，存在哪些缺陷和限制等，这些意见既是对软件质量的评价，又是决定该软件能否交付用户使用的依据。由于要反映测试工作的情况，自然应该在测试阶段编写。

软件测试报告是软件测试过程中最重要的文档，该文档记录问题发生的环境，如各种资源的配置情况，问题的再现步骤及问题性质的说明。测试报告更重要的是记录了问题的处理进程，而问题的处理进程在一定角度反映了测试的进程和被测软件的质量状况及改善过程。

国家标准《计算机软件测试文档编制规范》给出了更具体的测试文档编制建议，其中包括以下几个内容。

（1）测试计划：描述测试活动的范围、方法、资源和进度，其中规定了被测试的对象、被测试的特性、应完成的测试任务、人员职责及风险等。

（2）测试设计规格说明：详细描述测试方法、测试用例设计及测试通过的准则等。

（3）测试用例规格说明：测试用例文档描述一个完整的测试用例的必备因素，如输入、预期结果、测试执行条件及对环境的要求、对测试规程的要求等。测试用例的设计将在 4.3 节作详细介绍。

（4）测试步骤规格说明：测试规格文档指明了测试所执行活动的次序，规定了实施测试的具体步骤。它包括测试规程清单和测试规程列表两部分。

（5）测试日志：日志是测试小组对测试过程所做的记录。

（6）测试事件报告：报告说明测试中发生的一些重要事件。

（7）测试总结报告：对测试活动所做的总结和结论。

上述测试文档中，前 4 项属于测试计划类文档，后 3 项属于测试分析报告类文档。

4.2.2　各阶段的测试任务与可交付的文档

软件测试的过程是由一系列的不同测试阶段所组成的，这些软件测试的步骤分为：需求分析审查、设计审查、单元测试、集成测试（组装测试）、功能测试、系统测试、验收测试、版本发布、回归测试（维护）等，详细内容如表 4-2 所示。

表 4-2　各阶段的测试任务与可交付的文档

阶段	输入和要求	输出
需求分析审查 Requirements Review	市场/产品需求定义、分析文档和相关技术文档。 要求：需求定义要准确、完整和一致，真正理解客户的需求	需求定义中问题列表、批准的需求分析文档。 测试计划书的起草
设计审查 Design Review	产品规格设计说明、系统架构和技术设计文档、测试计划和测试用例。 要求：系统结构的合理性、处理过程的正确性、数据库的规范化、模块的独立性等清楚定义测试计划的策略、范围、资源和风险，测试用例的有效性和完备性	设计问题列表、批准的各类设计文档、系统和功能的测试计划和测试用例。 测试环境的准备
单元测试 Unit Testing	源程序、编程规范、产品规格设计说明书和详细的程序设计文档。 要求：遵守规范、模块的高内聚性、功能实现的一致性和正确性	缺陷报告、跟踪报告；完善的测试用例、测试计划。 对系统功能及其实现等了解清楚
集成测试 Integration Testing	通过单元测试的模块或组件、编程规范、集成测试规格说明和程序设计文档、系统设计文档。 要求：接口定义清楚且正确、模块或组件一起工作正常、能集成为完整的系统	缺陷报告、跟踪报告；完善的测试用例、测试计划；集成测试分析报告；集成后的系统
功能测试 Functionality Testing	代码软件包（含文档)、功能详细设计说明书；测试计划和用例。 要求：模块集成 功能的正确性、适用性	缺陷报告、代码完成状态报告、功能验证测试报告
系统测试 System Testing	修改后的软件包、测试环境、系统测试用例和测试计划。 要求：系统能正常地、有效的运行，包括性能、可靠性、安全性、兼容性等。	缺陷报告、系统性能分析报告、缺陷状态报告、阶段性测试报告

阶段	输入和要求	输出
验收测试 Acceptance Testing	产品规格设计说明、预发布的软件包、确认测试用例。 要求：向用户表明系统能够按照预定要求那样工作，使系统最终可以正式发布或向用户提供服务。用户要参与验收测试，包括 α 测试（内部用户测试）、β 测试（外部用户测试）	用户验收报告、缺陷报告审查、版本审查。 最终测试报告
版本发布 Release	软件发布包、软件发布检查表（清单）	当前版本已知问题的清单、版本发布报告
维护 Maintance	变更的需求、修改的软件包、测试用例和计划。 要求：新的或增强的功能正常、原有的功能正常，不能出现回归缺陷	缺陷报告、更改跟踪报告、测试报告

4.3　测试用例设计

4.3.1　测试用例及其特点

在软件测试中，由于无法达到穷举测试，所以要从大量输入数据中精选有代表性或特殊性的数据来作为测试数据。测试用例（Test Case）就是为了高效率地发现软件缺陷而精心设计的少量测试数据。好的测试用例应该能发现尚未发现的软件缺陷。测试用例是对测试方案（Test Solution）的一种细化，通常在测试设计阶段就要进行测试用例的设计。

测试用例是对一项特定的软件产品进行测试任务描述，体现测试方案、方法、技术和策略。测试用例的内容包括测试目标、测试环境、输入数据、测试步骤、预期结果、测试脚本等，并形成文档。测试用例是将软件测试的行为进行科学的组织归纳，目的是将软件测试行为转化成可管理的模式，是将测试具体量化的方法之一。测试用例是在明确测试目标（测试的具体功能点）后，解决如何测试的一个实现过程。

编写测试用例的过程可以和软件编码的过程并行，也就是软件工程师在开始编码的同时，测试工程师编写测试用例。写的时候可以根据软件要求，按照功能划分为一个一个的模块，每个模块写在一个文档里。

测试用例主要可以包括以下几项：序号，唯一标记某个 Case；项目，指名是软件的哪个模块下的小模块；测试过程，测试结果，实际结果；评价；测试者和数据等。

一个完整有效的测试用例应该具备以下 6 个方面的特点。

第一，覆盖率 100%，保证完整性。

第二，对测试环境、用户环境、模拟用户环境，以及之间的差别进行描述。

第三，设计场景测试法虚拟业务流程。

第四，建立测试公共数据，并根据系统内部关系组织数据的关联性。

第五，其他人可以看懂你的用例，并且是可以执行的。

第六，如果有标准的用例模板，可以使用用例模板。

测试用例通常根据其所关联的测试类型或测试需求来分类，而且将随类型和需求进行相应的改变。最佳方案是为每个测试需求至少编制两个测试用例：一个测试用例用于证明该需求已经满足，通常称作正面测试用例；另一个测试用例反映某个无法接受、反常或意外的条件或数据，用于论证只有在所需条件下才能够满足该需求，这个测试用例称作负面测试用例。

测试工作量与测试用例的数量成比例，全面且细化的测试用例，可以更准确地估计测试周期内各阶段的时间安排。

判断测试是否完全的一个主要评测方法是基于需求的覆盖，而这又是以确定、实施、执行测试用例的数量为依据的。

4.3.2　测试用例的内容

测试用例应包括软件测试用例表、测试用例清单、测试结果统计表、测试问题表和测试问题统计表、测试进度表和测试总结表等。各表样式无规定模板，用户可自行设计，但各表均应包含相应的内容。

1. 软件测试用例表

软件测试用例表应包含的内容，如表 4-3 所示。

其中，"用例编号"是对该测试用例分配唯一的标识号，由数字和字符组合成的字符串。

"测试模块"指明并简单描述本测试用例是用来测试哪些项目、子项目或软件特性的。

"用例级别"是指该用例的重要程度。测试用例的级别通常可分为 4 级：级别 1（基本）、级别 2（重要）、级别 3（详细）、级别 4（生僻）。

"执行操作"指执行本测试用例所需的每一步操作。

"预期结果"用于描述被测项目或被测特性所希望或要求达到的输出或指标。

"实测结果"用于列出实际测试时的测试输出值，判断该测试用例是否通过。

"备注"用于填写其他信息，如需要，则填写"特殊环境需求（硬件、软件、环境）""特殊测试步骤要求""相关测试用例"等信息。

表 4-3　测试用例表

用例编号		测试模块	
编制人		编制时间	
开发人员		程序版本	
测试人员		测试负责人	
用例级别			
测试目的			
测试内容			
测试环境			
规则指定			
执行操作			
预期结果	步骤		实测结果
	1		
	2		
	…		
备注			

2. 测试用例清单

测试用例清单是用来记录所有测试用例的表格，测试用例清单应包括项目编号、测试项目、子项目编号、测试子项目、测试用例编号、测试结论等信息。如表4-4所示是测试用例清单的一个实例。

表4-4 测试用例清单

项目编号	测试项目	子项目编号	测试子项目	测试用例编号	测试结论	结论
1		1		1		
…		…		…		
总数		—			—	—

3. 测试结果统计表

测试结果统计表主要是对测试项目进行统计，统计计划测试项和实际测试项的数量，以及测试项通过多少、失败多少等。其主要信息包括计划测试项、实际测试项、测试结果全部通过项、测试结果部分通过项、无法测试或测试用例不适合项等。

如表4-5所示为测试结果统计表样表。其中[Y]表示测试结果全部通过，[P]表示测试结果部分通过，[N]表示测试结果绝大多数没通过，[N/A]表示无法测试或测试用例不适合。

表4-5 测试结果统计表

项目	计划测试项	实际测试项	[Y]项	[P]项	[N]项	[N/A]项	备注
数量百分比							

根据测试结果统计表可以分别计算测试完成率和覆盖率，是测试总结报告的重要数据指标。

测试完成率=实际测试项数量/计划测试项数量×100%

测试覆盖率=[Y]项的数量/计划测试项数量×100%

4. 测试问题表

测试问题表主要是对测试所产生的问题及问题的级别进行描述，同时对问题的影响程度和应对的策略进行分析，并提出问题的预防措施，测试问题表如表4-6所示。

表4-6 测试问题表

问题号	
问题描述	
问题级别	
问题分析与策略	
避免措施	
备注	

在表4-6中，问题号是测试过程所发现的软件缺陷的唯一标号，问题描述是对问题的简要介绍，问题分析与策略是对问题的影响程度和应对的策略进行描述，避免措施是提出

问题的预防措施。

5. 测试问题统计表

如表 4-7 所示，测试问题统计表主要是计算各种级别问题出现的百分比，根据各种级别问题出现的百分比来判断软件的残缺程度。

表 4-7　测试问题统计表

问题程度	严重问题	一般问题	微小问题	其他统计项	问题合计
数量					
百分比					

从测试问题统计表可知，问题级别基本可分为严重问题、一般问题和微小问题。根据测试结果的具体情况，级别的划分可以有所更改。例如，若发现极其严重的软件缺陷，可以在严重问题级别的基础上，加入特殊严重问题级别。

6. 测试进度表

测试进度表用来描述关于测试时间、测试进度的问题，可以对测试计划中的时间安排和实际的执行时间状况进行比较，从而得到测试的整体进度情况。测试的主要信息包括：测试项目、计划起始时间、计划结束时间、实际起始时间、实际结束时间及进度描述等。

测试进度表如表 4-8 所示，可以对测试计划中的时间安排和实际的执行时间状况进行比较，从而得到测试的整体进度情况。

表 4-8　测试进度表

测试项目	计划起始时间	计划结束时间	实际起始时间	实际结束时间	进度描述

7. 测试总结表

测试总结表包括测试工作的人员参与情况和测试环境的搭建模式，并且对软件产品的质量状况做出评价，对测试工作进行总结。测试总结表如表 4-9 所示。

表 4-9　测试总结表

项目编号		项目名称	
项目开发经理		项目测试经理	
测试人员			
测试环境（软件、硬件）			
软件总体描述：			
测试工作总结：			

精心设计的测试计划是软件测试成功与否的关键步骤，在软件测试过程中要因情况变化而随时更改测试计划。

完善的测试文档记录了整个测试活动过程，能够为测试工作提供有力的文档支持，在各个测试阶段都起到非常明显的指导作用和评价作用。

习 题

1. 简述测试计划工作的目的，测试计划工作的内容都包括什么？
2. 概括测试文档的含义，简述测试文档的内容。
3. 简述测试计划的制订原则。
4. 简述软件生命周期各阶段的测试任务与可交付的文档。
5. 测试用例包括哪些内容？描述测试用例设计的完整过程。
6. 举例说明测试用例的设计方法。
7. 请以某个实际工作为例，详细描述一次测试用例设计的完整过程。
8. 选择一个小型应用系统，为其做出系统测试的计划书、设计测试用例并写出测试总结报告。

第 5 章

软件自动化测试

5.1 软件自动化测试基础

5.1.1 自动化测试的产生及定义

软件测试是一项艰苦的工作，工作量很大，需要投入大量的时间和精力。据统计，测试工作会占用整个软件开发时间的 40%，对于一些可靠性要求很高的软件，测试时间甚至占到总开发时间的 60%。但是我们知道，软件测试具有一定的重复性。通常，如果要测试某项特性，可能需要不止一次的测试，除了要检查前面的测试中发现的软件故障和缺陷是否得到了修复和改进，同时还要检查在修复过程中是否又引入了新的故障或缺陷。而此后软件又不断地升级，还要进行很多次的重复测试，在这种情形下，软件自动化测试技术开始逐步产生，并不断地发展起来。

软件自动化测试是相对于手工测试而存在的，主要通过所开发的软件测试工具、脚本（Script）等来实现，具有良好的可操作性、可重复性和高效率等特点。测试自动化是软件测试中提高测试效率、覆盖率和可靠性的重要测试手段，也可以说，测试自动化是软件测试不可分割的一部分。

软件自动化测试一般通过自动化测试工具或其他手段，按照测试工程师的预订计划进行自动测试，目的是减少手工测试的工作量，从而达到提高软件质量的目的。

自动化测试可理解为测试过程自动化和测试结果分析自动化。测试过程自动化指的是不用手工逐个地对用例进行测试。测试结果分析自动化指的是不用人工一点点去分析测试过程中的中间结果或数据流。软件自动化测试就是模拟手动测试步骤，执行用某种程序设计语言编制的测试程序，控制被测软件的执行，完成全自动或半自动测试的过程。全自动测试指在自动测试过程中，根本不需要人工干预，由程序自动完成测试的全过程。半自动测试指在自动测试过程中，需要手动输入测试用例或选择测试路径，再由自动测试程序按照人工指定的要求完成自动测试。

软件自动化测试是软件测试的重要组成部分，它能完成许多手工测试无法实现的或者难以实现的测试，甚至可以提供比手工测试更好、更快的测试执行方式，可以省去许多繁杂的工作，节省大量的测试时间。实施正确、合理的自动化测试，能够快速、完整地对软件进行测试，从而提高软件的质量，进而提高对整个软件开发工作的质量并节约软件开发经费，缩短软件产品发布的周期，带来显著的生产效益和经济效益。

5.1.2 手工测试与自动化测试

虽然自动化测试是软件测试不可分割的一部分，但自动化测试并不能完全取代手工测试，二者各有优缺点。通常手工测试的目的着重于发现新的软件故障，而自动化测试则着重于发现旧的软件故障。

1. 手工测试的局限性

测试人员在进行手工测试时，具有创造性，可以举一反三，从一个测试用例想到另外一些测试用例，特别是可以考虑到测试用例不能覆盖的一些特殊的或边界的情况。同时，对于那些复杂的逻辑判断、界面是否友好，手工测试具有明显的优势。但是手工测试在某些测试方面，可能还存在一定的局限性，包括：

（1）通过手工测试无法做到覆盖所有代码路径。

（2）简单的功能性测试用例在每一轮测试中都不能少，而且具有一定的机械性、重复性。其工作量往往较大，无法体现手工测试的优越性。

（3）许多与时序、死锁、资源冲突、多线程等有关的错误通过手工测试很难捕捉到。

（4）在系统负载、性能测试时，需要模拟大量数据或大量并发用户等各种应用场合时，也很难通过手工测试来进行。

（5）在进行系统可靠性测试时，需要模拟系统运行十年、几十年，以验证系统能否稳定运行，这也是手工测试无法模拟的。

（6）如果有大量的测试用例，需要在短时间内完成，手工测试几乎不可能做到。

（7）测试可以发现错误，并不能表明程序的正确性。因为不论黑盒测试还是白盒测试都不能实现穷举测试。对一些关键程序，则需要考虑利用数学归纳法或谓词演算等方法进行说明。

2. 自动化测试的好处

由于手工测试具有局限性，软件测试借助测试工具极为必要，并向软件测试全面自动化方向发展，将测试工具和软件测试自动化结合起来，解决手工测试的局限性。好的自动化测试可以达到比手工测试更有效、更经济的效果。自动化测试的优点如下：

（1）对程序的新版本运行回归测试。对于产品型的软件，每发布一个新的版本，其中大部分功能和界面同上一个版本相似或完全相同，这部分功能可用已有的测试，即回归测试。新版本的测试特别适合于自动化测试，从而达到可以重新测试每个功能的目的。这是最主要的任务，特别是经过了频繁的修改后，一系列回归测试的开销是最小的。假设已经有一个测试在程序的一个老版本上运行过，那么在几分钟之内就可以选择并执行自动化测试。

（2）可以运行更多更频繁的测试。自动化测试最大的好处就在于，可以在较少的时间内运行更多的测试。例如，产品的发布周期是 3 个月，在测试期间要求每天或每 2 天就要发布一个版本供测试人员测试，一个系统的功能点有几千个或几万个，如果使用人工测试来完成这么多烦琐的工作，将需要花费大量的时间，难以提高测试效率。

（3）可以进行一些手工测试来实现难以完成或不可能完成的测试。有些非功能性方面的测试，如压力测试、并发测试、大数据量测试和崩溃性测试，手工测试是不可能实现的。

例如，对于 200 个用户的联机系统，用手工进行并发操作的测试几乎是不可能的，但用自动化测试工具就可以模拟来自 200 个用户的输入。客户端用户通过定义可以自动回放的测试随时都可以运行用户脚本，技术人员即使不了解整个内容复杂的商业应用也可以胜任。

另外，在测试中应用测试工具，可以发现正常测试中很难发现的缺陷。例如，Splint 与 Cppcheck 工具就可以发现软件中的内存方面的问题。

（4）充分地利用资源。将频繁的测试任务自动化，如需要重复输入数据的测试。可以将测试人员解脱出来，把更多的精力投入到测试用例的设计当中，从而提高测试的准确性和测试人员的积极性。由于使用了自动化测试，手工测试就会减少，相对来说测试人员就可以把更多的精力投入到手工测试过程中，有助于更好地完成手工测试。另外，测试人员还可以利用夜间、周末及空闲的时候执行自动化测试。

（5）测试具有一致性和可重复性。由于每次自动化测试运行的脚本是相同的，所以每次执行的测试具有一致性，很容易发现被测软件是否有修改之处。这在手工测试中是很难做到的。另外，好的自动化测试机制还可以确保测试标准与开发标准的一致性。

（6）测试具有复用性。但对于一些要重复使用的自动化测试要确保其可靠性。

（7）缩短软件发布的时间。一旦一系列自动化测试准备工作完成，就可以重复地执行一系列的测试，因此能够缩短测试时间。

（8）增强软件的可靠性。

3. 自动化测试的局限性

上面列举的是自动化测试的优点。自动化测试并不能完全取代手工测试，因为与任何事物一样，自动化测试也有它的不完美之处。自动化测试的缺点如下：

（1）并非所有的测试都可以用自动化测试来实现。最简单的一个例子就是软件的使用性能测试。软件的使用性能测试要求必须能够判断所测试的软件是否符合人们对一般软件使用时形成的习惯及共识，而这一点是自动化测试无法做得到的，因为它没有人类的感官，又比如操作系统或网络的设置测试、兼容性测试，这些采用手工测试比较合适，因为许多因素都是随机的，必须由测试人员通过判断来执行。

（2）新的软件缺陷越多，自动化测试失败的概率就越大。发现更多的新的软件缺陷应该是手工测试的主要目的。测试专家 James Bach 认为，85%的软件缺陷靠手工测试来发现，而自动化测试只能发现 15%的软件缺陷。自动化测试能够很好地发现原来就有的软件缺陷。

（3）技术问题、组织问题、脚本维护问题。自动化测试实施起来并不简单。首先，商用测试执行工具是较庞大且复杂的产品，要求具有一定的技术知识，才能很好地利用工具，这对于厂商或分销商培训直接使用工具的用户，特别是自动化测试用户来说十分重要。除工具本身的技术问题外，用户也要了解被测试软件的技术问题。如果软件在设计和实现时没有考虑可测试性，则测试时无论是采用自动化测试还是手工测试难度都非常大。如果使用工具测试这样的软件，无疑增加测试的难度。其次，还必须有管理支持及组织艺术。最后，还要考虑组织是否能够重视，是否能成立这样的测试团队，是否有这样的技术水平，当测试脚本的维护工作量很大时，是否值得维护等问题。

（4）测试工具与其他软件的互操作性。测试工具与其他软件的互操作性也是一个严重的问题，技术环境变化如此之快，使得厂商很难跟上。许多工具看似理想，但在某些环境中却并非如此。

5.2 软件自动化测试方法

5.2.1 自动化测试的适用情况

综上所述，自动化测试与手工测试各有优缺点，应该是互补、共存的。那么究竟哪些测试应该使用自动化测试呢？根据自动化测试的特点来看，以下的测试应该优先考虑使用自动化测试：

（1）回归测试。回归测试是用于保证软件某一时期的质量水平、验证某些缺陷已被修复及修复并没有影响到软件其他部分。由于回归测试是软件每次有新版本出来的时候都必须要执行的，也就是在软件的生命周期中会被反复执行的测试，因此这类测试很适合使用自动化测试。

（2）设计大量不同数据输入的功能测试。如各种各样的边界值测试，过程冗长需要大量时间去完成的网页大量链接的测试等。

（3）用手工测试完成难度较大的测试。如性能测试、负载测试、强度测试等。例如，对于一个网站软件，要测试 3 000 名用户在某一时间段内同时在该网站搜索时，服务器运行是否正常及速度是否仍然可以接受。这类测试是手工测试难以完成的，而采用相关的测试软件则很容易做到。

5.2.2 自动化测试方案选择原则

自动化测试相比于手工测试存在很多的优势，存在优势是否就一定意味着选择自动化测试方案都能为企业带来效益回报呢？也不尽然，任何一种产品化的测试自动化工具，都可能存在与某具体项目不甚贴切的地方。另外，在企业内部通常存在许多不同种类的应用平台，应用开发技术也不尽相同，甚至在一个应用中可能就跨越了多种平台；或同一应用的不同版本之间存在技术差异。所以选择软件测试自动化方案必须深刻理解这一选择可能带来的变动、来自诸多方面的风险和成本开销。

以下几点是企业用户进行软件测试自动化方案选择的参考性原则：

（1）选择尽可能少的自动化产品覆盖尽可能多的平台，以降低产品投资和团队的学习成本。

（2）测试流程管理自动化通常应该优先考虑，以满足为企业测试团队提供流程管理支持的需求。

（3）在投资有限的情况下，性能测试自动化产品将优先于功能测试自动化产品被考虑。

（4）在考虑产品性价比的同时，应充分关注产品的支持服务和售后服务的完善性。

（5）尽量选择趋于主流的产品，以便通过行业间交流甚至网络等方式获得更为广泛的经验和支持。

（6）应对测试自动化方案的可扩展性提出要求，以满足企业不断发展的技术和业务需求。

5.2.3 自动化测试方法

软件测试自动化实现的基础是可以通过设计的特殊程序模拟测试人员对计算机的操作过程，操作行为，或者类似于编译系统那样对计算机程序进行检查。

软件测试自动化实现的原理和方法主要有：直接对代码进行静态和动态分析（代码分析）、测试过程的捕获和回放、测试脚本技术、虚拟用户技术和测试管理技术。以下介绍其中几种方法。

1. 代码分析

代码分析类似于高级编译系统，一般针对不同的高级语言去构造分析工具，在工具中定义类、对象、函数、变量等定义规则和语法规则；在分析时对代码进行语法扫描，找出不符合编码规范的地方；根据某种质量模型评价代码质量，生成系统的调用关系图等。

2. 测试过程的捕获和回放

代码分析是一种白盒测试的自动化方法，捕获和回放则是一种黑盒测试的自动化方法。捕获是将用户每一步操作都记录下来。这种记录的方式有两种：程序用户界面的像素坐标或程序显示对象（窗口、按钮、滚动条等）的位置，以及相对应的操作、状态变化或属性变化。所有的记录转换为一种脚本语言所描述的过程，以模拟用户的操作。

回放时，将脚本语言所描述的过程转换为屏幕上的操作，然后将被测系统的输出记录下来同预先给定的标准结果比较。这可以大大减轻黑盒测试的工作量，在迭代开发的过程中，能够很好地进行回归测试。

目前的自动化负载测试解决方案几乎都采用"录制—回放"的技术。所谓的"录制—回放"技术，就是先由手工完成一遍需要测试的流程，同时由计算机记录下这个流程期间客户端和服务器端之间的通信信息，这些信息通常是一些协议和数据，并形成特定的脚本程序。然后在系统的统一管理下同时生成多个虚拟用户，并运行该脚本，监控硬件和软件平台的性能，提供分析报告或相关资料。这样，通过几台机器就可以模拟出成百上千的用户对应用系统进行负载能力的测试。

3. 测试脚本技术

脚本是一组测试工具执行的指令集合，也是计算机程序的一种形式。脚本可以通过录制测试的操作产生，然后再做修改，这样可以减少脚本编程的工作量。当然，也可以直接用脚本语言编写脚本。脚本技术可以分为以下几类：

（1）线性脚本。是录制手工执行的测试用例得到的脚本。

（2）结构化脚本。类似于结构化程序设计，具有各种逻辑结构（顺序、分支、循环），而且具有函数调用功能。

（3）共享脚本。是指某个脚本可被多个测试用例使用，即脚本语言允许一个脚本调用另一个脚本。

（4）数据驱动脚本。将测试输入存储在独立的数据文件中。

（5）关键字驱动脚本。是数据驱动脚本的逻辑扩展。

5.2.4 自动化测试过程

自动化测试过程与软件开发过程从本质上讲是一样的，即利用自动化测试工具（相当于软件开发工具），经过对测试需求的分析（软件过程中的需求分析），设计出自动化测试用例（软件过程中的需求规格），从而搭建自动化测试的框架（软件过程中的概要设计），设计与编写自动化脚本（详细设计与编码），测试脚本的正确性，从而完成该套测试脚本（即主要功能为测试的应用软件）。

1. 自动化测试需求分析

当测试项目满足了自动化的前提条件，并确定在该项目中需要使用自动化测试时，便开始进行自动化测试需求分析。此过程需要确定自动化测试的范围及相应的测试用例、测试数据，并形成详细的文档，以便于自动化测试框架的建立。

2. 自动化测试框架的搭建

自动化测试框架定义了在使用该套脚本时需要调用哪些文件、结构，调用的过程，以及文件结构如何划分。而根据自动化测试用例，可以很容易定位出自动化测试框架的典型要素：

（1）公用的对象。不同的测试用例会有一些相同的对象被重复使用，比如窗口、按钮、页面等。这些公用的对象可被抽取出来，在编写脚本时随时调用。当这些对象的属性因为需求的变更而改变时，只需要修改该对象属性即可，而无须修改所有相关的测试脚本。

（2）公用的环境。各测试用例也会用到相同的测试环境，将该测试环境独立封装，在各个测试用例中灵活调用，也能增强脚本的可维护性。

（3）公用的方法。当测试工具中没有所需要的方法时，而该方法又会被经常使用，便需要自己编写该方法，以方便脚本的调用。

（4）测试数据。也许一个测试用例需要执行很多个测试数据，可将测试数据放在一个独立的文件中，由测试脚本执行到该用例时读取数据文件，从而达到数据覆盖的目的。

在该框架中需要将这些典型要素考虑进去，在测试用例中抽取出公用的元素放入已定义的文件，设定好调用的过程。

3. 脚本的编写

脚本的编写过程便是具体的测试用例的脚本转化过程。初学的自动化测试人员可以使用录制脚本到修改脚本的过程。但专业化的建议是以录制为参考，以编写脚本为主要行为，以避免录制脚本带来的冗余、公用元素的不可调用、脚本的调试复杂等问题。

4. 脚本的测试与试运行

当每一个测试用例所形成的脚本通过测试后，并不意味着执行多个甚至所有的测试用例就不会出错。输入数据及测试环境的改变，都会导致测试结果受到影响甚至失败。而如果只是一个个执行测试用例，也仅能被称作是半自动化测试，这会极大地影响自动化测试的效率，甚至不能满足夜间自动执行的特殊要求。因此，脚本的测试与试运行极为重要，它需要详查多个脚本不能依计划执行的原因，并保证其得到修复。同时它也需要经过多轮的脚本试运行，以保证测试结果的一致性与精确性。

引入自动化测试的原因是把软件测试人员从枯燥乏味的机械性手工测试劳动中解放出来，使测试人员的精力真正花在提高软件产品质量本身上。

5. 实施中的注意事项

首先，一个企业实施测试自动化，绝对不是说干就能干好的，它不仅涉及测试工作本身流程、组织结构的调整与改进，还包括需求、设计、开发、维护及配置管理等其他方面的配合。如果对这些必要的因素没有考虑周全的话，在实施过程中必然会处处碰壁，既定的实施方案也无法开展。其次，尽管自动化测试可以降低人工测试的工作量，但并不能完全取代手工测试。100%的自动化测试只是一个理想目标，根据历史经验，即使一些如SAP、OracleERP 等测试库规划十分完善的套件，其测试自动化率也不会超过 70%。所以一味追求测试自动化只会使企业的运作成本急剧上升。再次，实施测试自动化需要企业有相当规模的投入，对企业运作来说，投入回报率将是决定是否实施软件测试自动化的最终指挥棒，企业在决定实施软件测试自动化之前，需要做量化的投资回报分析。此外，实施软件测试自动化并不意味着必须采购强大的自动化软件测试工具或自动化管理平台，毕竟软件质量的保证不是依靠产品或技术，更重要的因素在于高素质的人员和合理有效的流程。

5.3 软件自动化测试工具

5.3.1 测试工具的运用

1. 测试用例的生成

用编程语言或更专业的脚本语言（如 Perl、PHP、Java 等）编写出的小程序来产生大量的测试输入，包括输入数据与操作指令。或同时也按一定的逻辑规律产生标准输出，输入与输出的文件名串按规定进行配对，使控制自动化测试及结果的核对易于操作。

对于测试用例的命名，如果在项目的文档设计中做了统一规划，则软件产品的需求与功能的命名方法将会有利于后继开发过程中的中间产品的命名分类。这样，对文档管理和配置管理都会带来很多方便，使得软件产品开发有条理，符合思维逻辑。

2. 测试的执行与控制

单元测试可能多用于单机运行，但对于系统测试或回归测试，则可能需要在多机网络环境下进行。利用自动化测试，无论是单机运行还是多机运行，主要的功能和作用是节约大量时间、人力和物力，提高效率并降低成本。

对程序的反复修改、重新汇编和重新测试，如果采用手工方法所花费的时间会相当多，利用软件测试工具就可以节约大量时间了。

对于系统测试或者回归测试这类涉及大量测试个案运行的情况，节约测试时间的方法除了利用自动化测试工具外，就是充分利用一切硬件资源，将大量的测试个案分配到各台机器上同时去运行（并行方式），并将大量的系统测试运行安排在夜间和周末进行。

3. 测试结果与标准输出的对比

在设计测试用例时，一方面必须考虑如何能够对测试结果实现标准输出。输出数据量的多少及数据格式对比较的速度将会有直接的影响。另一方面，必须考虑输出数据与测试用例的目标逻辑对应性及易读性。通常需要写一些特殊的程序来执行测试结果与标准输出的对比工作，因为有的部分输出内容是不能直接对比的。例如，对运行的日期和时间的记录、对运行的路径的记录及测试数据的版本等。

4. 不吻合测试结果的分析处理

用于对测试结果与标准输出进行对比的自动化测试工具，往往对不吻合的测试结果也能够进行分析、分类、记录和报告工作。在这里，分析是找出不吻合的地方并指出错误的可能原因，分类包括各种统计上的分项。例如，对应的源程序的位置、错误的严重级别（提示、警告、非实效性错误、时效性错误或其他分类方法）。记录是分类的存档。报告是主动地对测试的运行者及测试用例责任人通报出错的信息。最直接的通报方法是由自动化测试软件发出电子邮件给测试运行者和测试用例负责人。

5. 测试状态的统计和报表的产生

这是运用自动化测试所应完成的任务，目的是提高过程管理的质量，同时节约用于产生统计数据的时间。通常自动化测试工具均有此项功能。

6. 自动化测试与开发中产品每日构件的配合

自动化测试是整个开发过程中的一个有机部分。自动化测试要依靠配置管理来提供良好的运行环境，同时与开发中的软件构建紧密配合。通常，在开发的软件产品达到一定程度时，就要开始进行每日测试。这种方法能使软件的开发状态得到频繁更新，及早发现设计和集成中的故障与缺陷。

7. 采用自动比较技术

测试验证是检验软件是否产生了正确输出的过程，是通过在测试的实际输出与预期输出（例如，当软件正确执行时的输出）之间完成一次或多次比较来实现的。进行测试自动化工作时，自动比较就成为一个必需的环节。有计划地进行比较会比随意的比较有更高的效率和更好的发现问题的能力。

自动比较的内容可以是多方面的，包括基于磁盘输出的比较，如对数据文件的比较；基于界面输出的比较，如对显示位图的比较；基于多媒体输出的比较，如对声音的比较；还包括其他输出内容的比较。比较器可以检测两组数据是否相同，功能较齐全的比较器还可以标识有差异的内容。

但比较器并不能告诉测试者测试是否通过或失败，需要测试者自行判断。比较也可以是简单的比较，仅匹配实际输出与预期输出是否完全相同，这是自动化比较的基础。智能比较是允许用已知的差异来比较实际输出和预期输出。例如，要求比较包含日期信息的输出报表的内容，如果使用简单比较，显然是不行的，因为每次生成报表的日期信息肯定是不同的。这时就需要智能比较，忽略日期的差别，比较其他内容，甚至还可以忽略日期的具体内容，但比较日期的格式，则要求按特定格式输出。智能比较需要使用到较为复杂的比较手段，包括正则表达式的搜索技术、屏蔽的搜索技术等。

5.3.2 测试工具的作用

自动化测试工具可以帮助开发人员和用户了解以下重要的信息。

（1）确定系统最优的硬件配置：大量的硬件如何进行配置才能提供最好的性能。

（2）检查系统的可靠性：整个系统在怎样的负载下能可靠运行，运行的时间有多久，系统的性能会如何变化。

（3）检查系统硬件和软件的升级情况：软件和硬件对系统性能的影响有多大。

（4）评估新产品：新的软件产品应当采用哪些新的硬件和软件才能支持运行。

5.3.3　自动化测试产生的问题

自动化测试工具能够发挥的作用已经很清楚了，但是在软件测试自动化的实施过程中还是会遇到许多问题，以下是一些比较常见的问题。

1. 不现实的期望

没有建立一个正确的软件测试自动化观念，认为测试自动化可以代替手工测试，认为测试自动化可以发现大量新缺陷。实际上，第一次运行的测试最有可能发现缺陷，如果再次运行相同的测试，则发现缺陷的概率就小得多。对回归测试而言，再次运行相同的测试只是确保修改是正确的，并不能发现新的问题。大多数情况下，人们对软件测试自动化存在过于乐观的态度和过高的期望，期望通过这种测试自动化的方案能解决目前遇到的所有问题。但事实上，如果期望不现实，无论测试工具如何，都满足不了期望。

2. 缺乏测试的实践经验

软件测试自动化不仅是简单地使用测试工具，还需要有良好的测试流程，测试用例配合脚本的编写，这就要求测试人员要很好地掌握测试和编程技术。如果缺乏测试的实践经验，测试组织较差，测试发现缺陷的能力较差，那么首先要做的是改进测试的有效性，而不是改进测试效率。只有手工测试积累到一定程度，才能做好自动化测试。

3. 测试工具本身的问题影响测试质量

自动化测试工具本身也是软件产品，如果它的质量得不到保证，将直接影响测试结果的正确性。不同的测试工具面向不同的测试目的，具有各自的特点和适用范围，因此，一定要根据公司的现实情况来引入正确的测试工具。一般来说，通过自动测试工具测试的用例是不需要再进行手工测试的。将自动测试与手工测试有效地结合，并在最终的测试报告中体现自动测试的结果是比较好的方向。

4. 存在安全性的错觉

如果软件测试工具没有发现被测软件的缺陷，并不能说明软件中不存在问题，可能测试工具本身不够全面或者测试的预期结果设置错误。

5. 自动测试的维护

当软件修改后，通常也需要修改部分测试，这样必然导致对自动化测试的修改，在进行自动化测试的设计和实现时，需要注意这个问题，防止自动化测试带来的好处被高维护成本所淹没。

5.3.4　常用自动化测试工具简介

根据测试方法的不同，自动化测试工具可以分为白盒测试工具、黑盒测试工具和测试管理工具。这些工具主要是 HP Mercury Interactive（MI）、Segue、IBM/Rational、Compuware 和 Empirix 等公司的产品，而 MI 公司的产品占了主流。这些工具和软件开发过程中相关活动的关系，如图 5-1 所示。

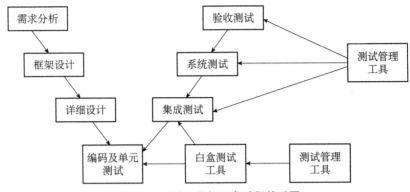

图 5-1　测试工具与开发过程关系图

1. 白盒测试工具

白盒测试工具一般是针对代码进行的测试，测试中发现的缺陷可以定位到代码级。根据测试工具工作原理的不同，白盒测试工具又可以分为静态测试工具和动态测试工具。

（1）静态测试工具

静态测试就是在不执行程序的情况下分析软件的特性。因此，静态测试工具一般是对代码进行语法扫描，找出不符合编码规范的地方，根据某种质量模型评价代码的质量，生成系统的调用关系图等。静态测试工具直接对代码进行分析，不需要运行代码，也不需要对代码编译链接、生成可执行文件。

静态测试工具的代表有 Telelogic 公司的软件 Logiscope、Perforce 公司的软件 Helix QAC。

（2）动态测试工具

动态测试直接执行被测程序以提供测试活动。因此，动态测试工具需要实际运行被测系统，并设置断点，向代码生成的可执行文件中插入一些监测代码，掌握断点这一时刻程序运行数据。

动态测试工具的代表有 Compuware 公司的软件 DevPartner、Rational 公司的软件 Purify。

常见的白盒测试工具，如表 5-1 和表 5-2 所示。

表 5-1　Parasoft 白盒测试工具集

工具名	支持语言环境	简介
□Jtest	□Java	□代码分析和动态类、组件测试
□Jcontract	□Java	□实时性能监控及分析优化
□C++ Test	□C,C++	□代码分析和动态测试
□Code Wizard	□C,C++	□代码静态分析
□Insure++	□C,C++	□实时性能监控及分析优化
□.test	□.Net	□代码分析和动态测试

表 5-2　Compuware 白盒测试工具集

工具名	支持语言环境	简介
□BoundsChecker □TrueTime □FailSafe □Jcheck □TureCoverage □SmartCheck □CodeReview	□C++, Delphi □C++, Java, Visual Basic □Visual Basic □MS Visual J++ □C++, Java, Visual Basic □Visual Basic □Visual Basic	□API 和 OLE 错误检查，指针和泄露错误检查、内存错误检查代码运行效率检查、组件性能的分析 □自动错误处理和恢复系统 □图形化的线程和事件分析工具 □函数调用次数、所占比率统计及稳定性跟踪 □函数调用次数、所占比率统计及稳定性跟踪 □自动源代码分析工具

2. 黑盒测试工具

黑盒测试工具适用于系统功能测试和性能测试，包括功能测试工具、负载测试工具、性能测试工具等。黑盒测试工具的一般原理是利用脚本的录制（Record）/回放（Playback），模拟用户的操作，然后将被测系统的输出记录下来同预先给定的标准结果比较。黑盒测试工具可以大大减少黑盒测试的工作量，在迭代开发的过程中，能够很好地进行回归测试。

黑盒测试工具的代表有 Rational 公司的 Team Test、Compuware 公司的 QACenter。常见的黑盒功能测试工具，如表 5-3 所示。

表 5-3　常见的黑盒功能测试工具

工具名	公司名	官方站点
□WinRunner □Astra QuickTest □LoadRunner □Robot □Team Test □QARun □QALoad □Silk Test □Silk Performer □e-Test □e-Load □WAS □Webload □OpenSTA	□Mercury Interactive □Mercury Interactive □Mercury Interactive □IBM/Rational □IBM/Rational □Compuware □Compuware □Segue Software □Segue Software □Empirix □Empirix □MS □Radview □OpenSTA	□http: //www.merc-nic.com □http: //www.merc-nic.com □http: //www.merc-nic.com □http: //www-306.ibm.com/software/rational/ □http: //www-306.ibm.com/software/rational/ □http: //compuware.com □http: //compuware.com □http: //www.segue.com □http: //www.segue.com □http: //www.empirix.com □http: //www.empirix.com □http: //www.microsoft.com □http: //www.radview.com □http: //www.opensta.com

3. 测试管理工具

测试管理工具用于对测试进行管理。一般而言，测试管理工具负责对测试计划、测试用例、测试的实施进行管理。另外，测试管理工具还能实现对产品缺陷的跟踪管理、产品特性管理等。

测试管理工具的代表有 IBM 公司的 Rational Quality Manager、HP 公司的 ALM（全称 Application Lifecycle Management）、国产的开源项目管理软件"禅道"等。

除此之外，还有专用于性能测试的工具，包括 HP（Mercury）公司的 LoadRunner；基于 Java 的压力测试工具 Apache JMeter；针对数据库测试的 SysBench；验收测试和验收测试驱动开发的开源自动化框架 Robot Framework 等。

5.4 自动化测试工具 Selenium

5.4.1 Selenium 的介绍

Selenium 是一个 Web 应用的自动化框架。通过它，测试人员可以写出自动化程序让其像人一样在浏览器里操作 Web 界面，如单击"界面"按钮，在文本框中输入文字等。Selenium 也能从 Web 界面获取信息，如获取招聘网站职位信息，财经网站股票价格信息等，然后用程序对相关信息进行分析处理。

5.4.2 Selenium 的原理

测试人员写的自动化程序需要使用客户端库。而程序的自动化请求都是通过这个库里面的编程接口发送给浏览器的。举个例子，如果要模拟用户单击"界面"按钮，自动化程序里面就应该调用客户端库中相应的函数，发送单击元素的请求给浏览器驱动。然后，浏览器驱动再转发这个请求给浏览器。

客户端库是 Selenium 组织提供的。官方提供了包括 Java、Python、JS、Ruby 等，方便开发者使用。测试人员只需要安装好客户端库，调用这些库，就可以发出自动化请求给浏览器了。

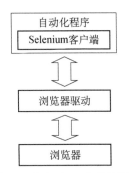

图 5-2　Selenium 自动化框架

浏览器驱动也是一个独立的程序，它是由浏览器厂商提供的，不同的浏览器需要不同的浏览器驱动，比如 Chrome 浏览器和火狐浏览器有各自不同的驱动程序。浏览器驱动接收到自动化程序发送的界面操作请求后，会转发请求给浏览器，让浏览器去执行对应的自动化操作。浏览器执行完操作后，会将自动化的结果返回给浏览器驱动，浏览器驱动再通过 HTTP 响应的消息返回给我们的自动化程序的客户端库。

最后，自动化程序的客户端库接收到响应后将结果转化为数据对象返回给我们的代码，如图 5-2 所示。

5.4.3 Selenium 的安装

不同的编程语言需选择不同的 Selenium 客户端库，我们以 Python 语言举例。

1. 命令行安装

pip install selenium

2. 在其他 IDE 中进行安装

常见的 Python IDE 如 PyCharm 可以在 IDE 中安装对应的 Python 库函数，如图 5-3 所示。

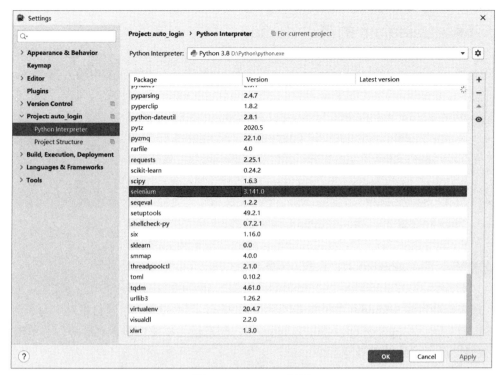

图 5-3　PyCharm 界面

3. 安装浏览器驱动

可以在这个网站上下载对应的浏览器"https://npm.taobao.org/mirrors/chromedriver/"，我们以 Chrome 为例，找到对应浏览器的驱动，如图 5-4 所示。

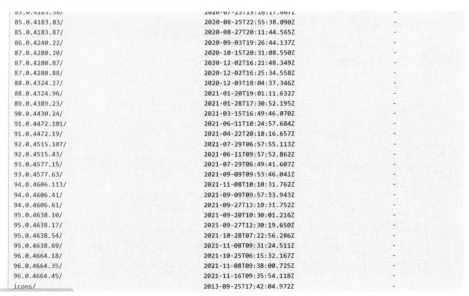

图 5-4　浏览器的驱动镜像

5.4.4 Selenium 的简单 demo

可以将下载的浏览器驱动放到 Python 的安装目录下（可以在 cmd 中输入指令 "where python"）：

```
#引用 selenium
from selenium.webdriver import Chrome
#定义一个浏览器对象
browser = Chrome()
#打开百度
browser.get('http://www.baidu.com')
```

上述代码可以通过 Selenium 打开百度页面。

5.4.5 Selenium 中元素的选择

"元素选择"是 Selenium 中最重要的知识点之一，下面选取"中国日报网"为案例（网页 URL 为 "http://language.chinadaily.com.cn/"），想在输入框里面输入"经济"并单击"搜索"按钮，需要经历以下步骤。

（1）在浏览器中按下 F12 键进入开发者模式，如图 5-5 所示。

图 5-5　Selenium 开发者模式

（2）选取到输入框，对应到网页上的 DOM 元素（右键单击，然后选择"Copy"，再选择"Copy selector"，关于"元素选择"我们会在下文详细介绍），如图 5-6 所示。

（3）使用 Selenium 工具选取到网页，输入关键字。

实现代码如下：

```
#引用 selenium
from selenium.webdriver import Chrome
    #提供模拟键盘操作的方法
from selenium.webdriver.common.keys import Keys
```

```
#定义一个浏览器对象
browser = Chrome()
#设置隐式等待时间 5s
browser.implicitly_wait(5)
#进入中国日报网
browser.get('http://language.chinadaily.com.cn/')
#选取到输入框，输入经济，敲下(模拟)键盘回车键
browser.find_element_by_css_selector('#searchText').send_keys(' 经 济 ',Keys.
ENTER)
```

图 5-6　Selenium 元素选取

在这里我们调用了"find_element_by_css_selector"这个 api，它是通过选取 CSS 表达式来定位元素的，CSS 表达式的值为"#searchText"。CSS 表达式是我们常见的选择元素方法之一，但除了 CSS 表达式外我们还有很多种选择器可以方便我们定位元素。Selenium 给用户提供的最常见的几种元素如下：

（1）通过文本值。调用"find_element_by_link_text()"这个 api，可以选择到文本值为 XX 的元素，如果网页中没有第二个文本值为 XX 的，这个 api 是很好的选择。

（2）通过 id 值。调用"find_element_by_id()"这个 api，如果是搜索框，绝大多数的开发人员都会在网页 div 中设置 id 属性，这个 api 可以精准定位到对应 id 值的元素。

（3）通过 name 属性。调用"find_element_by_name()"可以选择到 name 属性为 xx 的元素。

（4）通过 CSS 表达式。调用"find_element_by_css_selector()"这个 api，可以通过 CSS 表达式的值选取元素。

（5）通过 XPath 选择器。XPath (XML Path Language) 是由国际标准化组织 W3C 指定的，用来在 XML 和 HTML 文档中选择节点的语言。目前主流浏览器（Chrome、Firefox、Edge、Safari）都支持 XPath 语法。调用"find_element_by_xpath()"这个 api 可以使用 XPath 选择器定位元素。

5.4.6 Selenium 中的其他操作

1. 单击元素

在上面"中国日报网"的案例中我们采用的是模拟键盘操作（按下回车键）搜索内容的，我们同样也可以选择"搜索"按钮所在的 div，再模拟单击事件进行搜索。

```
#引用 selenium
from selenium.webdriver import Chrome
from selenium.webdriver.common.keys import Keys
#定义一个浏览器对象
browser = Chrome()
#设置隐式等待时间 5s
browser.implicitly_wait(5)
#进入中国日报网
browser.get('http://language.chinadaily.com.cn/')
#选取到输入框，输入经济，敲下(模拟)键盘回车键
browser.find_element_by_css_selector('#searchText').send_keys('经济')
#选择到搜索框按钮，单击
browser.find_element_by_css_selector('body > div.header > div.header2 >
div.header2_search > form > div').click()
```

2.下拉框选择

现在以"visualgo.net"一个网站为例（URL 为"https://visualgo.net/en/sorting"），如果要选取到图中所标注的下拉框（见图 5-7），就要用到"select 框选择"的知识。

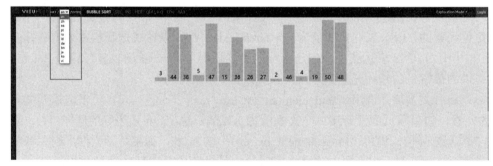

图 5-7　select 框选择

代码如下：

```
#引用 selenium
from selenium.webdriver import Chrome
from selenium.webdriver.common.keys import Keys
#支持 select
from selenium.webdriver.support.select import Select
browser = Chrome()
#设置隐式等待时间 5s
browser.implicitly_wait(5)
#进入中国日报网
browser.get('https://visualgo.net/en/sorting')
```

```
#选取到 select 框
slectThat = Select(browser.find_element_by_xpath('//*[@id="Language"]'))
#按照文本内容，选择文本内容为'zh'的 option
slectThat.select_by_visible_text('zh')
```

习　题

1．简述软件测试自动化的意义和作用。

2．简述自动化测试和手工测试有什么主要区别。

3．自动化测试工具大致可以分为几类？举例说明几种与之相对应的测试工具。

4．简述对常用自动化测试工具的认识。

5．试从网络上免费下载自动化测试工具，并在客户机或服务器上安装和运行。

6．下载本章所介绍的白盒测试、黑盒测试、负载测试等工具，学习其主要功能及使用方法，尝试进行实例测试。

7．安装 Selenium 并尝试执行本章介绍的案例。

第**6**章

面向对象的软件测试

20 世纪 90 年代，面向对象的软件测试技术在理论和实践上都得到迅速发展。使用面向对象的软件开发技术，代码复用率高，但要求更严格的测试，以避免故障的繁衍。大部分人认为，面向对象软件的测试与过程软件的测试没有什么不同。然而，实际的研究和经验表明，面向对象软件的开发方式为测试带来了新的挑战和机遇。尽管许多常用的面向对象软件的测试方法和技巧与面向过程的相同，或者可以从传统的测试方法和技巧中演化而来，但它们之间存在许多不同。与此同时，设计良好的面向对象软件也为改善传统测试过程提供了机遇。

▌6.1　面向对象的软件测试基础

目前面向对象软件已经获得了越来越广泛的应用，在面向对象的分析、设计技术及面向对象的程序设计语言方面，也获得了很丰富的研究成果与工程实际应用。与之相比较，面向对象软件测试技术的研究还相对薄弱。面向对象技术给软件开发带来了巨大的变化，而这些变化又对软件测试方面产生了很大的影响。

6.1.1　从测试视角看待面向对象

面向对象的软件被设计为一系列相互作用的对象，运行的系统就是由这些对象及它们之间传递的消息构成的一个动态网络。面向对象技术所独有的封装、继承、多态等新特点给测试带来了一系列新的问题，增加了测试的难度。

1．测试面向对象软件的不同

与传统的面向过程的程序设计相比，面向对象程序设计产生错误的可能性增大或者使得传统软件测试中的重点不再那么突出，使原来测试经验和实践证明的次要方面成为了主要问题。例如，函数 $y=$ Function (x)，如果该函数写在传统的面向过程的程序中，通常考虑的是函数 Function ( )本身的行为特点。但若写在面向对象的程序中，就不得不同时考虑基类函数 Base∶∶Function ( )的行为和继承类函数 Derived∶∶Function ( )的行为。

此外，与传统软件相比，由于存在的诸如继承、关联、动态绑定等关系，面向对象软件具有更复杂的依赖关系，一个类将不可避免地依赖于其他的类，从而增加了面向对象软件测试的难度。通常，传统软件中存在的依赖关系有：变量间的数据依赖；模块间的调用依赖；变量与其类型间的定义依赖；模块与其变量间的功能依赖。而在面向对象软件中，除了存在上述依赖关系外，还存在以下的依赖关系：类与类间的依赖；类与操作间的依赖；类与消息间的依赖；类与变量间的依赖；操作与变量间的依赖；操作与消息间的依赖；操作与操作间的依赖。

那么测试面向对象的软件有什么不同呢？

从编程语言看，面向对象编程的特性显然会对测试的某些方面有影响。例如，封装虽然实现了信息隐藏，但同时使测试对象的行为变得复杂。继承和多态性，使代码能够以同样的方式操纵具有共性的一组对象，而不用关心它们所属的具体类，这也为测试代码能否正常工作造成了困难。

另一方面，面向对象的开发过程及分析和设计方法也对测试产生了影响。面向对象方法倡导所谓"无缝的"开发过程，即由分析模型演化到设计模型，再从设计模型演化到源代码。因此，测试人员可以在分析阶段就开始测试，将分析阶段的测试提炼之后能够用于设计阶段的测试，设计阶段的测试经过提炼后再用于实现阶段的测试。这意味着测试过程可以与开发过程交替进行，有利于尽早测试。

2. 测试视角

优秀的测试人员要具有预见可能出现的故障和错误的能力，并能开发出有效的方法来检测这些可能的故障。因而，测试人员必须以一种对软件的方方面面都提出疑问的态度来思考软件，这种方法称为测试视角。

测试视角是审视产品开发及探究其有效性的一种手段。从该视角对工作成果进行检查的人，可以利用对软件的透彻研究和软件的所有表示法来鉴别软件中存在的问题。测试视角使系统回顾和审查也与基于系统运行的测试一样，成为一种有效的手段。

测试视角包含以下几个方面。

① 质疑：想验证软件的质量。

② 客观：确保不能凭空想象。

③ 彻底：确保不要遗漏重要的部分。

④ 系统：检查是可再现的。

根据测试视角的观点，可以讨论面向对象技术的基本概念，并分析这些概念的哪些特征会影响到软件的测试。

3. 从测试视角看待面向对象的概念

面向对象技术主要包括以下基本概念：对象、消息、接口、类、继承、多态。下面将对这些概念进行简单的回顾，并从测试视角的角度来理解它们。

（1）对象

对象是指包含了一组属性及对这些属性的操作的封装体。属性可以是数据，也可以是另一个对象；每个对象都有它自己的属性值，表示该对象的状态；操作则实施于这些属性之上，表示对象的行为，对象中的属性只能通过该对象所提供的操作来存取或修改。对象所具有的状态、行为、标识3个基本特征，分别对应于对象的属性、方法和对象名。

对象既包含了特定的数据，又包含了操作这些数据的代码，是一个可操作的实体，因而是软件开发期间测试的直接目标。在程序运行时，对象被创建、修改、访问或删除，而在运行期间，对象的行为是否符合它的规格说明，该对象与和它相关的对象能否协同工作，这两方面都是面向对象软件测试所关注的焦点。

从测试视角的角度，关于对象可以得到如下观点：

① 对象的封装。封装使得已定义的对象容易被识别，在系统中容易被传递，也容易被操纵。

② 对象隐藏了信息。这使得对象信息的改变有时很难观察到，也加大了检查测试结果的难度。

③ 对象的状态。对象在生命期中总是处于某个状态的，对象状态的多变可能会导致不正常的行为。

④ 对象的生命周期。在对象生命周期的不同阶段，要从各个方面检测对象的状态是否符合其生命周期。例如，过早地创建一个对象或过早地删除一个对象，都是造成软件故障的原因。

（2）消息

消息描述了对象执行操作的规格说明。对象之间通过发送消息启动相应的操作，通过修改对象的状态，实现系统状态间的转换。面向对象的程序通过一系列对象协同工作来解决问题，这一协作则是通过对象之间相互传送消息来实现的。

一个消息通常包括接收对象名、调用的操作名和适当参数（如有必要）。消息只告诉接收对象需要完成什么操作，但并不指示接收者怎样去完成操作。消息完全由接收者解释，接收者独立决定采用什么方法来完成所需操作。从测试视角的角度，关于消息可以得出的结论如下：

① 消息有发送者。发送者决定何时发送消息，并且可能做出错误的决定。

② 消息有接收者。接收者可能接收到非预期的特定消息，并可能对此做出不正确的反应。

③ 消息可能包含实际参数。在处理一条消息时，参数可能被接收者使用或修改；若传递的参数是对象，那么在消息被处理前和处理后，对象必须处于正确的状态，而且必须实现接收者预期的接口。

（3）接口

接口是行为声明的集合。接口由一些规范构成，这些规范定义了类的一套完整的公共行为。从测试视角的角度，关于接口可以得到如下结论：

① 接口封装了操作的说明，如果接口包含的行为和类的行为不相符，那么对这一接口的说明就不是令人满意的。

② 接口不是孤立的，它与其他接口和类有一定的联系。有时，可以指定一个接口作为一个操作的参数类型，使得实现该接口的类可以被当作一个参数进行传递。

（4）类

类是具有相同属性和相同行为的对象的集合。面向对象程序执行的基本元素是对象，而类是用来定义对象这一基本元素的，类是对象的抽象定义。在面向对象程序设计中，类是一个独立的程序单位，它有一个类名，还包括用于描述对象属性的成员变量和用于描述对象行为的成员函数。使用类时必须先实例化，创建一个对象，再通过这个对象去访问类的成员变量，去调用类的成员函数。

类从规范和实现两个方面来描述对象。在类规范中，定义了类的每个对象能做什么；

在类实现中，定义了类的每个对象如何做它们能做的事情。

类规范包括对每个操作的说明，包括访问、检查、修改、调用、构造和析构等。对操作的语义说明包括前置条件、后置条件和不变量。

前置条件是当操作执行之前应该满足的条件，通常根据包含操作对象的属性或者请求消息中实参的属性来描述。

后置条件是当操作执行结束之后必须保持的条件。后置条件通常根据这样几点来描述：①包含操作的对象的属性，②请求执行操作的消息中实参的属性，③返回值，④可能出现的异常。不变量描述了在对象的生命周期中必须保持的条件。

类不变量为类的实例描述了一组操作界限，通常根据属性或对象的状态来描述。类不变量可能被每个操作当作隐含的后置条件，它们必须保持到一个操作执行完成，尽管这个操作在执行过程中可以有办法改变这一常量。

当对一个操作进行说明时，可以使用保护性方法或约束性方法来定义发送者和接收者之间的接口。约束性方法强调前置条件也包含简单的后置条件，发送者必须保证前置条件得到满足，接收者就会响应在后置条件或类不变量中描述的请求。保护性方法强调的则是后置条件，请求的结果状态通常由一些返回值指示，返回值和每一个可能的结果联系在一起。

从测试视角考虑，约束性方法简化了类的测试，但使得交互测试更加复杂，因为必须保证任何发送者都能满足前置条件。保护性方法使得类的测试复杂了（发送者必须知道所有可能的结果），交互测试也更复杂（必须保证产生了所有可能的输出，并且发送者能够获得这些输出）。

类的实现描述了对象如何表现它的属性，如何执行操作，主要包括实例变量、方法集、构造函数、析构函数和私有操作集。

类测试是面向对象测试过程中最重要的一个测试，在类测试过程中要保证测试那些具有代表性的操作。从测试视角来研究类，可以得出下列设计和实现中潜在的错误原因：

① 类的规范中包含用来构造实例的一些操作，这些操作也可能导致新实例不正确的初始化。

② 类在定义自己的行为和属性时，也依赖于其他协作的类。例如，类的成员变量可能是其他类的实例，或者类中的方法的参数是其他类的实例。如果类定义中使用了包含不正确实现的其他类，就会使类发生错误。

③ 类的实现必须满足类本身的说明，但并不保证说明的正确性。

④ 类的实现也可能不支持所有要求的操作，或者执行一些错误的操作。

⑤ 类需要指定每个操作的前置条件，在发送消息之前，它也可能不提供检查前置条件的方法。

（5）继承

继承是在已有类的基础上定义新类的机制，新类可以复用已有类的接口或实现。继承关系中的已有类被称为父类、基类或超类，新类被称为子类或派生类。良好的面向对象程序设计要求，只有在实现接口复用时才使用继承，即替代原则。一个父类可以有多个子类，这些子类都是父类的特例。父类描述了这些子类的公共属性和操作，子类中还可以定义它自己的属性和操作。

从测试视角看，继承包含以下内容：

① 继承机制使得一个类中潜在的错误能够传递到它的派生类中。测试类的时候应尽早消除这种故障，以免这些故障被传递到其他类中。

② 继承机制使得能够复用测试基类的方法来测试其派生类。派生类继承了基类的说明和实现，因而也就可以用测试其基类的方法对派生类进行测试。

③ 设计中继承关系的使用是否恰当对项目的成功与否至关重要。如果使用继承实现代码的复用，可能会增加代码维护的难度。在设计中合理使用继承，有益于执行类的测试。

（6）多态

多态是指同一个操作作用于不同的对象可以有不同的解释，产生不同的执行结果。多态提供了将对象看作是一种或多种类型的能力，它定义了用来支持多种不同类型所适应的策略。

与多态密切相关的一个概念就是动态绑定。传统程序设计语言把过程调用与目标代码的连接放在程序运行前进行，称为静态绑定。而动态绑定是指在程序运行过程中，当一个对象发送消息请求服务时，要根据接收对象的具体情况将请求的操作与实现的方法进行连接，即把这种连接推迟到运行时才进行。

典型的面向对象编程语言支持包含多态和参数多态。包含多态是同一个类具有不同表现形式的一种现象，这使得设计和编码更灵活，也更抽象。从测试视角看，包含多态具有以下功能：

① 包含多态允许通过增加类来扩展系统，而无须修改已有类，但在扩展中可能出现意料之外的交互关系。

② 包含多态允许任何操作都能够包括类型不确定的参数，这就增加了应该测试的实参的种类。

③ 包含多态允许操作指定动态引用返回的响应。因为实际引用的类可能是不正确的，或者不是发送者所期望的。

参数多态是能够根据一个或多个参数来定义一种类型的能力，如 C++中的模板。从测试视角看，参数多态性支持不同类型的继承关系，需要测试模板的各个部分。

总之，面向对象技术的特点给测试带来了新的问题。封装把数据及对数据的操作封装在一起，限制了对象属性对外的透明性和外界对它的操作权限，在某种程度上避免了对数据的非法操作，有效防止了故障的扩散；但同时，封装机制也给测试数据的生成、测试路径的选取以及测试结构的分析带来了困难。而继承实现了共享父类中定义的数据和操作，同时也可以定义新的特征，子类是在新的环境中存在的，所以父类的正确性不能保证子类的正确性，继承使代码的重用率得到了提高，但同时也使故障的传播概率增加。另外，多态和动态绑定增加了系统运行中可能的执行路径，而且给面向对象软件带来了严重的不确定性，给测试覆盖率的活动带来了新的困难。

6.1.2 面向对象测试的层次

根据单元的构成，面向对象软件的测试采用三层或四层方式。如果把单个操作或方法看作单元，则有四层测试，即操作或方法、类、集成和系统测试；如果把类看作单元，则变成了三层测试，即类、集成和系统测试。三层方式以类为单元，会对标识测试用例极为有利，同时使集成测试有更清晰的目标，因此，面向对象测试通常采用三层方式，其中，面向对象的单元测试针对类中的成员函数及成员函数间的交互进行测试；面向对象的集成测试主要对系统内部的相互服务进行测试，如类间的消息传递等；面向对象的系统测试是基于面向对象集成测试的最后阶段的测试，主要以用户需求为测试标准。下面对三层方式进行说明。

1．面向对象的单元测试——类测试

对面向对象软件的类测试相当于传统软件中的单元测试。类的测试用例可以先根据其中的方法设计，然后扩展到方法之间的调用关系。类测试一般也采用功能性测试方法和结构性测试方法，而传统的测试用例设计方法在面向对象单元测试中都可以使用，例如，等价类划分法、因果图法、边值分析法、逻辑覆盖法、路径分析法等。

① 功能性测试以类的规格说明为基础，主要检查类是否符合其规格说明的要求。功能性测试包括两个层次：类的规格说明和方法的规格说明。

② 结构性测试则从程序出发，对类中方法进行测试，需要考虑其中的代码是否正确。测试分为两层：第一层考虑类中各独立方法的代码，即方法要做单独测试；第二层考虑方法之间的相互作用，即方法需要进行综合测试。

面向对象编程的特性使得对类中成员函数的测试又不完全等同于传统的函数或过程测试。尤其是继承特性和多态特性，使子类继承或重载的父类成员函数出现了传统测试中未遇见的问题。这里要考虑如下两个问题：

① 继承的成员函数是否都不需要测试？

② 对父类的测试是否能照搬到子类？

2．面向对象的集成测试

传统的自顶向下和自底向上的集成策略对于面向对象的测试集成是没有意义的，类之间的相互依赖使其根本无法在编译不完全的程序上对类进行测试。因此，面向对象的集成测试通常需要在整个程序编译完成后进行。此外，面向对象程序具有动态特性，程序的控制流往往无法确定，所以也只能对整个编译后的程序做基于黑盒的集成测试。

面向对象的集成测试能够检测出相对独立的单元测试无法检测出的那些类相互作用时才会产生的错误。单元测试可以保证成员函数行为的正确性，集成测试则只关注于系统的结构和内部的相互作用。

面向对象的集成测试可以分成两步进行：先进行静态测试，再进行动态测试。

静态测试主要针对程序结构进行，检测程序结构是否符合设计要求。现在常用的一些测试软件都能提供一种称为"可逆性工程"的功能，即通过源程序得到类关系图和函数功能调用关系图。将"可逆性工程"得到的结果与面向对象设计（OOD）的结果相比较，以检测面向对象编码（OOP）是否达到了设计要求。

动态测试则测试与每个动态语境有关的消息。设计测试用例时，通常需要以上述的功能调用关系图、类关系图或实体关系图为参考，确定不需要被重复测试的部分，从而优化测试用例，使得执行的测试能够达到一定的覆盖标准。

3．面向对象的系统测试

系统测试应该尽量搭建与用户实际使用环境相同的测试平台，应该保证被测系统的完整性，对临时没有的系统设备部件，也应有相应的模拟手段。

在进行面向对象的系统测试时，应该参考面向对象分析（OOA）的结果，对应描述的对象、属性和各种服务，检测软件是否能够完全"再现"问题空间。系统测试不仅是检测软件的整体行为表现，从另一方面看，也是对软件开发设计的再确认。这里说的系统测试是对测试步骤的抽象描述，具体测试的内容包括功能测试、强度测试、性能测试、安全测试、恢复测试、可用性测试、安装/卸载测试等。

6.1.3　面向对象的软件测试模型

面向对象的软件开发模型突破了传统的瀑布模型，将开发分为面向对象分析、面向对象设计和面向对象编程 3 个阶段。针对这种开发模型，结合传统的测试步骤，可以把面向对象的软件测试模型分为：面向对象分析的测试（OOA Test）、面向对象设计的测试（OOD Test）、面向对象编程的测试（OOP Test）、面向对象的单元测试（OO Unit Test）、面向对象的集成测试（OO Integrate Test）和面向对象的系统测试（OO System Test）。

面向对象分析的测试和面向对象设计的测试是对分析结果和设计结果的测试，主要针对分析、设计产生的文本进行，是软件开发前期的关键性测试。面向对象编程的测试主要针对编程风格和程序代码实现进行测试，其主要的测试内容在面向对象的单元测试和面向对象的集成测试中体现。

面向对象的单元测试是对程序内部具体单一的功能模块的测试，如果程序是用 C++语言实现的，主要就是对类成员函数的测试。面向对象的单元测试是进行面向对象的集成测试的基础。面向对象的集成测试主要对系统内部的相互服务进行测试，如成员函数间的相互作用、类间的消息传递等。面向对象的集成测试不但要基于面向对象的单元测试，更要参照面向对象设计的测试或面向对象设计的测试结果。面向对象的系统测试是基于面向对象的集成测试的最后阶段的测试，主要以用户需求为测试标准，需要借鉴面向对象分析的测试或面向对象分析的测试的结果。

尽管上述各阶段的测试构成了一个相互作用的整体，但其测试的主体、方向和方法各有不同。

1. 面向对象分析的测试

传统的面向过程分析是一个功能分解的过程，把一个系统看成可以分解的功能的集合。这种传统的功能分解分析法的着眼点在于一个系统需要什么样的信息处理方法和过程，以过程的抽象来对待系统的需要。而面向对象分析（OOA）是把 E-R 图和语义网络模型，即信息造型中的概念，与面向对象程序设计语言中的重要概念结合在一起而形成的分析方法，最后通常是得到问题空间的图表的形式描述。

OOA 直接映射问题空间，全面地将问题空间中的现实功能抽象化。将问题空间中的实例抽象为对象，用对象的结构反映问题空间的复杂实例和复杂关系，用属性和操作表示实例的特性和行为。对一个系统而言，与传统分析方法产生的结果相反，行为是相对稳定的，结构是相对不稳定的，这更充分反映了现实的特性。OOA 的结果为后面阶段类的选定和实现、类层次结构的组织和实现提供平台。因此对 OOA 的测试应考虑以下几个方面：

（1）对认定的对象的测试。

（2）对认定的结构的测试。

（3）对认定的主题的测试。

（4）对定义的属性和实例关联的测试。

（5）对定义的服务和消息关联的测试。

OOA 中认定的对象是对问题空间中的结构、其他系统、设备、被记忆的事件、系统涉及的人员等实际实例的抽象。对它的测试可以从如下方面考虑：

（1）认定的对象是否全面，是否问题空间中所有涉及的实例都反映在认定的抽象对象中。

（2）认定的对象是否具有多个属性。只有一个属性的对象通常应看成其他对象的属性，而不是抽象为独立的对象。

（3）对认定为同一对象的实例是否有共同的、区别于其他实例的共同属性。

（4）对认定为同一对象的实例是否提供或需要相同的服务，如果服务随着不同的实例而变化，认定的对象就需要分解或利用继承性来分类表示。如果系统没有必要始终保持对象代表的实例的信息，提供或者得到关于它的服务，认定的对象也无必要。

（5）认定的对象的名称应该尽量准确、适用。

属性是用来描述对象或结构所反映的实例的特性。而实例关联是反映实例集合间的映射关系。对属性和实例关联的测试应考虑如下几个方面：

（1）定义的属性是否对相应的对象和分类结构的每个现实实例都适用。

（2）定义的属性在现实世界是否与这种实例关系密切。

（3）定义的属性在问题空间是否与这种实例关系密切。

（4）定义的属性是否能够不依赖于其他属性被独立理解。

（5）定义的属性在分类结构中的位置是否恰当，低层对象的共有属性是否在上层对象属性中体现。

（6）在问题空间中，每个对象的属性是否定义完整。

（7）定义的实例关联是否符合现实。

（8）在问题空间中实例关联是否定义完整，特别需要注意一对多和多对多的实例关联。

2. 面向对象设计的测试（OOD Test）

通常结构化的设计方法，用的是面向作业的设计方法，它将系统分解后，提出一组作业，这些作业以过程实现系统的基础构造，把问题域的分析转化为求解域的设计，分析的结果是设计阶段的输入。

而面向对象设计方法采用"造型的观点"，以面向对象分析（OOA）为基础归纳出类，并建立类结构或进一步构造成类库，实现分析结果对问题空间的抽象。由此可见，OOD 是 OOA 的进一步细化和更高层的抽象。所以，OOD 与 OOA 的界限通常是难以严格区分的。

OOD 确定类和类结构不仅是满足当前需求分析的要求，更重要的是通过重新组合或加以适当的补充，能方便实现功能的重用和扩增，以不断适应用户的要求。因此，对 OOD 的测试应从对认定的类的测试、对构造的类层次结构的测试和对类库支持的测试 3 方面考虑。

（1）对认定的类的测试

OOD 认定的类可以是 OOA 中认定的对象，也可以是对象所需要的服务的抽象，对象所具有的属性的抽象。认定的类原则上应该尽量具有基础性，这样才便于维护和重用。测试认定的类应包括：

① 是否涵盖了 OOA 中所有认定的对象。

② 是否能体现 OOA 中定义的属性。

③ 是否能实现 OOA 中定义的服务。

④ 是否对应着一个含义明确的数据抽象。

⑤ 是否尽可能少地依赖其他类。

⑥ 类中的方法（C++：类的成员函数）是否单用途。

（2）对构造的类层次结构的测试

为能充分发挥面向对象的继承共享特性，OOD 的类层次结构通常基于 OOA 中产生的分类结构的原则来组织，着重体现父类和子类间的一般性和特殊性。在当前的问题空间，类层次结构的主要要求是能在解空间构造实现全部功能的结构框架，为此应测试如下几个方面：

① 类层次结构是否涵盖了所有定义的类。

② 是否能体现 OOA 中所定义的实例关联。

③ 是否能实现 OOA 中所定义的消息关联。

④ 子类是否具有父类没有的新特性。

⑤ 子类间的共同特性是否完全在父类中得以体现。

（3）对类库支持的测试

对类库的支持虽然也属于类层次结构的组织问题，但其强调的重点是软件开发的重用。由于它并不直接影响当前软件的开发和功能实现，因此，将其单独提出来测试，也可作为对高质量类层次结构的评估。拟订测试点如下：

① 一组子类中关于某种含义相同或基本相同的操作，是否有相同的接口（包括名字和参数表）。

② 类中方法（C++：类的成员函数）功能是否较单纯，相应的代码行是否较少。

③ 类的层次结构是否深度大、宽度小。

3. 面向对象编程的测试

典型的面向对象程序具有继承、封装和多态的新特性，这使得传统的测试策略必须有所改变。封装是对数据的隐藏，外界只能通过被提供的操作来访问或修改数据，这样降低了数据被任意修改和读写的可能性，降低了传统程序中对数据非法操作的测试。继承是面向对象程序的重要特点，继承使得代码的重用率提高，同时也使错误传播的概率提高。多态使得面向对象程序对外呈现出强大的处理能力，但同时却使得程序内"同一"函数的行为复杂化，测试时不得不考虑不同类型具体执行的代码和产生的行为。

面向对象程序是把功能的实现分布在类中。能正确实现功能的类，通过消息传递来协同实现设计要求的功能。因此，在面向对象编程阶段，忽略类功能实现的细则，将测试的目光集中在类功能的实现和相应的面向对象程序风格上，主要体现为两个方面：一是数据成员是否满足数据封装的要求；二是类是否实现了要求的功能。

（1）数据成员是否满足数据封装的要求

数据封装是数据和数据有关的操作的集合。检查数据成员是否满足数据封装的要求，基本原则是数据成员是否被外界（数据成员所属的类或子类以外的调用）直接调用。更直观地说，当改变数据成员的结构时，是否影响了类的对外接口，是否会导致相应的外界必须改动。值得注意的是，有时强制的类型转换会破坏数据的封装特性。

（2）类是否实现了要求的功能

类所实现的功能，都是通过类的成员函数执行的。在测试类的功能实现时，应该首先保证类成员函数的正确性。单独地看待类的成员函数，与面向过程程序中的函数或过程没有本质的区别，几乎所有传统的单元测试中所使用的方法，都可在面向对象的单元测试中使用。

类函数成员的正确行为只是类能够实现要求的功能的基础，类成员函数间的作用和类之间的服务调用是单元测试无法确定的。因此，需要进行面向对象的集成测试。需要着重声明，测试类的功能，不能仅满足于代码能无错运行或被测试类能提供的功能无错，应该以所做的 OOD 结果为依据，检测类提供的功能是否满足设计的要求，是否有缺陷。必要时（如通过 OOD 结果仍不清楚明确的地方）还应该参照 OOA 的结果，以之为最终标准。

4．面向对象的单元测试

传统的单元测试是针对程序的函数、过程或完成某一定功能的程序块的。沿用单元测试的概念，实际测试类成员函数。一些传统的测试方法在面向对象的单元测试中都可以使用，如等价类划分法、因果图法、边值分析法、逻辑覆盖法、路径分析法、程序插装法等。单元测试一般建议由程序员完成。

用于单元级测试进行的测试分析（提出相应的测试要求）和测试用例（选择适当的输入，达到测试要求），规模和难度均远小于后面将介绍的对整个系统的测试分析和测试用例，而且强调对语句应该有 100%的执行代码覆盖率。在设计测试用例选择输入数据时，可以基于两个假设，一是如果函数（程序）对某一类输入中的一个数据正确执行，对同类中的其他输入也能正确执行；二是如果函数（程序）对某一复杂度的输入正确执行，对更高复杂度的输入也能正确执行。

在面向对象程序中，类成员函数通常都很小，功能单一，函数间调用频繁，容易出现一些不易发现的错误。因此，在做测试分析和设计测试用例时，应该注意面向对象程序的这个特点，仔细地进行测试分析和设计测试用例，尤其是针对以函数返回值作为条件判断选择字符串操作等情况。

面向对象编程的特性使得对成员函数的测试，又不完全等同于传统的函数或过程测试，尤其是继承特性和多态特性，使子类继承或重载的父类成员函数出现了传统测试从未遇见的问题。Brian Marick 给出了以下两方面的考虑：

（1）继承的成员函数是否都不需要测试。

对父类中已经测试过的成员函数，包括继承的成员函数在子类中做了改动，成员函数调用了改动过的成员函数的部分，这两种情况都需要在子类中重新测试。

例如，假设父类 Bass 有两个成员函数：Inherited( )和 Redefined( )，子类 Derived 只对 Redefined( )做了改动。"Derived∷Redefined( )"显然需要重新测试。对于 Derived∷Inherited( )，如果它有调用 Redefined( )的语句（例如，x=x/Redefined( )），就需要重新测试，反之，无此必要。

（2）对父类的测试是否能照搬到子类。

引用上面的假设，"Base∷Redefined( )"和"Derived∷Redefined( )"已经是不同的成员函数，它们有不同的服务说明和执行。对此，照理应该对"Derived∷Redefined( )"

重新测试分析，设计测试用例。但由于面向对象的继承使得两个函数相似，故只需在"Base∷Redefined( )"的测试要求和测试用例上添加对"Derived∷Redfined( )"新的测试要求和增补相应的测试用例。

多态有几种不同的形式，如参数多态、包含多态和重载多态。包含多态和重载多态在面向对象语言中通常体现在子类与父类的继承关系，对这两种多态的测试参见上述对父类成员函数继承和重载的论述。包含多态虽然使成员函数的参数可有多种类型，但通常只是增加了测试的繁杂。对具有包含多态的成员函数测试时，只需要在原有的测试分析和基础上扩大测试用例中输入数据的类型。

5. 面向对象的集成测试

传统的集成测试，是由底向上通过集成完成的功能模块进行的测试，一般可以在部分程序编译完成的情况下进行。而对于面向对象程序，相互调用的功能是散布在程序的不同类中的，类通过消息相互作用申请和提供服务。类的行为与它的状态密切相关，状态不仅仅体现在类数据成员的值，也许还包括其他类中的状态信息。由此可见，类相互依赖，极其紧密，根本无法在编译不完全的程序上对类进行测试。所以，面向对象的集成测试通常需要在整个程序编译完成后进行。此外，面向对象程序具有动态特性，程序的控制流往往无法确定，因此也只能对整个编译后的程序做基于黑盒的集成测试。

动态测试设计测试用例时，通常需要以上述的功能调用结构图、类关系图或实体关系图为参考，确定不需要被重复测试的部分，从而优化测试用例，减少测试工作量，使得进行的测试能够达到一定的覆盖标准。测试所要达到的覆盖标准可以是：达到类所有的服务要求或服务提供的一定覆盖率；依据类间传递的消息，达到对所有执行线程的一定覆盖率；达到类的所有状态的一定覆盖率等。同时也可以考虑使用现有的一些测试工具来得到程序代码执行的覆盖率。

具体设计测试用例，可参考下列步骤：

（1）先选定检测的类，参考 OOD 分析结果，明确类的状态和相应的行为，类或成员函数间传递的消息，输入或输出的界定等。

（2）确定覆盖标准。

（3）利用结构关系图确定待测类的所有关联。

（4）根据程序中类的对象构造测试用例，确认使用什么输入激发类的状态、使用类的服务和期望产生什么行为等。

值得注意的是，设计测试用例时，不但要设计确认类功能满足的输入，还应该有意识地设计一些被禁止的例子，确认类是否有不合法的行为产生，如发送与类状态不相适应的消息，要求不相适应的服务等。根据具体情况，动态地集成测试，有时也可以通过系统测试完成。

6. 面向对象的系统测试

通过单元测试和集成测试，仅能保证软件开发的功能得以实现。但不能确认在实际运行时，它是否满足用户的需要，是否大量存在实际使用条件下会被诱发产生错误的隐患。为此，对完成开发的软件必须经过规范的系统测试。换个角度说，开发完成的软件仅仅是实际投入使用系统的一个组成部分，需要测试它与系统其他部分配套运行的表现，以保证在系统各部分协调工作的环境下也能正常工作。

系统测试应该尽量搭建与用户实际使用环境相同的测试平台，应该保证被测系统的完整性，对临时没有的系统设备部件，也应有相应的模拟手段。系统测试时，应该参考 OOA 分析的结果，对应描述的对象、属性和各种服务，检测软件是否能够完全"再现"问题空间。系统测试不仅是检测软件的整体行为表现，从另一个侧面看，也是对软件开发设计的再确认。

这里说的系统测试是对测试步骤的抽象描述。它体现的具体测试内容包括：

（1）功能测试。测试是否满足开发要求，是否能够提供设计所描述的功能，用户的需求是否都得到满足。功能测试是系统测试最常用和必需的测试，通常还会以正式的软件说明书为测试标准。

（2）强度测试。测试系统能力的最高实际限度，即软件在一些超负荷的情况下，功能实现的情况。如要求软件某一行为的大量重复、输入大量的数据或大数值数据、对数据库大量复杂的查询等。

（3）性能测试。测试软件的运行性能。这种测试常常与强度测试结合进行，需要事先对被测软件提出性能指标，如传输连接的最长时限、传输的错误率、计算的精度、记录的精度、响应的时限和恢复时限等。

（4）安全测试。验证安装在系统内的保护机构确实能够对系统进行保护，使之不受各种干扰。安全测试时需要设计一些测试用例试图突破系统的安全保密措施，检验系统是否有安全保密的漏洞。

（5）恢复测试。采用人工的干扰使软件出错，中断使用。检测系统的恢复能力，特别是通信系统。恢复测试时，应该参考性能测试的相关测试指标。

（6）可用性测试。测试用户是否能够满意地使用，具体体现为操作是否方便，用户界面是否友好等。

（7）安装/卸载测试（Install/Uninstall Test）。系统测试需要对被测的软件结合需求分析做仔细的测试分析，建立测试用例。

6.2　类测试

面向对象程序的基本单位是类。类测试是由那些与验证类的实现是否和该类的说明完全一致的相关联活动组成的。如果类的实现正确，那么类的每个实例的行为也应该是正确的。

6.2.1　类测试的方法

通过代码检查或执行测试用例能有效地测试一个类的代码。在某些情况下，用代码检查代替基于执行的测试方法是可行的。但是和基于执行的测试方法相比，代码检查有两个不利之处：一是代码检查容易受人为错误的影响；二是代码检查在新产品开发时明显会增加工作量。

尽管基于执行的测试方法克服了这些缺点，但确定测试和开发测试驱动程序也有很大的工作量。在某些情况下，为某个类构造一个测试驱动程序所需要的工作量可能比开发这个类所需要的工作量还要大。但这种情况不是面向对象编程独有的，当有许多子程序被上一层次调用时，在传统开发过程中，也会出现类似的情况。一旦确定了一个类的可执行测试用例，测试驱动程序创建一个或多个类的实例来运行一个测试用例，测试人员就必须执行测试驱动程序来运行每个测试用例，并给出每个测试用例运行的结果。

6.2.2 类测试的组成部分

作为每个类，决定是将其作为一个单元进行独立测试，还是以某种方式将其作为系统某个较大部分的一个组件进行独立测试，需要基于以下因素进行决策：

（1）这个类在系统中的作用，尤其是与之相关联的风险程度。

（2）这个类的复杂性（根据状态个数、操作个数及关联其他类的程度等进行衡量）。

（3）开发这个类测试驱动程序所需要的工作量。

假如一个类是某个类库不可缺少的部分，尽管测试驱动程序的开发成本可能很高，对它进行充分的测试也是值得的，因为它的正确操作是最重要的。在进行类测试时，一般要考虑以下几个方面。

（1）测试人员。如同传统的单元测试是由开发人员来执行的，类的测试通常也由开发人员来执行。因为测试人员对代码相当熟悉，开发人员可以使用测试驱动程序来调试他们编写的代码。

（2）测试内容。对一个类进行测试以检查它是否只做了规定的事情，确保一个类的代码能够完全满足类说明所描述的要求。在运行了各种测试用例后，如果代码的覆盖率不完整，可能意味着这个类的设计过于复杂，需要简化成几个子类。

（3）测试时间。类测试可以在开发过程的不同位置进行。在一个递增的、反复的开发过程中，一个类的说明/实现可能会发生变化，所以应该在软件其他部分使用该类之前来执行类的测试。每当一个类的实现发生变化时，就应该执行回归测试。所以类的测试要和类的设计、开发保持同步。因为确定早期测试用例有助于对类说明的理解保持一致，也有助于获得独立代码检查的反馈。若一个类的开发人员不能设计出充分和准确的测试用例，其测试结果会给人一个错觉——即该类通过了所有测试。但是当该类被集成到某个较大的系统时，将会出现严重的问题。

（4）测试过程。类的测试通常要借助测试驱动程序，这个驱动程序创建类的实例，并为那些实例创造适当的环境以便运行一个测试用例。驱动程序向测试用例指定的一个实例发送一个或多个消息，然后根据参数、响应值、实例发生的变化来检查那些消息产生的结果。如果编程语言（如 C++）具有程序员管理存储分配的机制，那么测试驱动程序需要删除它所创建的那些实例。

（5）测试程度。可以根据已经测试了多少类实现和多少类说明来衡量测试的充分性。对于类测试来说，要测试操作和状态转换的各种组合情况，但有时穷举法是不可能的，此时就应该选择配对系列的组合情况，如果能结合风险分析进行选择，效果就会明显些。

6.2.3 构建测试用例

首先来看怎样从类说明中确定测试用例，然后根据类实现引进的边界值来扩充附加的测试用例。类说明通常可以用多种方式进行描述，如自然语言和状态图等，假如要测试的类的说明不存在，那么就可通过"逆向工程法"产生一个说明，并在开始测试之前让开发人员对之进行检查。

根据前置条件和后置条件来构建测试用例的总体思想是：为所有可能出现的组合情况确定测试用例需求。在这些可能出现的组合情况下，可以满足前置条件，也能够达到后置条件。接下来创建测试用例来表达这些需求，根据这些需求还可以创建拥有特定输入值（包括常见值和边界值）的测试用例，并确定它们的正确输出，最后还可以增加测试用例来阐述违反前置条件所发生的情况。

6.2.4 类测试系列的充分性

在某些情况下，可以使用穷举法来测试每个类，即用所有可能的值来测试，以确保每一个类都符合它的说明。在这种情况下，穷举测试法所带来的好处就超过了编写测试驱动程序以运行更多测试用例所付出的代价。

但是穷举测试法一般是不可能实现的，如果不能使用穷举测试法，就不能保证一个类的每一方面都符合它的说明，但能够运用某个充分性的标准来使我们对测试系列的质量抱有高度的信心。充分性的 3 个常用标准是：基于状态的覆盖率、基于约束的覆盖率、基于代码的覆盖率。最低限度地符合这些标准将会产生若干不同的测试系列。将所有 3 个标准用于测试系列，将会提高我们对测试充分性的信任度。

（1）基于状态的覆盖率：以测试覆盖了多少个状态转换为依据，假如测试没有覆盖一个或一个以上的状态转换，那么这个类的测试就不充分。即使测试用例对所有的状态都覆盖了一次，测试的充分性仍值得怀疑，因为状态通常包含了各种对象属性的值域。因此，必须测试这些值域里的所有值，包括典型值和边界值。

（2）基于约束的覆盖率则是与基于状态转换的充分性类似，还可以根据有多少对前置条件和后置条件被覆盖来表示充分性。例如，如果一个操作的前置条件是 prel 或者 pre2，而后置条件是 postl 或者 post2，充分的测试则需要包含所有有效的组合情况（即 prel=true，pre2=false，postl=true，post2=false；prel=false，pre2=true，post1=true，post2=false 等）的测试用例。假如生成的测试用例满足了每一个需求，那么就符合这个充分性的标准。

（3）基于代码的覆盖率则是当所有的测试用例都执行结束时，确定实现一个类的每一行代码，或代码通过的每一条路径至少执行了一次，这是一种很好的思想。但是即使代码覆盖率是 100%，也不一定能满足基于状态的覆盖率或基于约束的覆盖率是 100%的要求，因为基于代码的覆盖率不够充分。所以使用这些度量标准中的某一种来确定充分性是很重要的。

6.2.5 构建测试的驱动程序

测试驱动程序是一个运行测试用例并收集运行结果的程序。测试驱动程序的设计应该相对简单，因为实际工作中很少有时间和资源来对驱动程序软件进行基于执行的测试（否则会进入一个程序测试的递归的、无穷之路），而是依赖代码检查来检测测试驱动程序。所以，测试驱动程序必须是严谨的，结构清晰、简单，易于维护，并且对所测试类的说明变化具有很强的适应能力。理想情况下，在创建新的测试驱动程序时，应该能够复用已存在的驱动程序代码。

6.3 面向对象交互测试

面向对象的程序由若干对象组成，这些对象相互协作以解决某些问题，对象的协作方式决定了程序的功能，从而决定了这个程序执行的正确性。一个程序中对象的交互对于程序的正确性非常关键。

6.3.1 面向对象交互测试基础

大多数类中的方法都会和其他类的实例进行交互，交互发生在运行时的各个对象之间。例如，当对象作为参数传递给另一个对象时，或者当一个对象包含另一个对象的引用，并将其作为这个对象的状态不可缺少的一部分时。交互包含对象到对象之间的消息传递，有些是单向的，有些是双向的。交互可能是有结构性的（即顺序地在各对象之间进行消息传送；根据一定执行情况，有选择地执行某些消息的传送；或在一定情况下，连续循环地执行某些消息的传送），更为复杂的分布式对象之间还可能存在并发的交互。本章主要介绍对象之间结构性的消息序列的测试，更为复杂的并发消息序列暂不考虑。

交互测试的重点是确保对象之间能够正确地进行消息传递。测试的前提是参与交互的类已经被单独测试过，且具有完整的实现。交互测试有两种方法，一种方法是将交互对象嵌入到应用程序中进行测试，或者在独立的测试工具提供的环境中使对象相互交互来执行测试，如使用 Tester 类。下面首先介绍什么是对象交互，如何通过类接口确定交互的细节；接着阐述如何进行交互测试，以及测试中的问题。

1. 对象交互的概念

对象交互是一个对象（称为发送者对象，Sender）对另一个对象（称为接收者对象，Receiver）的请求，发送者对象请求接收者对象的一个操作，而接收者进行的所有处理工作就是完成这个请求。交互包含对象和其组成对象之间的消息，还包含对象和与之相关联的其他对象之间的消息。

在处理接收对象的任一方法的调用期间，都可能发生多重的对象交互，所以需要考虑这些交互对接收对象内部状态的影响，以及对与接收对象相关的对象的影响。这些影响主要包括：没有变化；所涉及的对象的部分属性值的变化；所涉及的对象的状态的变化；创建一个新对象和删除一个已经存在的对象而发生的变化。

进行交互测试时，应该具有以下几项基础：

① 假定相关联的类都已经被充分测试过了。

② 将交互测试建立在公共操作说明的基础上，这比建立在类实现的基础上要简单。

③ 将交互测试限制在与之相关联的对等对象上，并采用一种公共接口方法。

④ 测试的重点是根据每个操作的说明来选择测试用例，并且这些操作说明都基于类的公共接口。

2. 对象交互的类型

在面向对象程序中，有原始类和非原始类。原始类真实地模拟了问题空间中的对象，是程序中最简单的组件，然而，在面向对象程序中，原始类是极其少有的，更常见的是非原始类，它们对于程序也是必不可少的。非原始类是指在它们的某些操作或所有操作中，都支持或需要使用其他对象。类图静态地表示了类之间的关系，根据类图中的各种关联关系，可以确定与某些类的对象交互的其他对象的类，并且对象交互通常隐含在类的说明中。

类和类之间的关联可以被看作是类接口和类与类的各种交互方式，这些方式如下所述：

（1）在公共操作中将一个或多个类作为形参的类型。这个消息建立了消息接收者和参数之间的关联，允许接收者和参数对象之间进行协作。

（2）公共操作的返回类型是一个或多个类类型。

（3）一个类的方法创建了另一个类的实例，并将其作为实现的一部分。

（4）类的方法引用了某个类的全局实例。当然，这在设计中应该避免，但如果类的说明引用了某个全局对象，就将这个全局对象看作是该方法的一个隐含参数。

对象交互在各种编程语言中可以用不同的方式实现，例如，变量、指针或引用都可以用来说明协作对象。假如使用了指针或者引用，那么对象的动态类型可能就与静态类型不同，指针或者引用是多态的，它们可以和任意数量的类的实例捆绑在一起。

根据非原始类与其他实例交互的程度，可以将非原始类分为汇集类和协作类：

（1）汇集类。汇集类的说明中使用其他类的对象，但实际上并不和那些实例交互，不请求它们的任何服务，只是维护与这些类实例之间的关联。汇集类会表现出以下行为：存放这些对象的引用或指针，表现程序中的对象之间的一对多的关系；创建或删除这些对象的实例。例如，C ++或 Java 语言类库中的列表、堆栈和队列等，就属于汇集类。

（2）协作类。协作类是具有更广泛交互的类，不是汇集类的非原始类就是协作类。协作类在它们的一个或多个操作中使用其他的对象，并将其作为实现中不可缺少的一部分。

3. 对象交互测试的考虑

对两个对象之间的基本交互只是开始，接下来潜在的协作数量可能会迅速增加到无法想象的地步。与两个对象之间的交互相比，缺陷更常出现在一组对象的一整套交互中。而测试要面临的问题是：单独测试每个交互，还是整个测试一起交互？应该正确地选择交互测试的粒度。考虑的依据在于，交互测试的粒度与缺陷的定位密切相关，粒度越小越容易更清楚地定位交互中问题的所在；当然粒度小，所需的测试用例数量和测试执行开销就要增加；另外，测试粒度越大，在一个测试用例中涉及的对象就越多，那么在一轮测试之前被集成的对象就应该越多，可能需要 Mock Objects 等额外的开发开销。因此，测试工作需要在资源制约和测试粒度之间取得平衡。

选择被测交互聚合块的大小，要考虑以下 3 个因素。

（1）要区分那些与被测各对象有组成关系的对象和那些仅仅与被测对象有关联的对象。在类测试期间，要测试组合对象与其组成属性之间的交互。当后续集成聚合层时，要测试一个对象与相关联对象之间的交互。

（2）交互测试期间所创建的聚合层数与缺陷的能见度紧密相关。如果选择的测试块太大，可能会产生不正确的中间结果，这些中间结果验证时是不可见的。

（3）对象越复杂，在一轮测试之前被集成的对象就应该越少。当出现多个聚合层时，试图测试一个过于复杂的块会导致一些隐藏在测试中的缺陷显现。

从测试视角看，在创建要测试的某个接口说明时，要清楚地知道是否使用了保护性设计或约束性设计方法，这一点很重要。

保护性设计假设在一个消息被发送前，几乎或者根本不检查参数的边界值。这就减少了前置条件中的语句数目，但要求在内部检查违反约束条件的情况，会增加后置条件中的语句数目，需要更多的交互式测试用例。

约束性设计在类测试一级的测试数量较少，但在交互一级需要更多的测试。约束性设计假定在发送一个消息之前要检查适当的前置条件，并且假定如果任意一个参数是在可接受的界限之外，那就不发送这个消息。这就需要更多的测试用例得到被测对象，并针对非法前置条件发送消息。也可以通过人工代码检查来确定没有违反前置条件，以减少测试用例的数量。

6.3.2 面向对象交互的测试

由于汇集类和协作类具有不同的交互属性，因此其测试的方法也不同，下面对各种面向对象交互的测试分别进行介绍。

1. 汇集类的测试

因为集合对象和集合中的元素对象之间没有交互，对汇集类的测试可以沿用基本类的测试方法。在测试驱动程序中创建一些元素的实例，将实例作为消息的参数传递给被测的集合。测试用例的主要目的是保证这些实例能够被正确地加入集合，并能够正确地移出。有容量限制的集合还需要设计专门针对容量限制的测试用例，例如，使用超过容量限制的测试用例进行测试。如果汇集类包含为元素分配内存的行为，将一个数组作为它的存储空间，则应该将装满这个数组且试图增加一条以上信息的测试用例也包含进去。对于这种情况，被测试的对象应该抛出适当的异常，而发送消息的对象应该捕获这个异常。测试一个操作序列，即单个类上的修改操作的交互方式，也是汇集类测试的一个方面。另外，基于状态的测试技术也可以应用在汇集类的测试中。

2. 协作类的测试

对象的行为要在对象之间的相互交互中体现，因此协作类测试的复杂性远远高于原始类和汇集类的测试。协作类测试必须在参与交互的类的环境中进行测试，需要创建对象之间交互的环境。交互是一系列参与交互的对象协作中的消息的集合。

UML 时序图用于组织对象之间消息的控制流程。将对象之间的交互关系表示为一个二维图。纵轴是时间轴，时间延竖线向下延伸。横轴代表在协作中各独立对象的类元角色。消息从一个对象的生命线到另一个对象的生命线用箭头表示，用来为对象之间交互动态建模。因此可以以 UML 时序图为指导，构建对象交互的测试用例。

UML 协作图是用来表示一组通过交互来实现某些行为的对象，可以用来按交互中的角色及其关系对一个用例的特定的实现场景进行建模。它描述了特定行为的参与对象的静态结构和动态交互。

不考虑并发的消息传递情况，对象之间的消息传递序列是结构化的，包括 3 种消息序列执行情况：

（1）顺序。各个对象之间的消息序列依次执行。一条消息执行结束，下一条消息执行开始。每条消息都会执行。

（2）分支。一条消息执行后，根据执行的情况，在一定条件下，选择之后各消息中的一条继续执行。在 UML 时序图中出现分支。

（3）循环。在一定情况下，某条消息执行一遍以后，由于满足一定的条件，还会继续执行一次，之后继续判断条件是否满足。

一般对象越复杂，在测试之前被集成的对象就应该越少。这时可以根据类的协作图，把相关的类分成几部分进行测试。

6.3.3 现成组件的测试

使用组件（被称为组件的软件模块）可以逐渐扩展应用程序的功能。组件的质量因提供不同，差别很大，为了提高组件的质量，应该对新获得的组件实施接受测试。接受测试应该将组件放在使用它的环境中进行，测试用例应该彻底检查类说明的限制。

在组件测试时，更倾向于使用极值甚至是不正确的值来进行接受测试。例如，在桌面上来回移动鼠标，就会导致大量的鼠标移动事件发生。一个有缺陷的组件可能被大量的事件和事故所倾覆。如果这里出现了问题，那就不得不怀疑组件的质量。

除了这些测试，对组件后续的测试也应该顺着任一类的线索进行。即使这个组件是根据若干类构建的，通常也有一个主类将组件提交给用户。

6.4 面向对象系统测试

系统测试是指测试整个系统以确定其是否能够提供应用的所有需求行为。下面首先在面向对象的上下文环境中介绍系统测试的基本知识，包括面向对象系统测试的基本概念、系统测试用例的选择策略、系统测试的基本内容（包括功能性测试和非功能性测试）和系统测试覆盖率的衡量等。

6.4.1 面向对象系统测试基础

通过单元测试（类测试）和集成测试（交互测试）仅能保证软件开发的功能得以实现，但不能确认在实际运行时，它是否满足用户的需要（其实是用户的确认测试），是否大量存在实际使用条件下会被诱发产生错误的隐患。为此，对完成开发的软件必须经过规范的系统测试。换个角度说，开发完成的软件仅仅是实际投入使用系统的一个组成部分，需要测试它与系统其他部分配套运行的表现，以保证在系统各部分协调工作的环境下也能正常工作。

系统测试应该尽量搭建与用户实际使用环境相同的测试平台，应该保证被测试系统的完整性，对临时没有的系统设备部件，也应有相应的模拟手段。系统测试时，应该参考面向对象分析（OOA）的结果，对应描述的对象、属性和各种服务，检测软件是否能够完全"再现"问题空间。系统测试不仅是检测软件的整体行为表现，从另一个侧面看，也是对软件开发设计的再确认。

通常，可以使用两种方式选择系统的测试用例。一种是确定用户使用系统的使用概貌，即确定用户是怎样使用系统的，然后根据这些步骤创建测试用例；另一种是分析产品可能包含的缺陷类型，然后编写测试用例来检测这些缺陷。为了测试需求的一致性，可以从说明需求的用例来构建测试用例。

1．构建用例使用概貌，利用情景构建系统测试用例

使用概貌是在综合考虑频率关键性值的基础上对用例进行分类，构建使用概貌时，可以从用例图中的各种参与者着手。

目前的软件几乎都是由事件触发来控制流程的，事件触发时的情景便形成了场景；同一事件不同的触发顺序和处理结果形成事件流。这种在软件设计方面的思想也可被引入到软件测试中，生动地描绘出事件触发时的情景，有利于测试设计者设计测试用例，同时测试用例也更容易得到理解和执行。通常，一个用例包括多个能够转变成测试用例的场景，使用基于场景驱动的测试用例设计方法可以设计系统测试用例。这时，需要注意 3 个方面的问题：首先，要找出由参与者提供的值，并找出输入数据类型值的等价类；然后，列出来自各个等价类的值的组合；最后，构造情景测试用例，明确其必要的环境约束条件，明确基本流和备选流。

2．使用 ODC 编写系统测试用例

正交缺陷分类（Orthosonal Defect Classfication，ODC）是 IBM 开发的一项技术，它用来获取在开发中的软件系统中存在缺陷的类型信息。对于收集和分析测试信息以便指导一个过程的改善来说，这种技术很有用。然而在这里，目的是要使用 ODC 的发明者所开发的标准分类，并以此作为选择系统测试用例的基础。

ODC 系统级故障触发器主要包括普通模式、恢复异常、启动/重新开始、硬件配置和软件配置等。其中，普通模式和启动在实际中不可避免；异常提醒测试人员要去找到每个系统级的异常；恢复则提醒测试人员要清楚地说明捕获到的每个异常所产生的结果，因为不可能在碰到一些异常之后总是还能继续操作下去。然而，有些问题是不可避免的，如"文件找不到"，任何设计良好的程序都要能处理这种情况；硬件和软件配置对于测试来说也非常重要，如软件运行所需的内存就是一个主要的问题，或者许多应用程序对于包含在搜索路径上的类库顺序有着不同的要求。

6.4.2 系统测试的主要内容

一般来说，系统测试需要对被测的软件结合需求分析做仔细的测试分析，建立测试用例。对于大型的软件系统，可以采用回归测试（Regression Testing）和自动测试（Automation Testing）。系统测试包含了多种测试活动，主要分为功能性测试和非功能性测试两大类：功能性测试通常检查软件功能的需求是否与用户的需求一致，而非功能性测试主要检查

软件的性能、安全性、健壮性等，包括性能测试、安全测试、强度测试、健壮性测试等。下面分别进行介绍。

1. 功能测试

功能测试是系统测试中最基本的测试，它不管软件内部的实现逻辑，主要根据产品的需求规格说明书和测试需求列表，验证产品的功能实现是否符合产品的需求规格，用户的需求是否都得到满足。功能测试是系统测试最常用和必需的测试，通常会以正式的软件说明书为测试标准。

2. 性能测试

性能测试主要测试软件的运行性能，这种测试常常与强度测试结合进行，需要事先对被测试软件提出性能指标，例如，传输连接的最长时限、传输的错误率、计算的精度、记录的精度、响应的时限和恢复时限等。在实时系统和嵌入式系统中，提供符合功能需求但不符合性能要求的软件是不能被接受的。

面向对象系统刚开始给人们的感觉是运行速度慢，但随着开发工具得以改善（如 C++ 编译器能够产生更加优化的代码、Java 虚拟机也经过了优化）和人们对面向技术的更加了解，目前，大部分的应用系统都使用面向对象技术进行开发。

性能测试最重要的方面就是定义和建立要测试性能的上下文，通过上下文可以对将要被度量的环境进行描述。登录到系统的用户数目、机器的配置及其他可能影响到系统行为的因素都要在环境描述中加以考虑。可能还有由若干独立的上下文组成的多重上下文，这些独立的上下文都包含不同的目标和不同的标准。

和性能相关的系统属性针对不同的系统类型差别很大，在一些系统中，按照每分钟产生的事务进行衡量的系统吞吐能力是最重要的一个方面；而在另外的一些系统中，可能对单个事件的响应速度快慢是最重要的一个方面。

一般来说，性能测试时，可以分以下几个步骤进行。

（1）定义性能测试的上下文环境（描述待测试应用程序的状态；根据使用的操作平台描述测试执行的环境；描述在测试的同时运行其他应用程序的情况）。

（2）找出上下文环境中一些极端的因素。

（3）作为期望结果，定义一个可接受的性能。

（4）执行测试并评估测试结果。

3. 强度测试

强度测试主要用来测试系统能力的最高实际限度，即在系统所需的资源几乎耗尽的情况下，仍对系统进行操作，从而检查软件的超负荷运行情况和功能实现情况。例如，要求软件某一行为的大量重复、输入大量的数据或大数值数据、对数据库大量复杂的查询、使用对象装满内存和记录写满硬盘等。

面向对象系统通常强调创造大量类的实例，在一般的操作中，可以选择那些在实际中可能会出现大量实例的类。同时，还需要注意系统被操纵时累积信息的自然增长，例如，一个账户系统积累了若干年的数据，对用户来说自然要扩充对这些数据的分析，这很可能导致系统性能的急剧下降。因此，必须考虑系统负载在现实中的增长情况。

强度测试主要有以下几个步骤：

（1）找出能够增加系统工作负荷的可变资源。

（2）如果这些资源存在一定的关系，就需要开发一个列出所需资源级别组合的矩阵。

（3）针对每一种组合建立测试用例。

（4）执行测试用例并评估结果。

4. 安全测试

验证安装在系统内的保护机构确实能够对系统进行保护，使之不受各种干扰。安全测试时需要设计一些测试用例试图突破系统的安全保密措施，检验系统是否有安全保密的漏洞；验证集成在系统内的保护机制是否能够在实际中保护系统不受到非法的侵入。在安全测试过程中，测试者扮演一个试图攻击系统的个人角色，测试者可以尝试通过外部的手段来获取系统的密码，可以利用能够瓦解任何防守的客户软件来攻击系统；可以把系统"制服"，使别人无法访问；可以有目的地引发系统错误；可以通过浏览非保密的数据，找到进入系统的钥匙。系统设计者的任务就是要把系统设计为想要攻击系统而付出的代价大于攻破系统之后获得的信息价值。

安全性测试需要执行足够多的测试用例，以便针对每个安全类别测试至少一个用户。进行安全性测试时，需要考虑以下策略：

（1）系统允许授权者访问和阻止非授权者访问的能力。

（2）系统阻止非授权访问其他不相关的系统资源的能力。

（3）代码访问所有它执行时所需资源的能力。

5. 健壮性测试/恢复测试

健壮性测试有时也叫容错性测试，主要测试系统在出现故障时，是否能够自动恢复或者忽略故障继续进行。健壮性测试的一般方法是软件故障插入测试，该技术模拟在程序代码的特定位置出现故障情况并且观察系统的行为，用于评价遗留在一个程序中的故障数量和种类。首先，故障被插入到一个程序中，然后，程序被测试，并且发现故障的数量可用来估计还没有被发现的数量。

恢复测试主要采用人工的干扰使软件出错，中断使用，检测系统的恢复能力，特别是通信系统。恢复测试时，应该参考性能测试的相关测试指标。

6. 安装/卸载测试

卸载测试前面已介绍，这里仅介绍安装测试。安装测试就是要确保用在系统中的软件包能够提供足够的安装步骤，使得产品在工作条件下可以交付使用。对于可配置的系统及那些需要和环境动态交互的系统而言，系统的安装测试非常重要。在安装测试的过程中，安装选项的处理需要付出更大的代价。

首先设计的测试用例就是完全安装系统。此外，必须设计测试用例测试软件的定制安装。由于各种软件选项之间可能有着一些依赖关系，如果某些软件选项没有安装，则它们就不会被复制到安装目录下，但这些选项中的库或一些驱动程序是其他选项所需要的。可以使用交互矩阵记录各种软件选项之间的依赖关系，然后设计测试用例，使得测试用例安装某些选项而不会安装其他选项。如果某两个选项是互不相关的，则期望的结果就是系统能够正常安装和操作。在一些具有复杂安装选项的场合下，通常会提供几种安装方式：典型安装、自定义安装和完全安装。

操作是否正常是通过运行一系列系统的回归测试来判断的，回归测试系列中应该除去任何使用了非安装选项的测试用例。

安装测试的步骤如下：

（1）找出系统将要发布的各种操作系统的类型。

（2）至少找出一个每种类型都具有典型环境的操作系统，且未将系统安装到该操作系统上。

（3）使用安装程序安装系统。

（4）运行系统测试中的一个回归集合，并对测试结果进行评估。

6.4.3 系统测试覆盖率的衡量

覆盖率是能够体现测试人员对测试活动本身信任程度的一种度量。在系统中有大量的属性可以用来衡量覆盖率。从根本上来说，这些属性中只有两个类别：输入和输出，即测试人员能够估计测试用例使用了多少可能的输入，也可以计算在测试过程中产生了多少系统能够产生的可能输出。

在确定产品是否按照所预期的功能进行实现时，根据覆盖了多少输出进行判断非常有效；当系统的执行关系到关键任务时，覆盖就必须用输入覆盖来衡量，例如，系统是否执行了它不应该做的一些事情；是否存在能够导致灾难性结果的输入等。

覆盖率的数据是在测试过程中不断收集的。即使一个软件发布之后，覆盖率也可能发生变化，特别是覆盖率可能下降，例如当发布了新版的 DLL 时。

在系统发布时，覆盖率是系统能够发布的判断标准。软件应该达到所要求的测试覆盖率的目标时才可以发布，而不是迫于交付日期的逼近。系统测试报告要将覆盖率级别和可交付使用的产品质量联系起来。

习　题

1．简述面向对象的特点与其测试的概念。

2．面向对象的软件测试与传统的软件测试有什么区别？

3．通常情况下，类测试驱动程序是由测试人员还是程序员进行开发的？

4．如何进行面向对象交互测试？

5．如何进行面向对象系统测试？

第 7 章

Web 网站测试

随着互联网的快速发展和广泛应用，Web 网站已经应用到政府机构、企业公司、财经证券、教育娱乐等各个领域，对人们的工作和生活产生了深远的影响。随着 Web 应用的增多，人们对网络各方面的需求也越来越明显，Web 网站的测试也随之越来越有必要。

针对 Web 网站这一特定类型软件，包含了许多测试技术，如功能测试、压力/负载测试、配置测试、兼容性测试、安全性测试等。黑盒测试、白盒测试、静态测试和动态测试都有可能被采用。

7.1 Web 网站的测试

Web 网站测试是针对互联网 Web 网站中前台页面、服务器后台等的测试。众所周知，互联网网页是由文字、图形、声音、视频和超级链接等组成的文档。网络客户端用户通过在浏览器中的操作，搜索浏览所需要的信息资源。服务器后台主要用于对网站前台的信息管理，如文字、图片、影音和其他日常使用文件的发布、更新、删除等操作，同时也包括对网站数据库和文件的管理及网站的各种配置。

针对 Web 的测试应该尽量覆盖 Web 网站的各个方面，测试技术方面在继承传统测试技术的基础上要结合 Web 应用的特点。

通常 Web 网站测试的内容包含以下几个方面：

✧ 功能测试。

✧ 性能测试。

✧ 安全性测试。

✧ 可用性/易用性测试。

✧ 配置和兼容性测试。

✧ 数据库测试。

✧ 代码合法性测试。

✧ 完成测试。

实际上，Web 网页各种各样，可以针对具体情况选用不同的测试方法和技术，如图 7-1 所示为一个典型的 Web 网页，具有各种可测试特性。

本章将从功能测试、性能测试、安全性测试、可用性/易用性测试、配置和兼容性测试、数据库测试等方面讨论基于 Web 的系统测试方法。

图 7-1　一个典型的 Web 网页

7.2　功能测试

功能测试是 Web 测试中的重点，在实际测试工作中，功能在每一个系统中都具有不确定性，测试人员不可能采用穷举的方法进行测试。测试工作的重心在于 Web 站点的功能是否符合需求分析的各项要求。

对于网站的测试而言，每一个独立的功能模块都需要设计相应的测试用例对其进行测试。功能测试的主要依据为《需求规格说明书》和《详细设计说明书》。对于应用程序模块则要采用基本路径测试法的测试用例进行测试。

功能测试主要包括以下几个方面的内容：

◇ 页面内容测试。
◇ 页面链接测试。
◇ 表单测试。
◇ Cookies 测试。
◇ 设计语言测试。

7.2.1　页面内容测试

页面内容测试用来检测 Web 应用系统提供信息的正确性、准确性和相关性。

1. 正确性

信息的正确性是指信息是真实可靠的还是胡乱编造的。例如，一条虚假的新闻报道可能造成不良的社会影响，甚至会让公司陷入麻烦之中，也可能引起法律方面的问题。

2. 准确性

信息的准确性是指网页文字表述是否符合语法逻辑或者是否有拼写错误。在 Web 应用系统开发的过程中，开发人员可能不是特别注重文字表达，有时文字的改动只是为了页面布局的美观，这样往往会造成文字表述不准确。因此测试人员需要检查页面内容的文字表达是否恰当。通常可以使用一些文字处理软件来进行测试，例如，使用 Microsoft Word 的"拼音与语法检查"功能。仅仅利用软件进行自动测试是不够的，还需要人工来测试文本内容。

另外，测试人员应该保证 Web 站点看起来更专业。过多地使用粗斜体、大号字体和下画线会令人感到不舒服，甚至会降低用户的阅读兴趣。

3. 相关性

信息的相关性是指能否在当前页面内可以找到与当前浏览信息相关的信息列表或入口，也就是一般 Web 站点中所谓的"相关文章列表"。测试人员需要确定页面中是否列出了相关内容的站点链接。

页面文本测试还应该包括文字标签，它为网页上的图片提供特征描述。图 7-2 给出的是网页中一个文字标签的例子。当用户把光标移动到网页的某些图片上时，就会立即弹出关于图片的说明性语言。

图 7-2　网页中的文字标签

大多数浏览器都支持文字标签的显示，借助文字标签，用户可以很容易地了解图片的语义信息。如果整个页面充满图片，却没有任何文字标签说明，会影响用户的浏览效果。进行页面内容测试时，要检查文字标签是否能正确地显示，是否和图的内容一致。

网上商店是现在非常流行的 Web 网站，这里以一个网上商店作为例子，为其设计测试用例。

网上商店有多种商品类别可供用户选择，用户选中商品后将其放入购物车。当选完商品，应用程序自动生成结账单，用户就可以进行网上支付、购买商品了。

页面内容测试用例，如表 7-1 所示。

表 7-1　页面内容测试用例

测试用例号	操作描述	数据	期望结果	实际结果
7.1	搜索某种类别的商品	搜索类别=	搜索结果中列出该类别的所有商品	一致/不一致
7.2	让鼠标滑过每一个对象	受测对象=	当鼠标滑过每一个对象时，显示相应的文本信息	一致/不一致

7.2.2　页面链接测试

页面之间的超级链接是 Web 应用系统最主要的一个特征，是用户从一个页面跳转到另一个页面的主要手段，它可以指导用户去一些不知道地址的页面。链接测试需要验证 3 个方面的问题：

（1）用户通过单击链接是否可以顺利地打开所要浏览的内容，即链接是否按照指示的那样正确链接到了要链接的页面。

（2）所要链接的页面是否存在。实际上，好多不规范的小型站点，其内部链接都是空的，这让浏览者感觉很不好。

（3）保证 Web 应用系统上没有孤立的页面。所谓孤立页面是指没有链接指向该页面，只有知道正确的 URL 地址才能访问。

在 Web 网页中应用链接主要测试点可以考虑如下 3 点：

（1）测试内部链接和外部链接中成功和失败的链接点，以及应用中不被其他链接调用的页面。

（2）测试链接中新网页、老网页、慢网页及丢失的图像标题标签和属性标签等。

（3）分析 Web 应用的结构是否合理，包括显示和某个 URL 相关的链接及按照标题、描述、作者、大小、最后修改时间等。

超级链接对于网站用户而言，意味着能不能流畅地使用整个网站提供的服务。因而链接将作为一个独立的项目进行测试。另外，链接测试必须在集成测试阶段完成，也就是说，在整个 Web 应用系统的所有页面开发完成之后进行链接测试。

目前，链接测试采用自动检测网站链接的软件来进行，已经有许多自动测试工具可以采用。如 Xenu LinkSleuth，主要测试链接的正确性，但是对于动态生成的页面的测试会出现一些错误。

页面测试链接和界面测试中的链接不同，页面测试链接更注重是否有链接、链接的页面是否是说明的位置等，界面测试链接更注重链接方式和位置。

7.2.3　表单测试

当用户给 Web 应用系统管理员提交信息时需要使用表单操作，例如，用户注册、登录、信息提交等。表单测试主要是模拟表单提交过程，检测其准确性，用于确保每一个字段在工作中正确。

表单测试主要考虑以下几个方面的内容：

（1）表单提交应当模拟用户提交，验证是否完成功能，如注册信息。当用户通过表单提交信息时，都希望表单能正常工作。如果使用表单来进行在线注册，要确保提交按钮能正常工作，注册完成后应返回注册成功的消息。

（2）要测试提交操作的完整性，以校验提交给服务器的信息的正确性。例如，个人信息表中，用户填写的出生日期与职称是否恰当，填写的所属省份与所在城市是否匹配等。如果使用了默认值，还要检验默认值的正确性。如果表单只能接收指定的某些值，也要进行测试。例如，只能接收某些字符，测试时可以跳过这些字符，看系统是否会报错。

（3）使用表单收集配送信息时，应确保程序能够正确处理这些数据。要测试这些程序，需要验证服务器能正确保存这些数据，而且后台运行的程序能正确解释和使用这些信息。

（4）要验证数据的正确性和异常情况的处理能力等，要注意是否符合易用性要求。在测试表单时会涉及数据校验问题。如果根据已定规则需要对用户输入进行校验，需要保证这些校验功能正常工作。例如，省份的字段可以用一个有效列表进行校验。在这种情况下，需要验证列表完整而且程序正确调用了该列表（例如，在列表中添加一个测试值，确定系统能够接受这个测试值）。

（5）提交数据、处理数据等如果有固定的操作流程可以考虑自动化测试工具的录制功能，编写可重复使用的脚本代码，这样就可以在测试、回归测试时运行以便减少测试人员的工作量。

如图 7-3 所示是一个比较复杂的表单例子，用户用于对邮箱信息个人资料的填写，提交后可以申请新浪的免费邮箱。

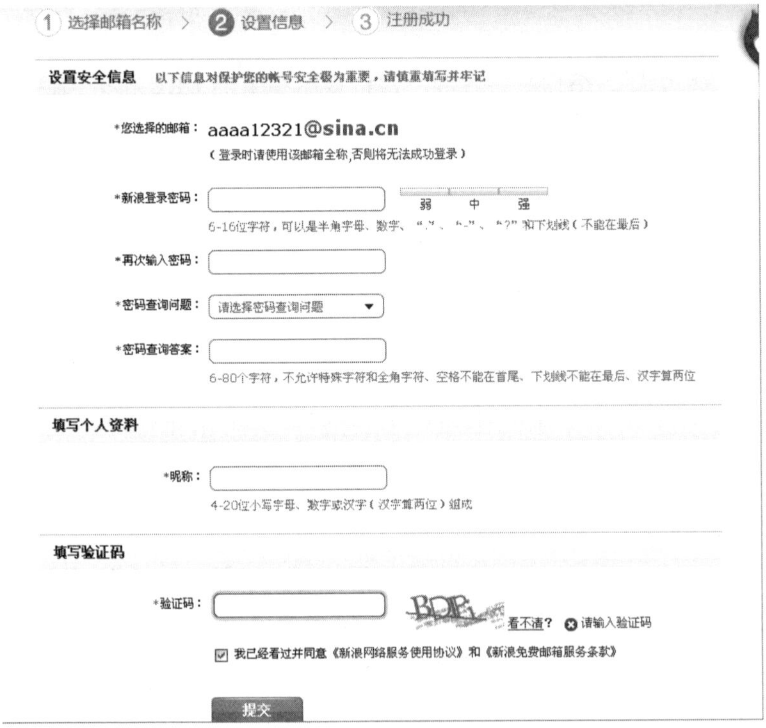

图 7-3　表单示例

表单测试用例如表 7-2 所示。

表 7-2　表单测试用例

测试用例号	操作描述	数据	期望结果	实际结果
7.3	使用 Tab 键从一个字段区跳到下一个字段区	开始字段区=	字段按正确的顺序移动	一致/不一致
7.4	输入字段所能接收的最大的字符串	字段名= 字段串=	字段区能够接收输入	一致/不一致
7.5	输入超出字段所能接收的最大长度的字符串	字段名= 字段串=	字段区拒绝接收输入的字符	一致/不一致
7.6	在某个可选字段区中不填写内容，提交表单	字段名=	在用户正确填写其他字段区的前提下，Web 程序接收表单	一致/不一致
7.7	在一个必填字段区中不填写内容，提交表单	字段名=	表单页面弹出信息，要求用户必须填写必填字段区的信息	一致/不一致

7.2.4　Cookies 测试

Cookies 通常用来存储用户信息和用户在某个应用系统的操作，当一个用户使用 Cookies 访问了某一个应用系统时，Web 服务器将发送关于用户的信息，将该信息以 Cookies 的形式存储在客户端计算机上，这可用来创建动态和自定义页面或者存储登录等信息。关于 Cookies 的使用，可以参考浏览器的帮助信息。如果使用 B/S 结构，Cookies 中存放的信息将更多。

如果 Web 应用系统使用了 Cookies，测试人员需要对它们进行检测。测试的内容包括 Cookies 是否起作用，是否按预定的时间进行保存，刷新对 Cookies 有什么影响等。如果在 Cookies 中保存了注册信息，请确认该 Cookies 能够正常工作而且已对这些信息加密。如果使用 Cookies 来统计次数，需要验证次数累计是否正确。

Cookies 测试用例如表 7-3 所示。

表 7-3　Cookies 测试用例

测试用例号	操作描述	数据	期望结果	实际结果
7.8	测试 Cookies	Web 网页=	Cookies 在打开时是否起作用	一致/不一致

7.2.5　设计语言测试

Web 设计语言版本的差异可以引起客户端或服务器端的一些严重问题，例如，使用哪种版本的 HTML 等。当在分布式环境中开发时，开发人员都不在一起，这个问题就显得尤为重要。除了 HTML 的版本问题外，不同的脚本语言，如 Java、JavaScript、ActiveX、VBScript 或 Peri 等也要进行验证。

7.3 性能测试

网站的性能测试对于网站的运行非常重要，主要有 3 个方面：负载测试、压力测试和连接速度测试。

7.3.1 负载测试

随着 Web 服务器端处理任务的日益复杂及网站访问量的迅速增长，服务器性能的优化也成了非常迫切的任务。在优化之前，最好能够测试不同条件下服务器的性能表现。找出性能瓶颈所在，是设计性能改善方案之前的一个至关重要的步骤。

负载测试主要是为了测试 C/S 系统在某一负载级别上的性能，以保证系统能在同一时间响应大量的用户，在需求范围内能够正常工作。负载级别可以是某个时刻同时访问 Web 系统的用户数量，也可以是在线数据处理的数量。可访问性对用户来说是极其重要的。如果用户得到"系统忙"的信息，他们可能失去耐心放弃页面等待，并转向同类其他网站。

负载测试包括的问题有：Web 应用系统能允许多少个用户同时在线；如果超过了这个数量，会出现什么现象；Web 应用系统能否处理大量用户对同一个页面的请求。

负载测试的作用是在软件产品投向市场以前，通过执行可重复的负载测试，预先分析软件可以承受的并发用户的数量极限和性能极限，以便更好地优化软件。

负载测试应该安排在 Web 系统发布以后，在实际的网络环境中进行测试。因为一个企业的内部员工，特别是项目组人员总是有限的，而一个 Web 系统能同时处理的请求数量将远远超出这个限度，所以 Web 负载测试一般使用自动化工具来进行，通过一台或者多台客户机模拟大量用户的活动。如 Microsoft 的 Web Application Stress Tool（WAS，Web 应用负载测试工具）就是一款对 Web 服务器进行性能测试的工具。

7.3.2 压力测试

系统检测不仅要使用户能够正常访问站点，在很多情况下，可能会有黑客试图通过发送大量数据包来攻击服务器。出于安全的原因，测试人员应该知道当系统过载时，需要采取哪些措施，而不是简单地提升系统性能。这就需要进行压力测试。

进行压力测试是指实际破坏一个 Web 应用系统，测试系统的反应。压力测试是测试系统的限制和故障恢复能力，也就是测试 Web 应用系统会不会崩溃，在什么情况下会崩溃。黑客常常提供错误的数据负载，通过发送大量数据包来攻击服务器，直到 Web 应用系统崩溃，接着当系统重新启动时获得存取权。无论是利用预先写好的工具，还是创建一个完全专用的压力系统，压力测试都是用于查找 Web 服务（或其他任何程序）问题的本质方法。压力测试的区域包括表单、登录和其他信息传输页面等。

负载/压力测试应该关注的问题如下。

1．瞬间访问高峰

例如，电视台的 Web 站点，如果某个收视率极高的电视选秀节目正在直播并进行网上投票，那么最好使系统在直播的这段时间内能够响应上百万甚至上千万的请求。负载测试工具能够模拟 X 个用户同时访问测试站点。

2．每个用户传送大量数据

例如，在网上购物过程中，一个终端用户一次性购买大量的商品。或者节日里，一个客户网上派送大量礼物给不同的终端用户等。系统都要有足够能力处理单个用户的大量数据。

3．长时间的使用

Web 站点提供基于 Web 的 E-mail 服务具有长期性，其对应的测试就属于长期性能测试，可能需要使用自动测试工具来完成这种类型的测试，因为很难通过手工完成这些测试。你可以想象组织 100 个人同时单击某个站点，但是同时组织 100 000 个人就很不现实。通常，测试工具在第二次使用时，它创造的效益，就足以支付成本。而且，测试工具安装完成之后，再次使用时，只需单击几下。

负载/压力测试需要利用一些辅助工具对 Web 网站进行模拟测试。例如，模拟大的客户访问量，记录页面执行效率，从而检测整个系统的处理能力。目前常用的负载/压力测试工具有 WinRunner、LoadRunner、Webload 等，运用它们可进行自动化测试。

7.3.3 连接速度测试

连接速度测试指的是打开网页的响应速度测试。用户连接到 Web 应用系统的速度根据上网方式的变化而变化，他们或是电话拨号，或是宽带上网。当下载一个程序时，用户可以等较长的时间，但如果仅仅访问一个页面就不会这样。如果 Web 系统响应时间太长（例如超过 5 秒），用户就会因没有耐心等待而离开。

另外，有些页面有超时的限制，如果响应速度太慢，用户可能还没来得及浏览内容，就需要重新登录了。而且，连接速度太慢，还可能引起数据丢失，使用户得不到真实的页面。

连接速度测试用例如表 7-4 所示。

表 7-4　连接速度测试用例

测试用例号	操作描述	数据	期望结果	实际结果
7.14	1．提交一个完整的购买表单 2．记录接收到购买确认的响应时间 3．重复上述操作 5 次	购买的商品=	记录最小、最大和平均响应时间，同时满足系统的性能要求	一致/不一致
7.15	1．查找一件商品 2．记录查找的响应时间 3．重复上述操作 5 次	查询	记录最小、最大和平均响应时间，同时满足系统的性能要求	一致/不一致

7.4 安全性测试

随着互联网的广泛使用，网上交费、电子银行等已经深入人们的生活中，所以网络安全问题显得越来越重要，尤其对于有交互信息的网站及进行电子商务活动的网站。这些站点涉及银行信用卡支付问题，用户资料信息保密问题等，Web 页面随时会传输这些重要信息，一旦用户信息被黑客捕获泄露，客户在进行交易时，就会存在隐患，甚至造成严重后果。

1. 目录设置

Web 安全的第一步就是正确设置目录。目录安全是 Web 安全性测试中不可忽略的问题。如果 Web 程序或 Web 服务器的处理不当，通过简单的 URL 替换和推测，会将整个 Web 目录暴露给用户，这样会造成 Web 的安全隐患。每个目录下应该有 index.html 或 main.html 页面，或者严格设置 Web 服务器的目录访问权限，这样就不会显示该目录下的所有内容，从而提高安全性。

2. SSL

很多站点使用 SSL（Security Socket Layer）安全协议进行传送。

SSL 表示安全套接字协议层，是由 Netscape 首先发表的网络数据安全传输协议。SSL 是利用公开密钥/私有密钥的加密技术，位于 HTTP 层和 TCP 层之间，建立用户和服务器之间的加密通信，从而确保所传送信息的安全性。

任何用户都可以获得公共密钥来加密数据，但解密数据必须通过对应的私人密钥。SSL 是工作在公共密钥和私人密钥基础上的。

当用户进入到一个 SSL 站点时浏览器出现了警告消息，而且在地址栏中的 HTTP 变成 HTTPS。如果开发部门使用了 SSL，测试人员需要确定是否有相应的替代页面、这些浏览器是否不支持 SSL。当用户进入或离开安全站点时，请确认有相应的提示信息。做 SSL 测试时，需要确认是否有连接时间限制，超过限制时间后会出现什么情况等。

3. 登录

如图 7-4 所示，很多站点都需要用户先注册，再登录使用，从而校验用户名和匹配的密码，以验证他们的身份，阻止非法用户登录。这样对用户是方便的，他们不需要每次都输入个人资料。

测试人员需要验证系统阻止非法的用户名/口令登录，而能够通过有效登录，主要的测试内容有：

（1）测试用户名和输入密码是否有大小写区别。

（2）测试有效和无效的用户名和密码。

（3）测试用户登录是否有次数限制，是否限制从某些 IP 地址登录。

（4）假设允许登录失败的次数为 3 次，那么在用户第 3 次登录时输入正确的用户名和口令，测试是否能通过验证。

（5）用测试口令选择是否有规则限制。

图 7-4　用户登录设置

（6）测试哪些网页和文件需要登录才能访问和下载。

（7）测试是否可以不登录而直接浏览某个页面。

（8）测试 Web 应用系统是否有超时的限制，也就是说，用户登录后在一定时间内（例如 15 分钟）没有单击任何页面，是否需要重新登录才能正常使用。

4. 日志文件

为了保证 Web 应用系统的安全性，日志文件是至关重要的。需要测试相关信息是否写进了日志文件、是否可追踪。

在后台，要注意验证服务器日志工作是否正常。对于日志文件主要的测试内容有：

（1）日志是否记录所有的事务处理。

（2）CPU 的占有率是否很高。

（3）是否有例外的进程占用。

（4）是否记录失败的注册企图。

（5）是否记录被盗信用卡的使用。

（6）是否在每次事务完成的时候都进行保存。

（7）是否记录 IP 地址。

（8）是否记录用户名等。

5. 脚本语言

脚本语言存在常见的安全隐患。每种语言的细节有所不同，有些脚本允许访问根目录，其他脚本只允许访问邮件服务器。但是有经验的黑客可以利用这些缺陷，将服务器用户名和口令发送给他们自己，从而攻击和使用服务器系统。

测试人员需要找出站点使用了哪些脚本语言并研究该语言的缺陷。

服务器端的脚本常常构成安全漏洞，这些漏洞又常常被黑客利用。所以，还需要检验没有经过授权就不能在服务器端放置和编辑脚本的问题。最好的办法是订阅一个讨论站点使用的脚本语言安全性的新闻组。

6. 加密

当使用了安全套接字加密，还要测试加密是否正确，检查信息的完整性。

7.5 可用性/可靠性测试

可用性/可靠性方面一般采用手工测试的方法进行评判，可用性测试的内容包括导航测试、Web 图形测试和图形用户界面（GUI）测试等，可靠性测试的内容较直观。

7.5.1 导航测试

网站导航（Navigation）是指通过一定的技术手段，为网站的访问者提供一定的途径，使其可以方便地访问到所需的内容。网站导航表现为网站的栏目菜单设置、辅助菜单、其他在线帮助等形式。

导航测试的主要测试目的是检测一个 Web 应用系统是否易于导航，具体内容包括：

① 导航是否直观。

② Web 系统的主要部分是否可通过主页存取。

③ Web 系统是否需要站点地图、搜索引擎或其他的导航帮助。

导航的另一个重要方面是 Web 应用系统的页面结构、导航、菜单、链接的风格是否一致。确保用户凭直觉就知道 Web 应用系统里面是否还有所感兴趣的内容，以及在什么地方。Web 应用系统的层次一旦决定，就要着手测试用户导航功能。应该让最终用户参与这种测试，以提高测试质量。

导航条测试用例如表 7-5 所示。

表 7-5　导航条测试用例

测试用例号	操作描述	数据	期望结果	实际结果
7.16	1. 执行一个搜索，至少搜索到 10 项相关商品信息 2. 以一件商品为单位向下滚动	查询=	搜索结果有 10 个或 10 个以上的相关商品信息；在没有到达搜索列表页面底部时，前面的商品列表滚动出屏幕，后面的商品不断从屏幕下方出现	一致/不一致
7.17	1. 执行一个搜索，至少搜索到 5 个页面的输出 2. 以页面为单位向下滚动	查询=	搜索结果有 5 个或 5 个以上的相关页面；在没有到达搜索列表的底部时，当前的屏幕内容向上滚动一屏幕，下一屏幕出现	一致/不一致

7.5.2 Web 图形测试

在 Web 应用系统中，适当的图片和动画既能起到广告宣传的作用，又能起到美化页面的作用。一个 Web 应用系统的图形可以包括图片、动画、边框、颜色、字体、背景、按钮等。图形测试的内容有：

（1）要确保图形有明确的用途，图片或动画不要胡乱地堆在一起，以免传输图片时占用更多的 Web 系统资源，并且要能清楚地说明某件事情，一般都链接到某个具体的页面。

（2）验证所有页面字体的风格是否一致。

（3）背景颜色应该与字体颜色和前景颜色相搭配。通常来说，少用或尽量不使用背景是个不错的选择。如果想使用背景，那么最好使用单色的，并和导航条一起放在页面的左边。另外，图案和图片可能会转移用户的注意力。

（4）图片的大小和质量也是一个很重要的因素，一般采用 JPG 或 GIF 压缩，最好能使图片的大小减小到 30 KB 以下。

（5）验证文字回绕是否正确。如果说明文字指向右边的图片，应该确保该图片出现在右边。不要因为使用图片而使窗口和段落排列古怪或者出现孤行。

根据图片能否正常加载来检测网页的输入性能好坏；如果网页中有太多图片或动画插件，就会导致传输和显示的数据量巨大、减慢网页的输入速度，有时会影响图片的加载。

如图 7-5 所示，网页无法载入图片时，就会在其显示位置上显示错误提示信息。Web 图形测试用例如表 7-6 所示。

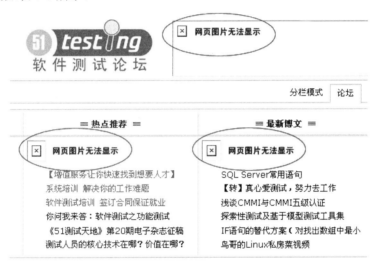

图 7-5　网页无法载入图片的提示信息

表 7-6　Web 图形测试用例

测试用例号	操作描述	数据	期望结果	实际结果
7.18	查看图形/图像	页面= 浏览器=	在选择的浏览器中，图形/图像显示正确	一致/不一致

7.5.3　图形用户界面（GUI）测试

一般使用过计算机的人都有使用浏览器浏览网页的经历，对不懂技术的用户来说界面非常重要，所以搞好界面测试也很关键。

1.　整体界面测试

整体界面是指整个 Web 应用系统的页面结构设计，是给用户的一个整体感。例如，当用户浏览 Web 应用系统时是否感到舒适，是否凭直觉就知道要找的信息在什么地方，整个 Web 应用系统的设计风格是否一致等。

对整体界面的测试过程，其实是一个对最终用户进行调查的过程。一般 Web 应用系统采取在主页上做一个调查问卷的形式来得到最终用户的反馈信息。因此测试需要外部人员参加，特别是终端用户的参与。

2. 界面测试要素

界面测试要素主要包括符合标准和规范，具有直观性、一致性、灵活性、舒适性、正确性、实用性。下面就其中几个特征进行说明。

（1）直观性。直观性包含的问题有：

① 用户界面是否洁净、不奇怪、不拥挤，界面不应该为用户制造障碍。所需功能或者期待的响应应该明显，并在预期出现的地方。

② 界面组织和布局是否合理？

③ 是否允许用户轻松地从一个功能转到另一个功能？

④ 下一步做什么是否明显？

⑤ 任何时刻都可以决定放弃或者退回、退出吗？

⑥ 输入得到承认了吗？

⑦ 菜单或者窗口是否深藏不露？

⑧ 有多余功能吗？

⑨ 软件整体或局部是否做得太多？

⑩ 是否有太多特性把工作复杂化了？

⑪ 是否感到信息太庞杂？

⑫ 如果其他所有努力失败，帮助系统能否帮忙？

（2）一致性。一致性包含的问题有：

① 快捷键和菜单选项。在 Windows 中按 F1 键总能得到帮助信息？

② 术语和命令。整个软件使用同样的术语吗？特性命名一致吗？

③ 软件是否一直面向同一级别用户？

④ 按钮位置和等价的按键。大家是否注意到对话框有"OK"按钮和"Cancel"按钮。"OK"按钮总在上方或者左方，而"Cancel"按钮总在下方或右方。同样原因，"Cancel"按钮的等价按键通常是 Esc 键。而"OK"按钮的等价按键通常是 Enter 键。

（3）灵活性。灵活性包含的问题有：

① 状态跳转。灵活的软件实现同一任务有多个选择方式。

② 状态终止和跳过。具有容错处理能力。

③ 数据输入和输出。用户希望有多种方法输入数据和查看结果。例如，在写字板插入文字可用键盘输入、粘贴。

（4）舒适性。舒适性包含的问题有：

① 恰当。软件的界面应该与使用场合相符。

② 错误处理。程序应该在用户执行严重错误的操作之前提出警告，并允许用户恢复由于错误操作导致丢失的数据，如大家认为 undo/redo 是当然的。

③ 性能。速度快不见得是好事，要让用户看清程序在做什么。

3. 界面测试内容

用户界面测试主要包括以下几个方面的内容：

（1）站点地图和导航条。测试站点地图和导航条位置是否合理、是否可以导航等，滚动条等简介说明、内容布局是否合理。

确认测试的站点是否有站点地图。有些网络高手可以直接去自己想要去的地方，而不必打开许多页面。另外新用户在网站中可能会迷失方向，站点地图和导航条可以引导用户进行浏览。需要验证站点地图是否正确，确认站点地图上的链接是否确实存在，站点地图是否包括站点上的所有链接。

（2）使用说明。说明文字是否合理，位置是否正确。应该确认站点是否有使用说明，一般要确保站点具有使用说明，因为即使网站很简单很可能有用户在某些方面需要证实一下。测试人员需要测试说明文档，验证说明是正确的；还可以根据说明进行操作，确认出现预期的结果。

（3）背景/颜色。背景/颜色是否正确、美观，是否符合用户需求。

由于 Web 日益流行，很多人把它看作图形设计作品。不幸的是，有些开发人员对新的背景颜色更感兴趣，以至于忽略了这种背景颜色是否易于浏览。例如，在紫色图片的背景上显示黄色的文本，这种页面显得"非常高贵"，但是看起来很费劲。通常来说，使用少许或尽量不使用背景是个不错的选择。如果想用背景，那么最好使用单色的，和导航条一起放在页面的左边。另外，图案和图片可能会转移用户的注意力。

（4）图片。无论作为屏幕的聚焦点还是作为指引的小图标，一张图片都胜过千言万语。有时，告诉用户一个东西的最好办法就是将它展示给用户。但是，带宽对客户端或服务器来说都是非常宝贵的，所以要注意节约使用内存。

相关测试内容包括：

①保证图片有明确的用途。是否所有的图片对所在的页面都是有价值的，或者它们只是在浪费带宽。

② 图片的大小和质量。图片是否使用了 GIF 和 JPG 文件格式，是否能使图片的大小减小到 30 KB 以下。

③ 所有图片能否正确载入和显示。通常，不要将大图片放在首页上，因为这样可能会使用户放弃下载首页。如果用户可以很快看到首页，则可能会浏览站点，否则可能放弃。

④ 背景颜色是否和字体颜色及前景颜色搭配。

（5）表格。表格测试的相关内容：

① 需要验证表格是否设置正确？

② 用户是否需要向右滚动页面才能看见产品的价格？

③ 把价格放在左边，而把产品细节放在右边是否更有效？

④ 每一栏的宽度是否足够宽，表格里的文字是否都有折行？

⑤ 是否有因为某一格的内容太多，而将整行的内容拉长？

表格测试用例如表 7-7 所示。

表 7-7　表格测试用例

测试用例号	操作描述	数据	期望结果	实际结果
7.19	查看表格	表格= 浏览器=	在选择的浏览器中，表格显示正确	一致/不一致

（6）回绕

需要验证的是文字回绕是否正确。如果说明文字指向右边的图片，应该确保图片出现在右边。不要因为使用图片而使窗口和段落排列古怪或者出现孤行。

另外，测试内容还包括测试页面在窗口中的显示是否正确、美观（在调整浏览器窗口大小时，屏幕刷新是否正确）。表单样式、大小和格式是否对提交数据进行验证（如果在页面部分进行验证）等。链接的形式、位置是否易于理解等。

7.5.4　可靠性测试

可靠性测试很容易理解，如表 7-8 所示，直接给出可靠性测试示例。

表 7-8　可靠性测试用例示例

测试用例号	操作描述	数据	期望结果	实际结果
7.20	在网站购物的同时，打印当前页面	商品=	商品能够成功购买，选择的页面也能打印成功，系统速度正常、性能稳定	一致/不一致
7.21	利用自动测试工具，每一分钟购买一次商品	商品 1= 商品 2= 商品 3= 商品 4= 商品 5= ⋮ 商品 n=	每件商品都能成功购买，系统速度正常、性能稳定	一致/不一致
7.22	5 个用户一起登录网站，并同时购买一个商品	用户 1 用户 2 用户 3 用户 4 用户 5	5 个用户都能在同一时间将相同的商品放在各自的购物车中	一致/不一致

7.6　配置和兼容性测试

验证应用程序可以在用户使用的机器上运行。如果用户是全球范围的，需要测试各种操作系统、浏览器、视频设置和 Modem 的速度。最后，还要尝试各种设置的组合。

1. 平台测试

市场上有很多不同的操作系统类型，最常见的有 Windows、UNIX、Linux 等。Web 应用系统的最终用户究竟使用哪一种操作系统，这就可能会发生兼容性问题，同一个应用可能在某些操作系统下能正常运行，但在另外的操作系统下可能会运行失败。

因此，在 Web 系统发布之前，需要在各种操作系统下对 Web 系统进行兼容性测试。

2. 浏览器测试

浏览器是 Web 客户端核心的构件，需要测试站点能否使用 Netscape、Internet Explorer 或 Lynx 进行浏览。来自不同厂商的浏览器对 Java、JavaScript、ActiveX 或不同的 HTML 规格有不同的支持，并且有些 HTML、命令或脚本只能在某些特定的浏览器上运行。

例如，ActiveX 是 Microsoft 的产品，是为 Internet Explorer 而设计的，JavaScript 是 Netscape 的产品，Java 是 Sun 的产品等。另外，框架和层次结构风格在不同的浏览器中有不同的显示，甚至根本不显示。不同的浏览器对安全性和 Java 的设置也不一样。

测试浏览器兼容性的一个方法是创建一个兼容性矩阵。在这个矩阵中，测试不同厂商、不同版本的浏览器对某些构件和设置的适应性。

大多数 Web 浏览器允许大量自定义。如图 7-6 所示，可以在 Internet 选项窗口中选择安全性选项，选择文字标签的处理方式，选择是否启用插件等。不同的选择项对于网站的运行有不同的影响，因此测试时每个选项都要考虑。

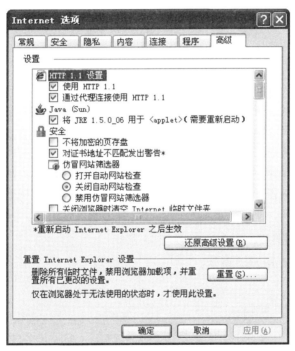

图 7-6　Internet Explorer 浏览器的配置

浏览器环境和测试平台的兼容性如表 7-9 所示。在不同的平台和浏览器组合中执行相同的测试用例，在执行后核对结果并将兼容性填入表格中。

表 7-9　浏览器环境和测试平台的兼容性

浏览器 平台	Netscape Communicator 4.5	Netscape Communicator 4.7	Internet Explorer 4.01	Internet Explorer 5.0
Windows 98	兼容/不兼容	兼容/不兼容	兼容/不兼容	兼容/不兼容
Windows 2000	兼容/不兼容	兼容/不兼容	兼容/不兼容	兼容/不兼容
Windows NT	兼容/不兼容	兼容/不兼容	兼容/不兼容	兼容/不兼容
Windows XP	兼容/不兼容	兼容/不兼容	兼容/不兼容	兼容/不兼容

续表

浏览器 平台	Netscape Communicator 4.5	Netscape Communicator 4.7	Internet Explorer 4.01	Internet Explorer 5.0
Windows NE	兼容/不兼容	兼容/不兼容	兼容/不兼容	兼容/不兼容
Linux	兼容/不兼容	—	—	兼容/不兼容
UNIX	兼容/不兼容	兼容/不兼容	兼容/不兼容	兼容/不兼容
iMac	兼容/不兼容	兼容/不兼容	兼容/不兼容	兼容/不兼容
Mac OS X	兼容/不兼容	兼容/不兼容	兼容/不兼容	兼容/不兼容

3. 打印机测试

用户可能会将网页打印下来，因此网页在设计的时候要考虑打印问题，要注意节约纸张和油墨。有不少用户喜欢阅读而不是盯着屏幕，因此需要验证网页打印是否正常。有时在屏幕上显示的图片和文本的对齐方式可能与打印出来的不一样。测试人员至少需要验证订单确认页面打印是正常的。

4. 组合测试

最后需要进行组合测试。600×800 的分辨率在 MAC 机上可能不错，但是在 IBM 兼容机上却很难看。在 IBM 机器上使用 Netscape 能正常显示，但却无法使用 Lynx 来浏览。

如果是内部使用的 Web 站点，测试可能会轻松一些。如果公司指定使用某个类型的浏览器，那么只需在该浏览器上进行测试。如果所有的人都使用 T1 专线，可能不需要测试下载施加（但需要注意的是，可能会有员工从家里拨号进入系统）。有些内部应用程序，开发部门可能在系统需求中声明不支持某些系统而只支持那些已设置的系统。但是，理想的情况是，系统能在所有机器上运行，这样就不会限制将来的发展和变动。

可以根据实际情况，采取等价划分的方法，列出兼容性矩阵。

5. 兼容性测试用例

兼容性测试用例如表 7-10 所示。

表 7-10　兼容性测试用例

测试用例号	操作描述	数据	期望结果	实际结果
7.23	将网站加入到收藏夹中，会话结束时再次调用	Web 页面=	网站正常打开和运行	一致/不一致
7.24	打开某个站点的多个会话	Web 页面=	每个会话都是可用的	一致/不一致
7.25	使用浏览器的打印功能	Web 页面=	选择的页面能够正常打印	一致/不一致
7.26	创建一个 Web 页面的快捷键，在结束会话后单击该快捷键	Web 页面=	网站正常打开和运行	一致/不一致

7.7　数据库测试

在 Web 应用技术中，数据库具有非常重要的作用，数据库为 Web 应用系统的管理、运行、查询和实现用户对数据存储的请求等提供空间。在 Web 应用中，最常用的数据库类型是关系型数据库，可以使用 SQL 对信息进行处理。

数据库测试是 Web 网站测试的一个基本组成部分。网站把相关的数据和信息存储在数据库中，从而提高搜索效率。很多站点把用户的输入数据也存放在数据库中。对于测试人员，要真正了解后台数据库的内部结构和设计概念，制订详细的数据库测试计划，至少能在程序的某个流程点上并发地查询数据库。

1. 数据库测试的主要因素

数据库测试的主要因素有数据完整性、数据有效性、数据操作和更新。

（1）数据完整性：测试的重点是检测数据损坏程度。开始时，损坏的数据很少，但随着时间的推移和数据处理次数的增多，问题会越来越严重。设定适当的检查点可以减轻数据损坏的程度。比如，检查事务日志以便及时掌握数据库的变化情况。

（2）数据有效性：数据有效性能确保信息的正确性，使得前台用户和数据库之间传送的数据是准确的。在工作流的变化点上检测数据库，跟踪变化的数据库，判断其正确性。

（3）数据操作和更新：根据数据库的特性，数据库管理员可以对数据进行各种不受限制的管理操作，具体包括增加记录、删除记录、更新某些特定的字段。

2. 数据库测试的相关问题

除了上面的数据库测试因素，测试人员需要了解的相关问题有：

（1）数据库的设计概念。

（2）数据库的风险评估。

（3）了解设计中的安全控制机制。

（4）了解哪些特定用户对数据库有访问权限。

（5）了解数据的维护更新和升级过程。

当多个用户同时访问数据库，处理同一个问题或者并发查询时，确保可操作性，确保数据库操作能够有足够的空间处理全部数据，当超出空间和内存容量时能够启动系统扩展部分。

围绕上述的测试因素和测试的相关问题，就可以设计具体的数据库测试用例了。

3. 测试用例

在学校的网站上，成绩查询系统是一个常见的 Web 程序。学生可以通过浏览器页面访问 Web 服务器，Web 服务器再从数据库服务器上读取数据。

如表 7-11 所示是一个学生基础课成绩表的结构示例。这里定义了表的各项字段名、字段类型及其含义。

表 7-11　学生基础课成绩表的结构示例

字段名	字段类型	含义	注释
S_No	整型	学号	非空
S_Name	字符串类型	学生姓名	非空
S_Dep	字符串类型	所在系	
S_Class	字符串类型	所在班级	
M_Score	数值型	数学成绩	
E_Score	数值型	英语成绩	
C_Score	数值型	计算机成绩	

如表 7-12 所示是对应的数据库测试用例。实际测试结果和期望结果是否一致要取决于数据库的性能高低。

表 7-12　数据库测试用例

测试用例号	操作描述	数据	期望结果	实际结果
7.27	指定学号来查询成绩	S_No=	输出该学号对应学生的所有成绩情况	一致/不一致
7.28	指定一个有效且不重名的学生姓名来查询成绩	S_Name=	输出该学生的所有成绩情况	一致/不一致
7.29	指定一个有效重名的学生姓名来查询成绩	S_Name=	输出该学生的所有成绩情况	一致/不一致
7.30	指定一个不存在的学生姓名来查询成绩	S_Name=	学生记录没有找到，建议重新输入	一致/不一致
7.31	指定一个有效的学生姓名和所在班级组合条件来查询该学生的相关成绩	S_Name= S_Class=	输出该学生的所有成绩情况	一致/不一致
7.32	指定一个有效的学生姓名和所在班级组合条件来查询该学生的相关成绩	S_Name= S_Class=	系别没有找到，但列出该学生的所有成绩情况	一致/不一致
7.33	指定一个有效的学生姓名和所在班级组合条件来查询该学生的相关成绩	S_Name= S_Dep=	输出该学生的所有成绩情况	一致/不一致
7.34	指定一个有效的学生姓名和所在班级组合条件来查询该学生的相关成绩	S_Name= S_Dep=	系别没有找到，但列出该学生的所有成绩情况	一致/不一致
7.35	1. 根据学号查询到该学生的英语成绩 2. 数据库管理员更改该学生英语成绩 3. 根据学号再次查询该学生的英语成绩	S_No= E_Score=	1. 输出该学生英语成绩 2. 更新数据库 3. 给出该学生更新后的英语成绩	一致/不一致
7.36	并发执行一下操作： 1. 数据库管理员增加一名新同学的记录 2. 用户查询这名新同学的相关信息	S_No= S_Name= S_Dep= S_Class= M_Score= E_Score= C_Score=	查询结果可能给出不完整的相关信息，比如有空的字段	一致/不一致
7.37	N 个信息同时执行相同的查询操作	（要查询的）字段名= 用户数=	在可以接受的响应时间内，所有用户得到正确的显示结果	一致/不一致

习　题

1．简述 Web 网站的测试内容。

2．功能测试包括哪些方面？

3．负载/压力测试的作用是什么？

4．概括安全性测试中的登录测试内容。

5．简述兼容性测试。

6．简述数据库测试。

第 2 部分　软件测试工具实践

第8章

单元测试工具 JUnit

8.1　JUnit 概述

JUnit 是由 Erich Gamma 和 Kent Beck 编写的一个回归测试框架（Regression Testing Framework）。JUnit 是 SourceForge 上一个开源软件，支持的程序设计语言包括 Smalltalk、Java、C++、Perl、Python 等，支持的 IDE 包括 JBuilder、VisualAge、Eclipse 等。正如 Martin Fowler 所说"在软件开发领域，从来就没有如此少的代码起到了如此重要的作用"。JUnit 是 Java 语言事实上的标准测试库，适用于 Java 开发人员在单元测试阶段，进行单个方法实现功能或者类本身的测试，主要用于白盒测试。JUnit 需要测试者自己编程，编写的测试代码必须满足 JUnit 框架的要求。一般认为，JUnit 最适合用于 XP（Extreme Programming：极限编程）开发中，它的官方网站网址是 www.junit.org，项目网站网址是 http://sourceforge.net/projects/JUnit/。目前，JUnit 5 已经成为了下一代 JUnit，它支持 Java 8 及更高版本，可以启用许多不同的测试样式。本章我们以 JUnit 4 为例进行讲解。

8.1.1　使用 JUnit 的优点

为什么要使用 JUnit？它有哪些优点？我们用下面的实例来说明。

以前，开发人员写一个方法，如程序 8-1 所示。

```
//******* 程序8-1：AddAndSub.java**************
public Class AddAndSub {
    public static int add(int m, int n) {
        int num = m + n;
        return num;
    }
    public static int sub(int m, int n) {
        int num = m - n;
        return num;
    }
}
```

如果要对 AddAndSub 类的 add 和 sub 方法进行测试，通常要在 main 里编写相应的测试方法，如程序 8-2 所示。

```
//*******程序 8-2  AddAndSub.java**************
public class AddAndSub {
 public static int add(int m, int n) {
      int num = m + n;
      return num;
   }
   public static int sub(int m, int n) {
      int num = m - n;
      return num;
   }
   public static void main(String args[]) {
      if (add (4, 6) == 10){
         System.out.println("Test Ok");
               }
      else {
         System.out.println("Test Fail");
      }
      if (sub (6, 4) ==2) {
         System.out.println("Test Ok");
            }
      else {
         System.out.println("Test Fail");
      }
   }
}
```

从上面的测试可以看出，业务代码和测试代码放在一起，对于复杂的业务逻辑，一方面代码量会非常庞大；另一方面测试代码会显得比较凌乱，而 JUnit 就能改变这样的状况，它提供了更好的方法来进行单元测试。使用 JUnit4 来测试前面代码的示例如程序 8-3 所示。

```
//*******程序 8-3 TestAddAndSub.java**************
import static org.junit.Assert.*;
import org.junit.Test;
public class TestAddAndSub {
@Test
   public void testadd() {
       //断言计算结果与 10 是否相等
       assertEquals(10, AddAndSub.add(4, 6));
   }
@Test
   public void testsub() {
       //断言计算结果与 2 是否相等
       assertEquals(2, AddAndSub.sub(6, 4));
   }
}
```

这里先不对 JUnit 的使用方法进行讲解，从上面可以看到，测试代码和业务代码分离开，使得代码比较清晰，如果将 JUnit 放在 IDE 集成环境中，测试起来将会更加方便。通常使用 JUnit 进行测试的好处可以归纳如下：

（1）可以使测试代码与产品代码分开。

（2）针对某一个类的测试代码通过较少的改动便可以应用于另一个类的测试。

（3）易于集成到测试人员的构建过程中，JUnit 和 Ant 的结合可以实施增量开发。

（4）JUnit 是公开源代码的，可以进行二次开发。

（5）可以方便地对 JUnit 进行扩展。

8.1.2　JUnit 的特征

JUnit 是一个开放源代码的 Java 测试框架，用于编写和运行可重复的测试。它是用于单元测试框架体系 xUnit 的一个实例（用于 Java 语言）。它包括以下特性：

（1）使用断言方法判断期望值和实际值差异，返回 Boolean 值。

（2）测试驱动设备使用共同的初始化变量或者实例。

（3）支持图型交互模式和文本交互模式。提升程序代码的品质时，JUnit 测试允许更快速地编写程序。如果采用一个综合的测试系列，就可以在改变程序代码之后快速地执行多个测试。

（4）JUnit 使用简单。使用 JUnit 可以快速地编写测试并检测程序代码，并逐步随着程序代码的增长增加测试。测试是检查程序代码的完整性。

（5）JUnit 能够检验测试结果并立即提供回馈。JUnit 测试可以自动执行并且检查结果。当执行测试时，将获得简单且立即的回馈，比如测试是通过或失败，而不再需要人工检查测试结果的报告。

（6）JUnit 测试可以合成一个有层次的测试系列架构。JUnit 可以把测试组织成测试系列，这个测试系列可以包含其他的测试或测试系列。JUnit 测试的合成行为允许组合多个测试并自动回归，从头到尾测试整个测试系列，也可以执行测试系列层级架构中任何一层的测试。

（7）开发测试成本低。测试是检验要测试的程序代码并定义期望的结果。

（8）JUnit 测试框架提供自动执行测试的背景，并使这个背景成为其他测试集合的一部分。花费少量的测试投资便能够持续地获得回报。

（9）JUnit 测试提升软件的稳定性。对程序所做的测试越少，程序代码就越不稳定。

（10）JUnit 测试是用 Java 开发的。使用 JUnit 测试由 Java 开发的软件会形成一个介于测试及程序代码间的无缝边界。在控制下测试变成了整个软件的扩充，同时程序代码可以被重整。

8.2　JUnit 的安装

在 https://github.com/junit-team/junit4/wiki/Download-and-Install 中提供了 Junit4 的下载和安装的方法，为了能够使读者顺利使用 JUnit 进行测试，不需要在环节配置上浪费太多时间，这里以 Eclipse 为例一步一步地讲解如何下载和配置 JUnit。

（1）在网站 https://search.maven.org/search?q=g:junit%20AND%20a:junit 直接下载所需要的 JUnit 4 的相关软件，如图 8-1 所示。

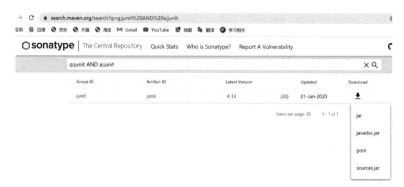

图 8-1   JUnit 4 下载界面

用户可以直接单击"jar"就完成了对 JUnit 4.13.jar 的下载。

（2）JUnit4.13.jar 下载完成后，将其直接复制到 Eclipse 的"\plugins"目录下，JUnit 4 的测试类环境已经搭建成功，用户就可以直接使用了。若 JUnit 4 已经安装成功，则在 "Eclipse"→"Window"→"ShowView"→"Other"→"Java"文件夹下存在 JUnit，如图 8-2 所示。

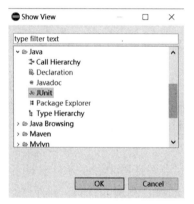

图 8-2   JUnit 安装成功示意图

在 Eclipse 中使用项目组织程序的开发，所以接下来，我们需要建立一个 Java 项目（JUnitExample），然后也可以通过选中 JUnitExample 项目后通过菜单"Properties"→"Java Build Path"→"Libraries"单击"Add External JARs"导入所需要的 JUnit 4.13.jar 文件，自此在项目 JUnitExample 中就完成了 JUnit 的安装，如图 8-3 所示。

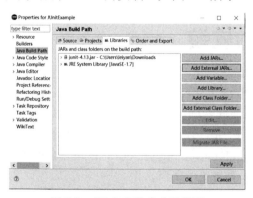

图 8-3   JUnit 安装成功示意图

目前 Java 开发领域有各种集成开发环境（IDE），一些 IDE 开发环境下带有 JUnit 的测试包，可以直接使用，如 Borland 的 JBuilder 等，Eclipse 也不例外。

我们若使用 Eclipse 自带的测试包，需要完成以下步骤：

（1）首先要从网上下载相关的软件包，本书中所有例子使用的是 Eclipse Version: Mars.1 Release (4.5.1)+JRE1.7 版本。在 Eclipse Mars 中自带 JUnit 4 的测试包，可以直接使用。

（2）在 Eclipse Mars 中首次使用 JUnit 进行测试时，只需要简单一步就可以实现 JUnit 4 测试包的自动导入。用户在创建第一个测试类时，选择"JUnit Test Case"，如图 8-4 所示。

图 8-4　新建 JUnit 测试类示意图

用户随后可以在弹出的"New JUnit Test Case"对话框中输入测试类相关信息，如图 8-5 所示。

图 8-5　JUnit 测试类信息填写

用户完成所需测试类信息填入和确认后，单击"Finish"按钮，Eclipse 将出现提示添加 JUnit 4 的测试包，如图 8-6 所示。

图 8-6　JUnit 测试包

用户单击"OK"按钮，Eclipse 就会将所需要的 JUnit 4 的测试包添加到当前项目下，如图 8-7 所示，这样开发人员就能很容易地进行软件的开发和测试了。

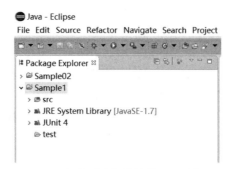

图 8-7   包含测试包的软件项目结构图

8.3   JUnit 单元测试案例

JUnit 本质上是一套框架，即开发者制定了一套条条框框，遵循这些条条框框要求编写测试代码，就可以用 JUnit 进行自动测试。

8.3.1   银行存取款业务程序的 JUnit 测试实例演示

下面以日常生活中存取款业务为例演示一个使用 JUnit 测试过程。

程序需求：编写一个 UserAccount 类，实现银行的存取款业务，要求能实现存款存入、支取、显示功能，如程序 8-4 所示。

```java
//*******程序 8-4 UserAccount.java**************
public class UserAccount {
private int money;
public UserAccount(){
   money=0;
}
//存钱
public void depositeMoney(int i) {
   money+=i;
}
//取钱，方法还未完成开发
public void withdrawMoney(int i){

}
// 查看账户
public int showMoney(){
   return money;
}
}
```

使用 JUnit 进行测试的步骤如下：

（1）创建测试类。首先在 Eclipse 中创建名为"JUnitExamples"的 Java 项目，随后再

建立一个文件夹 "test" 专门用于存放测试代码，文件夹 "src" 专门用于存放生产的源代码。紧接着我们还需要在 src、test 文件夹下创建一个同名的包（UserAccount），以便在其下存放测试代码和生产代码，最后就将相应的产品源代码和测试代码放在对应的文件夹下，如图 8-8 所示。

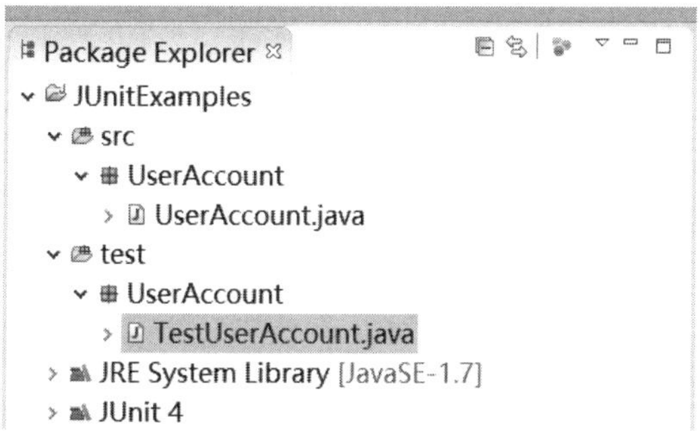

图 8-8　JunitExamples 项目结构图

默认情况下，在 TestUserAccount.java 源程序中会自动建立如下 JUnit 代码：

```
package UserAccount;
import static org.junit.Assert.*;
import org.junit.Test;
public class TestUserAccount {
@Test
public void test() {
    fail("Not yet implemented");
}
}
```

（2）书写测试方法。在 TestUserAccount 类中增加 testDepositeMoney 方法，测试 DepositeMoney 方法是否能完成正确的存钱功能，如程序 8-5 所示。

```
//程序 8-5 测试存钱
@Test
public void testDepositeMoney(){
    UserAccount account=new UserAccount();
    account.depositeMoney(100);
assertEquals(100, account.showMoney());
}
```

（3）编译，运行 TestUserAccount 可以启动对 DepositeMoney 进行测试。完成测试后，若出现了绿色条，说明测试成功，如图 8-9 所示。

8.3.2　创建 Test Case

在 JUnit3.8 中，junit.framework 是 JUnit 对 xUnit 框架的具体实现，是整个测试框架的核心。JUnit4 使用 org.junit 包来实现 junit.framework 包相同的功能，即提供 JUnit 所需要的核心类和注释，为了向后兼容，JUnit 4 发行版中加入了这两种包。这里重点介绍 org.junit 这个包，它包括 Class Summary、Exception Summary、Error Summary、Annotation Types

Summary，如图 8-10 所示。

图 8-9　TestUserAccount 测试结果图

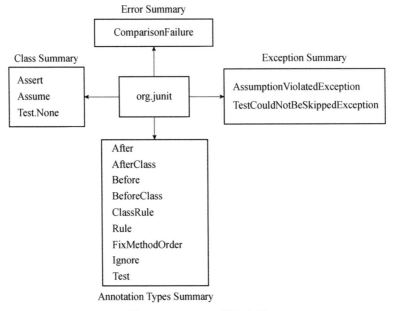

图 8-10　org.junit 的示意图

在 org.junit 包中的 Class Summary 包含以下 3 个类。

（1）Assert：断言类。这个类包含一系列方法实现单元测试级别的断言。这些方法可以直接使用，如 Assert.assertEquals(…)，也可以在测试方法中通过关键字 static 导入直接引用它们，如 assertEquals(…)。

（2）Assume：假设类。这个类包含一系列方法用于说明对测试有意义的条件的假设，因此当运行 Assume 错误时，不会认为失败。

（3）Test.None：默认为空异常。

在 JUnit 4 之前的版本中，使用 try/catch 语句块检查异常，而在 JUnit 4 中通过 org.junit 包中的 Exception Summary 提供了两种异常类。

（1）AssumptionViolatedException：用于实现假设的异常类。

（2）TestCouldNotBeSkippedException：指明出现一个本应跳过的测试但却无法跳过的测试异常。

在 org.junit 包中的 Error Summary 包含 1 个类。

◇ ComparisonFailure：比较失败类。这个类是对 AssertionFailedError 的扩展。当比较字符串失败时，抛出这个类。

在 org.junit 包中的 Annotation Types Summary 包含 9 个注释。

（1）Before 注释：表示该方法必须在类中的每个测试之前执行，以便执行测试某些必要的先决条件。

（2）BeforeClass 注释：表示该方法会在类中的任何测试方法之前运行一次，发生这种情况时一般是多个测试需要共享计算开销较大的设置（如连接到数据库）。

（3）After 注释：如果在 Before 方法中分配外部资源，则需要在测试运行后释放它们。使用 After 注释表示该方法在测试方法之后运行。即使 Before 或 Test 方法抛出异常，也保证所有@After 方法都能运行。在 SuperClass 中声明的@After 方法将在当前类的方法之后运行，除非它们在当前类中被重写。

（4）AfterClass 注释：如果在 BeforeClass 方法中分配了昂贵的外部资源，则需要在类中的所有测试运行后释放它们。使用 AfterClass 注释表示该方法在类中的所有测试运行后运行。即使 BeforeClass 方法抛出异常，也保证所有@AfterClass 方法都能运行。在 SuperClass 中声明的@AfterClass 方法将在当前类的方法之后运行，除非它们在当前类中被隐藏。

（5）ClassRule 注释：该注释只能注解在字段中，并且该字段的类型必须实现了 TestRule 接口，对@ClassRule 注解的字段还必须是 public 和 static 的，并且@ClassRule 注解的字段在运行时不可以抛异常，不然 JUnit 的行为是未定义的，通常 ClassRule 注释可以在所有类方法开始前进行一些初始化调用，比如创建临时文件。

（6）Rule 注释：它是 JUnit 4.7 加入的新特性，用于在测试方法执行前后添加额外的处理。该注释只能注解在字段中，字段必须是公共的，而不是静态的，并且是 TestRule（首选）或 MethodRule 的子类型。Rule 会应用于该类每个测试方法。

（7）FixMethodOrder 注释：在写 JUnit 测试用例时，有时候需要按照定义顺序执行测试，比如在测试数据库相关的用例时要按照测试插入、查询、删除的顺序测试。如果不按照这个顺序测试可能会出现问题，比如删除方法在前面执行，后面的方法就都不能通过测试，因为数据已经被清空了。而 JUnit 测试时默认的顺序是随机的。FixMethodOrder 注释允许用户选择测试类中方法的执行顺序，可以让 JUnit 在执行测试方法时按照用户指定的顺序来执行。

（8）Ignore 注释：有时用户希望暂时禁用一个测试或一组测试。使用@Ignore 注释的方法将不会作为测试执行。此外，还可以使用@Ignore 注释包含测试方法的类，并且不会执行任何包含的测试，它可以用来跳过失败，或者抛出异常的测试方法。

（9）Test 注释：表示使用 Test 注释的 public void 方法可以作为测试用例运行。为了运行该方法，JUnit 首先构造类的一个新实例，然后调用带注释的方法。测试引发的任何异常都将由 JUnit 报告为失败。如果没有抛出异常，则认为测试已成功。

8.3.3 书写测试方法

JUnit 本身是围绕着两个设计模式来设计的：命令模式和集成模式。

命令模式是用户自己定义一个测试类，在这个类中生成一个被测试的对象，编写测试代码检测某个方法被调用后对象的状态与预期的状态是否一致，进而断言程序代码有没有Bug。

集成模式是利用 TestSuite 可以将一个测试类中所有测试方法（testXXX()方法）包含进来一起运行，还可将 TestSuite 子类也包含进来，从而形成了一种等级关系。可以把 TestSuite 视为一个容器，可以盛放测试类中的 testXXX()方法，它自己也可以嵌套。这种体系架构，非常类似于现实中程序一步步开发、一步步集成的现况。

1. 书写测试方法

通常在一个测试类中会有多个 testXXX()方法，一个 testXXX()方法就是一个测试用例，用户通过撰写不同的 testXXX()方法完成测试用例的设计和实现。

JUnit 4 对 JUnit 3 的单元测试框架进行了一些改进：首先，测试类作为一个独立的类，没有任何父类。在 JUnit 4 中用户可以给测试类取任意名字，所以人们只能通过它内部的方法的声明类来判断它是否是一个测试类，但通常我们建议测试类使用 Test 作为类名的后缀。

其次，JUnit 4 利用了 Annotation 特性简化了测试用例的编写。JUnit 4 在对测试用例进行设计和使用的时候需要注意：

（1）测试方法上面必须使用@Test 注解进行声明。

（2）测试方法必须使用 public void 进行修饰，不能带有任何参数。

（3）测试单元中的每一个方法必须独立测试，每个测试方法之间不能有依赖。

（4）产品代码和测试代码应该分离，可以新建一个源代码目录用来存放测试代码。

（5）测试类的包应该与被测试类的包保持一致。

（6）测试方法名没有限制，但建议使用 test 作为方法名的前缀。

2. 忽略测试

在测试过程中，有时候会遇上需要测试的方法还没有实现，或者需要在某种条件下才能测试该方法（比如需要一个数据库连接，而在本地测试的时候，数据库并没有连接），那么在测试函数的前面加上@Ignore 注释来标识这个方法，这个注释的含义就是"某些方法尚未完成，暂不参与此次测试"。同时，可以为该注释传递一个 String 的参数，来表明为什么会忽略这个测试方法。比如：@Ignore("该方法还没有实现")，JUnit 4 在执行测试的时候，仅会报告该方法没有实现，而不会运行测试方法。一旦开发人员完成了相应函数，只需要把@Ignore 标注删去，就可以进行正常的测试。

用户若要测试存钱方法"DepositeMoney()"和取钱方法"withdrawMoney()"，需要针对不同的情况设计测试用例，每个测试用例就是一个测试方法，如程序 8-6 所示。

```
import org.junit.*;
public class TestUserAccount {
@Ignore("withdrawMoney()方法还没有完成开发工作，不能进行测试，请忽略")
@Test
// 测试未完成的取钱方法 withdrawMoney()
public void testWithdrawMoney(){
UserAccount account=new UserAccount();
account.withdrawMoney(-100);
Assert.assertEquals(-100, account.showMoney());
}
```

```
@Test
//测试存钱方法 depositeMoney()
public void testDepositeMoney(){
UserAccount account=new UserAccount();
account.depositeMoney(100);
Assert.assertEquals(100, account.showMoney());

        测试 account 的实际值是否与期望值一致

}
}
```

在程序 8-6 中涉及一个关键的类 Assert（断言），该断言可以对 account 的实际值做出判断，若得到的断言是真的，运行程序显示绿色表示一切都是正常的，如图 8-11 所示；反之，若得到的断言是假的，运行程序显示为红色并给出错误定位和原因，如图 8-12 所示。

图 8-11　测试结果图（通过）

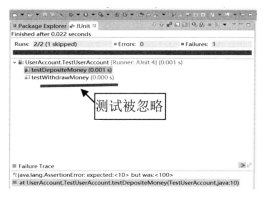

图 8-12　测试结果图（失败）

3. assert 方法

JUnit 框架用一组 assert 方法封装了最常见的测试任务。这些 assert 方法可以极大地简化单元测试的编写。这些 assert 方法全部放在 Assert 类中，用于对比期望值和实际值是否相同。若不相同，即测试失败，Assert 类就会抛出一个 AssertionFailedError 异常，JUnit 测试框架将这种错误归入 Failes，并加以记录，同时标识未通过测试。若该类方法中指定一个 String 类型的传入参数，则该参数将被作为 AssertionFailedError 异常的标识信息，告诉测试人员该异常的详细信息。

每一个 Assert 类所属的方法都会被重载（OverLoaded），为了方便使用，我们在使用上面的这些断言的时候，可以静态一次导入 Assert 类。

```
import static org.junit.Assert.*;
```

JUnit 4 提供 12 大类 62 组断言方法，包括基础断言、数字断言、字符断言、布尔断言、对象断言等，现在总结一下经常用到的 JUnit 类中的 Assert 方法，如表 8-1 所示。

表 8-1　JUnit 4 提供的常用断言方法

方法	描述
assertTrue	断言条件为真。若不满足，方法抛出带有相应的信息（如果有的话）的 AssertionFailedError 异常
assertFalse	断言条件为假。若不满足，方法抛出带有相应的信息（如果有的话）的 AssertionFailedError 异常
assertEquals	断言两个对象相等。若不满足，方法抛出带有相应的信息（如果有的话）的 AssertionFailedError 异常
assertNotEquals	断言两个对象不相等。若不满足，方法抛出带有相应的信息（如果有的话）的 AssertionFailedError 异常
assertArrayEquals	判断两个数组是否相等。若不满足，方法抛出带有相应的信息（如果有的话）的 AssertionError 异常
assertNotNull	断言对象不为 Null。若不满足，方法抛出带有相应的信息（如果有的话）的 AssertionFailedError 异常
assertNull	断言对象为 Null。若不满足，方法抛出带有相应的信息（如果有的话）的 AssertionFailedError 异常
assertSame	断言两个引用指向同一个对象。若不满足，方法抛出带有相应的信息（如果有的话）的 AssertionFailedError 异常
assertNotSame	断言两个引用指向不同的对象。若不满足，方法抛出带有相应的信息（如果有的话）的 AssertionFailedError 异常
assertThat	断言使用 matcher 做自定义校验，若不满足，方法抛出带有相应的信息（如果有的话）的 AssertionFailedError 异常
assertThrows()	在 JUnit4.13 版本后，对被测试方法抛出的异常进行测试，测试所抛出的异常是否满足预期。若不满足，则抛出 AssertionFailedError 异常。
fail	让测试失败，并给出指定信息

4. 测试异常

现在我们对程序 8-4 测试如下的用例：

（1）存入的钱小于 0。

（2）存入的钱等于 0。

（3）取出的钱小于 0。

（4）取出的钱等于 0。

（5）账户有钱，但是钱不够。

（6）账户中的钱与取出的钱一样多。

根据前面介绍编写的部分测试代码如下：

```
@Test
//存钱小于 0
public void testDepositeMoneyIsNegative (){
UserAccount account=new UserAccount();
account.depositeMoney(-100);
assertEquals(-100, account.showMoney());
}
@Test
//存钱等于 0
public void testDepositeMoneyIsZero (){
UserAccount account=new UserAccount();
account.depositeMoney(0);
assertEquals(0, account.showMoney());
```

```
}
@Test
// 取钱数目小于 0
public void testWithdrawMoneyIsNegative (){
UserAccount account=new UserAccount();
account.withdrawMoney(-100);
assertEquals(-100, account.showMoney());
}
@Test
// 取钱数目等于 0
public void testWithdrawMoneyIsZero (){
UserAccount account=new UserAccount();
account.withdrawMoney(0);
assertEquals(0, account.showMoney());
}
@Test
// 账户有钱，但是钱不够。
public void testWithdrawMoneyIsoverdraft(){
UserAccount account=new UserAccount();
account.depositeMoney(50);
account.withdrawMoney(100);
assertEquals(-50, account.showMoney());
}
@Test
// 账户中的钱与取出的钱一样多。
public void testWithdrawMoneyIsEqual (){
UserAccount account=new UserAccount();
account.withdrawMoney(100);
assertEquals(-100, account.showMoney());
}
```

以上测试方法中如果都调用 showMoney 的方法会发现，账户的余额肯定存在小于 0 的情况，这是明显不对的，我们需要将 UserAccount 的 Bug 进行修改。在现实中，银行通常会对用户存取款业务进行限制，一般而言，用户存钱和取钱的金额应该大于零，银行卡余额不能为零，也不能透支，因此修改以上的测试代码，加入异常处理可以达到此目的。

```
// 程序 8-7 用户进行存取钱操作
public class UserAccount {
private int money;
public UserAccount(){
   money=0;
}
/**
* 存钱
* @param i，代表存钱的金额
*/
public void depositeMoney(int i) throws Exception{

   if(i<=0)                          异常处理

   throw new Exception("存钱数目必须大于 0."); //存钱金额大于 0
   money+=i;
}
```

```
/**
* 取钱
* @param i，代表取钱的金额
* @return
*/
public void withdrawMoney(int i) throws Exception{
    if(i<=0)
     throw new Exception("取钱数目必须大于0.");     //取钱金额要大于0
    if(money<=i)
     throw new Exception("账户余额不足.");            //不能透支
    money-=i;
}
/**
* 查看账户
* @return
*/
public int showMoney(){
    return money;
}
}
```

程序 8-7 加入自定义的异常处理后就需要对这些异常进行测试。在测试自定义的异常的时候，我们需要测试的内容包括：

（1）程序是否抛出异常。

（2）抛出的异常的 Class 类型是否是自定义的那种异常。

（3）在确定了抛出异常的具体类型，检查异常输出的信息是否是自定义的信息。

下面我们以程序 8-7 中的 depositeMoney(int i)为例来进行自定义异常的测试。

```
public void depositeMoney(int i) throws Exception{

if(i<0)                                              异常类型：Exception

throw new Exception("存钱数目必须大于0.");  //存钱金额大于0
money+=i;
                                              自定义异常信息

}
```

在 JUnit 中对自定义异常进行测试，最容易想到的办法便是使用 try…catch 去捕获异常完成测试，所以常用的代码可能会这么写：

```
//使用try...catch测试自定义的异常
@Test
public void depositeMoneyIsnegativeThrowsException (){
    UserAccount account=new UserAccount();
    Throwable tx = null;
    try{
        account.depositeMoney(-5);
        Assert.fail("No exception thrown.");
    }
    catch(Exception ex){
```

```
        tx = ex;
    Assert.assertNotNull(tx);
    Assert.assertEquals(Exception.class,tx.getClass());
    Assert.assertEquals("存钱数目必须大于 00.",tx.getMessage());
    }
    }
```

测试代码中代码行 "fail("No exception thrown.")" 不能省略，否则将出现被测试的产品没有抛出异常和抛出自定义异常结果都一样，这个测试用例均能通过。

上面的办法对于任何 JUnit 版本都是适合的，在 JUnit 4 中我们可以采用 @Rule ExpectedException 更简洁明了的方法来测试产品方法中的自定义异常，程序代码如下。

```
@Rule
public ExpectedException expectedEx = ExpectedException.none();
@Test
public void depositeMoneyIsZeroThrowsException() throws Exception {
    UserAccount account=new UserAccount();
    expectedEx.expect(Exception.class);
    expectedEx.expectMessage("取钱数目必须大于 0.");
    account.depositeMoney(0);
}
```

在上面代码段中，我们需要注意以下几点：

（1）@Rule 注解的 ExpectedException 变量声明必须为 public。

（2）expectedEx.expectMessage() 中的参数是为 Matcher 或 subString，就是说我们可用正则表达式或子字符串的字串来判定自定义的异常信息。

（3）被测试方法一定要写在 expectedEx.expectXxx() 方法后面，不然也不能正确测试异常。

在 JUnit 4 中我们使用@Rule ExpectedException 不仅能测试产品方法中的自定义异常是否存在，而且它对为何测试失败提示得清清楚楚，如图 8-13 所示。

图 8-13　depositeMoneyIsZeroThrowsException 方法测试结果图（失败）

对程序 8-7 进行测试时，还需要对测试环境进行配置，JUnit 4 提供两个注释"@Before"和"@After"，分别完成对测试环境的建立和拆除，如图 8-14 所示。注释@Before 标注的方法会在调用所有测试方法之前被运行，而注释@After 标注的方法则是所有测试方法运行结束后需要运行的方法。

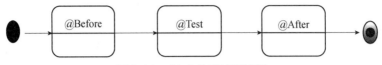

图 8-14　JUnit 的测试环境图

对程序 8-7 进行测试，修改后完整的测试如下：

```java
//程序 8-8
public class TestUserAccount {
UserAccount account;
@Rule
public ExpectedException expectedEx = ExpectedException.none();
//测试存钱的数目为 0 的情况
@Test
public void depositeMoneyIsZeroThrowsException() throws Exception {
   expectedEx.expectMessage("存钱数目必须大于 0.");
   account.depositeMoney(0);
}
//测试存钱的数目为小于 0 的情况
@Test
public void depositeMoneyIsNegativeThrowsException() throws Exception {
   expectedEx.expectMessage("存钱数目必须大于 0.");
   account.depositeMoney(-100);
}
//测试取钱的数目为 0 的情况
@Test
public void withdrawMoneyIsZeroThrowsException() throws Exception {
   expectedEx.expectMessage("取钱数目必须大于 0.");
   account.withdrawMoney(0);
}
//测试取钱的数目为小于 0 的情况
@Test
public void withdrawMoneyIsNegativeThrowsException() throws Exception {
   expectedEx.expectMessage("取钱数目必须大于 0.");
   account.withdrawMoney(0);
}

//测试取钱的数目为不能透支的情况
    @Test
    public void withdrawMoneyIsEqualThrowsException() throws Exception {
      expectedEx.expectMessage("账户余额不足.");
      account.depositeMoney(50);
      account.withdrawMoney(50);
    }
    //测试取钱的数目为不能透支的情况
        @Test
        public void withdrawMoneyIsoverdraftThrowsException() throws
Exception {
            expectedEx.expectMessage("账户余额不足.");
            account.depositeMoney(50);
            account.withdrawMoney(100);
```

```
                    }
                    //任何一个测试方法执行前，必然运行的方法
                    @Before
                      public    void    InitializationThrowsException()    throws
Exception {
                        account=new UserAccount();
                         expectedEx.expect(Exception.class);
                      }
                }
```

其中撰写的测试用例中使用 Assert.fail()对异常进行测试，运行此程序若得到如图 8-15 所示的界面，表示所有的测试用例 TestCase 均已经通过测试；若得到如图 8-16 示的界面，表示有 TestCase 测试失败。

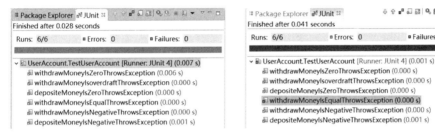

图 8-15　测试结果图（成功）　　　　　图 8-16　测试结果图（失败）

5．参数化测试

在现实中，为了更全面地测试，保证单元测试的严谨性，我们通常需要模拟不同的测试数据来对目标对象进行更全面的测试，为此需要我们编写大量的单元测试方法。比如，一个对考试分数进行评价的函数，返回值分别为"优秀，良好，一般，及格，不及格"，因此在编写测试的时候，至少要写 5 个测试，把这 5 种情况都包含了。而这些测试方法都大同小异：代码结构都是相同的，不同的仅仅是测试数据和期望值。为了解决这个烦琐的问题，JUnit 4 提供了参数化测试。这里使用先前的例子，测试 depositeMoney(int i)方法，我们需要设计三种存钱情况：正数、0、负数，来全面测试该方法的功能。测试代码如程序 8-9 所示。

```
//程序 8-9：对depositeMoney(int i)进行参数化测试
import static org.junit.Assert.*;
import java.util.Arrays;
import java.util.Collection;
import org.junit.*;
import org.junit.runner.RunWith;
import org.junit.runners.Parameterized;
import org.junit.runners.Parameterized.Parameters;
@RunWith(Parameterized.class)
public class depositeMoneyTest {
 private   static  UserAccount account=new UserAccount();
    private   int   param;
    private   int   result;
//测试数据集合，方法名可以随意定义，返回类型可变，但是必须用@Parameters 标注
    @Parameters
```

```
    public   static  Collection<Object[]> data() {
// 数组中,包含了传入参数和期望结果, 数组参数顺序与构造函数参数顺序一致即可
      return  Arrays.asList( new  Object[][] {
              { 200 , 200 } ,
              { 0 , 0 } ,
              {-30, -30 } ,
      } );
    }
// 构造函数，对变量进行初始化，参数赋值顺序与测试数据集合一致
    public  depositeMoneyTest( int  param,  int  result) {
        this .param = param;
        this .result = result;
    }
    @Test
    public   void depositeMoney() throws Exception {
    account.depositeMoney(param);
        assertEquals(result, account.showMoney());
    }
}
```

通过对程序 8-9 的分析，我们可以看到采用参数化测试的步骤如下：

（1）为需要参数化的测试方法（depositeMoney）专门生成一个新的测试类（depositeMoneyTest）。

（2）为这个类指定一个 runner，因为特殊的功能要用特殊的 runner：@RunWith(Parameterized.class)，这条语句就是为这个类指定了一个 ParameterizedRunner。

（3）在测试类（depositeMoneyTest）中声明两个变量，一个用于存放测试数据，另一个用于存放期待的结果。

（4）在测试类（depositeMoneyTest）里，准备测试数据。数据的准备需要在一个方法中进行，该方法需要满足一定的要求：

① 该方法必须由@Parameters 注释进行标注；

② 该方法必须为 public static 的；

③ 该方法必须返回 Collection 类型；

④ 该方法的名字不做要求；

⑤ 该方法没有参数；

⑥ 将设计好的测试数据作为初始化的数据。

（5）在测试类（depositeMoneyTest）中声明构造函数，构造函数的参数为所声明的两个变量。构造函数参数赋值顺序，与 Collection 中初始化数据对的参数顺序保持一致。

（6）编写测试用例 depositeMoney()，用初始化的参数进行测试，它会根据参数的组数来决定 JUnit 运行测试的次数。

图 8-17 是采用参数化测试 depositeMoney(int i)的测试结果图，从图中可以看出：当存入的钱是正数（200）的时候，测试能顺利通过；当存入的钱为负数（-30）或为 0 的时候，测试会抛出异常，提示"存钱数目必须大于 0"。

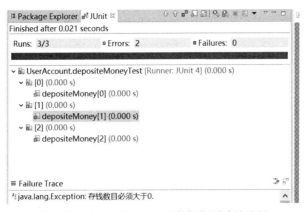

图 8-17　depositeMoney()参数化测试结果图

8.3.4　运行测试

测试代码写好以后，需要对其进行运行测试。在一些对 JUnit 单元测试框架提供支持的 IDE 集成环境中允许用户快速和轻松地创建 JUnit 测试和测试套件，用户通过简单的单击就可以运行测试代码。以 Eclipse 集成环境为例，用户仅仅通过简单的鼠标操作就可以对单个的测试方法和测试类直接运行，在 Eclipse 中用户只需要选中将要运行的测试类或测试方法，直接在其名上右击，在快捷菜单中选择"Run As"菜单项下的"JUnit Test"选项即可运行测试，如图 8-18 和图 8-19 所示。

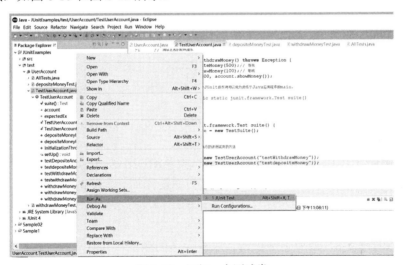

图 8-18　运行一个测试类

在实际测试时，当系统的测试用例越来越多，挨个运行测试用例 TestCase 就成了一个棘手的问题。JUnit 自带一个 Suite 用来将多个 TestCase 放在一起执行，但是有时候 TestCase 太多，或者每次只需要对特定的几个 TestCase 进行测试，这样写就比较烦琐。JUnit 采用集成模式，利用 TestSuite 可以将一个 TestCase 子类中的所有或部分 test***()方法包含进来一次执行，还可将 TestSuite 子类也包含进来，从而形成一种等级关系。这种体系架构，非常类似于现实中程序一步步开发、一步步集成的情况。

图 8-19　运行一个测试方法

在 JUnit 中，Test、TestCase 和 TestSuite 三者组成了 Composiste Pattern。通过组装自己的 TestSuite，可以完成对添加到这个 TestSuite 中的所有的 TestCase 的调用，而且这些定义的 TestSuite 还可以组装成更大的 TestSuite，这样同时也方便了对于不断增加的 TestCase 的管理和维护。

它的另一个好处就是，可以从这个 TestCase 树的任意一个节点（TestSuite 或 TestCase）开始调用，来完成这个节点以下的所有 TestCase 的调用，提高了单元测试的灵活性。

但是 TestSuite 处理 TestCase 有以下 6 个规约（否则会被拒绝执行测试）：

（1）TestCase 必须是公有类（Public）。

（2）TestCase 必须继承 TestCase 类。

（3）TestCase 的测试方法必须是公有的。

（4）TestCase 的测试方法必须被声明为 void。

（5）TestCase 中测试方法没有任何传递参数。

JUnit 框架提供了 TestSuite 套件来组合测试类及测试方法，TestSuite 实现了 addTestSuite 方法和 addTest 方法，addTestSuite 和 addTest 方法能添加一个测试类或另一个 TestSuite 到当前组中，通过这种组合，用户能够把要测试的用例及方法分成一个组，最后组成一个测试的套件。

现在修改程序 8-8，增加正常存钱、取钱操作的测试，并且只执行这些操作的测试，可以使用 addTest()方法把正常存钱的测试方法 testWithdrawMoney()和正常取钱的测试方法 testdepositeMoney()加入 TestSuite()方法中，形成一个测试套件，修改后如程序 8-10 所示。

```
//程序8-10
import static org.junit.Assert.*;
import org.junit.*;
import org.junit.rules.ExpectedException;
import junit.framework.TestCase;
import junit.framework.TestSuite;
```

```
public class TestUserAccount extends TestCase {

UserAccount account;
public TestUserAccount() {
    super();
}
/*新增加的构造方法*/
public TestUserAccount(String name) {
    super(name);
}
// 测试正常的存钱和取钱的操作
// 测试正常的存钱操作
@Test
public void testdepositeMoney() throws Exception {
    account.depositeMoney(500);// 存钱
    assertEquals(500, account.showMoney());
}
// 测试正常的取钱操作
@Test
public void testWithdrawMoney() throws Exception {
    account.depositeMoney(500);// 存钱
    account.withdrawMoney(100);// 取钱
    assertEquals(400, account.showMoney());
}
/*新增方法 suite()，对于 JUnit 的作用可以视为类似于 Java 应用程序的 main,
用于实现部分测试代码的执行。
* 方法头必须是这样的 public static junit.framework.Test suite()
    * .........
    * @return
    */
public static junit.framework.Test suite() {
    TestSuite suite = new TestSuite();
    /*字符串参数为想要执行的该测试类的方法
    */
    suite.addTest(new TestUserAccount("testWithdrawMoney"));
    suite.addTest(new TestUserAccount("testdepositeMoney"));
    return suite;
}
//新增的 setUp 方法，用于测试的初始化工作
@Override
protected void setUp() throws Exception {
    super.setUp();
    account = new UserAccount();
}

}
```

在程序 8-10 中有以下几点需要说明：

（1）关于方法 suite() 的方法头是固定的。

```
1  public static junit.framework.Test suite() {
2      //用户代码 ...
```

```
3 }
```

（2）测试类的构造方法。

测试类 TestUserAccount 中带参数的构造函数，在 suite( )方法中将用到。构造函数的参数即要执行的测试方法的名称。

JUnit 4 为我们提供了打包测试的功能，可以将所有需要运行的测试类集中起来，一次性地运行完毕，极大地提高了测试的效率。例如，我们可以将程序 8-9 和程序 8-10 一起进行测试，代码如程序 8-11 所示。

```
//程序 8-11
import org.junit.runner.RunWith;
import org.junit.runners.Suite;
import org.junit.runners.Suite.SuiteClasses;
@RunWith(Suite.class)
@SuiteClasses({ depositeMoneyTest.class, TestUserAccount.class })
public class AllTests {
}
```

从程序 8-11 我们可以看到，使用 JUnit 4 打包测试功能一般分为以下几步。

第一步：为需要打包的测试专门生成一个新的类（AllTests）用于执行打包测试的功能。

第二步：使用@RunWith 注释传递一个参数 Suite.class 表示需要使用一个特殊的 Runner，@RunWith(Suite.class)。

第三步：使用注释@SuiteClasses 来标注该类是一个打包测试类，将需要打包的类作为参数传递给该注释就可以了。@SuiteClasses({ depositeMoneyTest.class, TestUserAccount.class })，其中 depositeMoneyTest.class 和 TestUserAccount.class 是需要一起打包测试的测试类。

第四步：编写内容为空的打包类。因为有了@RunWith、SuiteClasses 这两个注释之后，就已经完整地表达了所有的含义，因此下面的类已经无关紧要，随便起一个类名，内容全部为空即可。

习　题

1. 简述 JUnit 的特征。
2. 如何用 JUnit 为被测程序创建测试用例？
3. JUnit 提供的断言方法有哪些？
4. 请使用 JUnit 为一个实际程序创建测试用例。

第 9 章

性能测试工具 LoadRunner

9.1 LoadRunner 概述

LoadRunner 是 HP 公司推出的一款能预测系统行为和性能的测试工具，它通过模拟成千上万个用户实施并发负载和实时性能监测的方式来确认和查找问题，因此企业可以通过 LoadRunner 最大限度地缩短测试时间，优化性能和加速应用系统的发布周期。

自 2009 年 51testing 组织的中国软件测试从业人员调查报告可以看出，LoadRunner 一直是软件测试从业人员进行性能测试的首选工具，所占比例均高达 60%以上。LoadRunner 作为一款市场领先的性能负载测试软件，极具灵活性，适用于各种规模的组织和项目的测试。LoadRunner 进行负载测试具有的关键优势包括：

（1）减少生产过程中的应用性能问题，显著降低成本。

（2）凭借强大的现代化虚拟用户生成器和可靠的关联工作室，加快负载测试速度。

（3）凭借获得专利的 HP TruClient 技术加速脚本编写，从而加快上市速度。

（4）凭借可衡量、可重复的负载生成功能显著提高效率。

（5）凭借系统监控和最终用户监控功能以及大量分析组件，有效突破性能瓶颈。

（6）凭借集成的 HP Diagnostic 软件确定应用问题的根源。

9.2 LoadRunner 的组成与测试流程

LoadRunner 作为一款自动化测试工具通过量化系统在预部署环境下的性能和最终用户的体验情况可以减少其应用、升级或维护中的风险，从而可以防止系统出现故障并解决其可用性问题。

LoadRunner 通常由以下组件组成：

（1）Virtual User Generator：通过录制最终用户业务流程并创建自动化性能测试脚本，即 Vuser 脚本。

（2）Controller：用于组织、驱动、管理并监控负载测试。

（3）Load Generator：通过运行 Vuser 产生负载。

（4）Analysis：用于查看、剖析和比较性能结果。

（5）Launcher：可以从单个访问点访问所有 LoadRunner 组件。

这些组件相互协调共同完成对系统的性能测试，具体流程如图 9-1 所示。

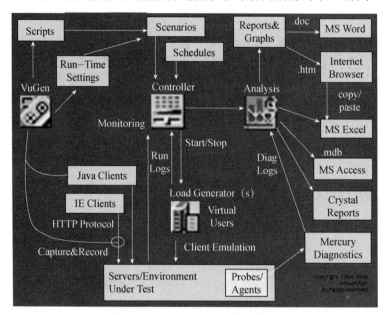

图 9-1　LoadRunner 总体架构图

LoadRunner 通过建立虚拟用户（Virtual Users）代替真实的用户来使用客户端软件，如在 Internet Explorer 使用 HTTP 协议（HTTP Protocol）发送请求到 IIS 或 Apache 网络服务器（Servers）。

LoadRunner 通过"负载生成器（Load Generators）"产生众多虚拟用户的客户端的请求用于测试不同环境或服务器（Servers/Environment Under Test）下的负载。

这些负载生成器都通过 HP 的"控制器（Controller）"程序被启动（Start）和停止（Stop）。

控制器调用已编译"脚本（Scripts）"和相关的"运行时设定（Run-Time Settings）"按照一定的"场景（Scenarios）"设计来运行和执行负载测试。

脚本使用 HP 的"虚拟用户脚本生成器"（命名为"VuGen"）来制作，它可以通过录制生成由虚拟用户执行的 C 语言的脚本代码，捕获（Capture）在互联网应用的客户端和服务器之间的网络流量。

在 Java 客户端（Java Clients），VuGen 捕获挂接在客户端的 JVM 内的调用。在运行时，每台机器的状态由控制器监控（Monitor）。在每次运行结束时，该控制器组合其监测日志（Logs）与负载生成器所得日志，把它们提供给"分析（Analysis）"程序，然后可以产生运行结果的报告（Reports）和图表（Graphs），形式可以为 Microsoft Word、Crystal Reports 或一个 HTML 网页浏览器（Browser）。通过每个分析程序所生成的 HTML 的链接，微软 Excel 可以打开这个报告做额外的分析。

LoadRunner 也将在每个运行中发生的错误储存在一个数据库中，该数据库可以使用 Microsoft Access 来读取。

LoadRunner 进行性能测试一般包括 5 个阶段：规划测试、创建 Vuser 脚本、设置场景、运行场景和分析结果，如图 9-2 所示。

图 9-2　LoadRunner 测试流程

（1）规划测试：定义性能测试需求。

（2）创建 Vuser 脚本：在自动化脚本中录制最终用户活动。

（3）设置场景：使用 LoadRunner Controller 设置负载测试环境。

（4）运行场景：使用 LoadRunner Controller 驱动、管理并监控负载测试。

（5）分析结果：使用 LoadRunner Analysis 创建图和报告并评估性能。

9.3　相关概念介绍

随着 Web 应用的迅猛发展，越来越多的企业开始利用网络"做生意"，但是难以预知的用户行为和越来越复杂的应用环境经常导致用户响应速度过慢，系统崩溃等问题的出现，这些都不可避免地造成公司收益的损失。为了让用户对企业开发的 Web 应用感到满意，能够持续使用该产品，必须确保系统运行良好，维持良好的性能。

用户留在加载页面的时间和用户对于该产品的了解程度成正比。一般一个陌生的产品加载时间超过 5s 用户就会离开页面，当然产品介绍足够吸引人时，用户会再进入页面 2~3次，而对于不紧急的用户熟悉的产品，用户能够给予的加载时间会稍微长些。

根据产品类型，用户能够给的加载时间从长到短依次是：游戏类——影视类——社交类——生活类——工具类——购物类。最需要用户耐心的就是购物类，一般开发 App，尤其是前期能够留住用户十分重要，页面加载过长吸引不了新用户，还会磨掉老用户的耐心。因此，在一定的软硬件网络环境下，找出 Web 应用产品在不同的负荷下的性能指标值，这样不仅可以帮助企业发现系统可能存在的性能瓶颈来预防问题的发生，而且可以在系统开始使用前获得准确的端到端性能。

9.3.1　Web 应用的常见性能指标

对于 Web 应用开发来说，除了把客户的需求实现并交付外，还需要后续对上线的系统进行跟踪调查，查看系统的运行情况。为什么呢？一方面，我们需要关注系统在运行过程中的健康问题，是否有异常等；另一方面我们需要了解系统性能和容量是否满足用户的日常访问，这就需要我们关注一些常用的性能指标，下面列出几个在监控系统中最常用的性能指标。

1．响应时间（Response Time）

响应时间就是用户感受 Web 应用系统为其服务所耗费的时间，它的计时周期从单击了一个页面开始，到这个页面完全展现到用户的浏览器里为止。为了方便定位 Web 系统的性能瓶颈，通常需要将这段响应时间分为几个节点时间，如图 9-3 所示。

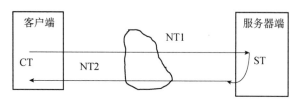

图9-3 响应时间组成图

从图9-3可以看出，根据"管辖区域"的不同，响应时间包括：

（1）服务器端响应时间（ST），这个时间指的是服务器完成交易请求执行的时间，不包括客户端到服务器端的反应（请求和耗费在网络上的通信时间）。服务器端响应时间可以度量服务器的处理能力。

（2）网络响应时间（NT1，NT2），这是网络硬件传输交易请求和交易结果所耗费的时间。

（3）客户端响应时间（CT），这是客户端在构建请求和展现交易结果时所耗费的时间，对于普通的瘦客户端Web应用来说，这个时间很短，通常可以忽略不计；但是对于胖客户端Web应用来说，比如Java Applet、Ajax，由于客户端内嵌了大量的逻辑处理，耗费的时间有可能很长，从而成为系统的瓶颈。

因此，用户感受到响应时间=客户端响应时间（CT）+服务器端响应时间（ST）+网络响应时间（NT1+NT2）。因此，在大量用户并发的情况下，HTTP响应时间必须在用户忍受度下才是有效的，通常采用"2-5-8原则"来衡量其性能。"2-5-8原则"，简单地说，就是当用户访问一个页面或一次交易能够在2秒以内得到响应时，会感觉系统的响应很快；当用户在2~5秒之间得到响应时，会感觉系统的响应速度还可以；当用户在5~8秒以内得到响应时，会感觉系统的响应速度很慢，但是还可以接受；而当用户在超过8秒后仍然无法得到响应时，会感觉系统糟透了，或者认为系统已经失去响应，而选择离开这个Web站点，或者发起第二次请求。

2. 吞吐量（Throughput）

吞吐量是我们常见的一个性能指标，对于软件系统来说，"吞"进去的是请求，"吐"出来的是结果，而吞吐量反映的就是软件系统的"饭量"，也就是系统的处理能力，具体说来，就是指软件系统在每个单位时间内能处理多少个事务/请求/单位数据等。网络的吞吐量指的是对网络、设备、端口、虚电路或其他设施，单位时间内成功地传送数据的数量（以比特、字节、分组等测量），即单位时间内处理的客户端请求数量。通常情况下，吞吐量用请求数/秒或者页面数/秒来衡量。从业务角度看，吞吐量也可以用访问人数/天或者页面访问量/天来衡量。吞吐量的大小由负载（如用户的数量）或行为方式来决定，诸如WWW页面浏览、FTP文件传输、DNS域名解析等服务，这些因素会导致网络流量的急剧增加，考察网络的吞吐能力有助于我们更好地评价其Web应用的性能表现，也是网络维护和故障查找中最重要的手段之一，尤其是在分析与网络性能相关的问题时吞吐量的测试是必备的测试手段。

3. 资源使用率（Resource Utilization）

常见的资源使用率包括CPU使用率、内存使用率等。

CPU使用率其实就是你运行的程序占用的CPU资源，表示你的机器在某个时间点的运行程序的情况。一般情况下当 CPU 占了 100%的资源时，我们的计算机就会慢下来，CPU 使用率越高，说明你的机器在这个时间上运行了很多程序，反之较少。

内存使用率是根据系统当前运行了多少进程来决定的，每运行一个进程就会多占用一些内存。

4. 点击数（Hits Per Second）

点击数是衡量 Web Server 处理能力的一个很有用的指标。需要明确的是，点击数不是我们通常理解的用户鼠标单击次数，而是按照客户端向 Web Server 发起了多少次 HTTP 请求计算的，一次鼠标可能触发多个 HTTP 请求，这需要结合具体的 Web 系统实现来计算。

5. 并发用户数（Concurrent Users）

并发用户数用来度量服务器并发容量和同步协调能力，在客户端指一批用户同时执行一个操作。并发数反映了软件系统的并发处理能力，和吞吐量不同的是，它大多占用套接字、句柄等操作系统资源。

9.3.2　LoadRunner 相关概念

1. 场景（Scenario）

场景是应用运行时的一个剖面。一般来说，一个场景可以被表述成如下：

x%的用户在操作 A 业务，y%的用户在操作 B 业务，z%的用户在操作 C 业务。场景不同就意味着系统在被以不同的方式使用，在不同的场景下，很可能系统的性能表现就会不同。

在 LoadRunner 中，场景是一种文件，用于根据性能要求定义在每一个测试会话运行期间发生的事件。

2. 虚拟用户（Virtual User/Vuser）

在 LoadRunner 中一般通过虚拟用户（Vuser）模拟实际用户的操作来使用应用程序以达到测试的目的，从而在 LoadRunner 的一个场景中包含几十、几百甚至几千个 Vuser。

3. 事务（Transaction）

LoadRunner 通过事务来衡量服务器的性能。在业务上事务通常是用户的一个或一系列操作，代表一定的功能；而在程序上则表现为一段代码区块。比如，在脚本中有一个数据查询操作，为了衡量服务器执行查询操作的性能，我们把这个操作定义为一个事务，这样在运行测试脚本时，LoadRunner 运行到该事务的开始点时，LoadRunner 就会开始计时，直到运行到该事务的结束点，计时结束。插入事务操作可以在录制过程中进行，也可以在录制结束后进行。LoadRunner 运行在脚本中可以插入不限数量的事务。

4. 思考时间（Think Time）

思考时间用于度量用户在各个步骤之间停下来的思维延迟时间。用户访问某个网站或软件一般会不停地做各种操作，例如，进行查询时用户需要时间查看查询的结果是否是自己想要的，订单提交时用户需要时间核对自己填写的信息是否正确，技术上更加精通的用户工作速度可能会比新用户快等。也就是说，用户在做某些操作时是会有思维延迟的，这个时间就是思考时间。LoadRunner 通过启用思考时间，可以使 Vuser 在负载测试期间更准确地模拟出实际用户的行为，可以模拟出负载下的快速和缓慢用户行为。

一般在脚本中，通常在一个事务的结束点，另一个事务的起始点间定义思考时间。

```
lr_end_transaction("Log", LR_AUTO);
lr_think_time(3);                       //思考时间
lr_start_transaction("Seach");
```

正常情况下，思考时间越短，对服务器的压力会越大。

9.4　LoadRunner 测试案例

LoadRunner 作为一款自动化测试软件，在本节示例中均采用录制—回放技术来实现对 LoadRunner 附带的 Flight Reservation（航班预订）网站 HP Web Tours 的性能测试。

9.4.1　性能测试系统 Web Tours 介绍

Web Tours 是 HP LoadRunner 软件自带的一个飞机订票系统网站，是一款基于 ASP.NET 平台的网站。Web Tours 网站中用户可以进行注册、登录、预订机票、管理订单、注销等操作。

1．飞机订票系统的使用

（1）确保网站 Web 服务器正在运行

为了确保网站 HP Web Tours 正常运行，必须将其 Web 服务器启动，选择"开始"→"程序"→"LoadRunner"→"Start HP Web Tours Server"→"启动 Web 服务器"选项。

（2）打开 HP Web Tours 示例网站

方法 1：在本地直接启动示例网站，选择"开始"→"程序"→"LoadRunner"→"Start HP Web Tours Server"→"HP Web Tours 应用程序"（http://97.0.0.1:1080/WebTours）。

方法 2：远程启动示例网站，只需在浏览器中将本地 IP 地址（97.0.0.1）改为 Web 服务器所在的 IP 地址（如 172.18.20.100）即可。

2．登录

登录 HP Web Tours 网站可以采用的方法包括：

（1）使用 HP 提供的用户名和密码，即 Username（用户名）为 jojo，Password（密码）为 bean。

（2）使用用户注册过的用户名和密码。首先，用户需要在 HP Web Tours 的主页上单击 "sign up now" 按钮完成用户名的注册，之后用户就可以直接使用注册过的用户名和密码登录网站。

9.4.2　测试环境

使用 LoadRunner 进行性能测试时，为了保证测试结果的数据客观公正，需要记录 Web Tours 的运行环境，本章节采用的测试环境如下。

软硬件环境如表 9-1 所示。

表 9-1　软硬件环境

硬件环境（网络、设备等）	软件环境（相关软件、操作系统等）
CPU：Core Processor 3800+ 2.01 GHz 内存：512 MB (DDR 400MHz) 硬盘：80 GB / 7200 转/分 主板：精英 Legend Computer System Ltd (Nvidia C51) 网卡：瑞昱 RTL8139 （A/B/C/813x) Fast Ethernet	操作系统：Windows_XP_Sp3 浏览器：IE6.0 以上

测试方法和测试工具如下。

① 测试工具：LoadRunner。

② 生产厂商：HP。

③ 版本：12.02。

④ 测试方法：黑盒测试。

9.4.3　规划测试

Web Tours 网站经过前期的功能测试后就进入性能测试阶段，经过对 Web Tours 网站的分析，我们获知了该网站性能测试所需要的测试环境等基本信息，但是还需要对性能需求进行进一步的分析，明确测试对象、测试要求、业务规模，结合用户的具体操作考虑哪些业务点是需要重点关注的等。下面我们使用 Load Runner 来模拟 55 个用户登录系统、购买机票、查看订单和注销系统的行为，测试网站是否能达到预期的性能指标，判断网站是否存在性能隐患，具体的性能测试用例设计，如表 9-2 所示。

表 9-2　测试用例设计

用例编号	01		
重要程度	重要	测试时间	2013.11.25
测试用例设计人	雷 XX	测试人	袁 XX
用例目的	测试 Web Tours 网站中用户登录系统、购买机票、查看订单的响应时间是否符合预期		
前提条件：	打开 Web Tours 页面		
测试步骤	输入/动作	期望的性能（平均值）	实际性能
1	在 Web Tours 主页中的 Username 输入"jojo", Password 输入"bean"		
2	单击"Login"按钮登录	<3s	
3	单击"Flights"按钮进行订票		
4	选择订票信息		
5	单击"Continue"按钮进行下一步	<4s	
6	选择航班		
7	单击"Continue"按钮进行下一步	<3s	
8	填写用户信息		

续表

测试步骤	输入/动作	期望的性能（平均值）	实际性能
9	单击"Continue" 按钮完成订票	<5s	
10	核实所订票的票务信息		
11	单击"Itinerary" 按钮进行管理订单	<3s	
12	单击"Sign Off" 按钮退出	<2s	
13	关闭浏览器		

9.4.4 创建 Vuser 脚本

LoadRunner 使用 Vuser（虚拟用户）模拟多个用户同时使用 Web Tours 网站的行为。LoadRunner 用"虚拟用户（Vuser）"来代替实际用户，Vuser 执行的每个操作都是用 Vuser 脚本描述的。LoadRunner 提供了多种 Vuser 技术，每种 Vuser 技术都适合于特定体系结构并产生特定的 Vuser 类型，测试人员可以通过这些技术在不同类型的网络体系结构中生成服务器负载，从而更有利于他们使用 Vuser 来精确模拟真实世界的情形。LoadRunner 提供 Vuser 类型及相关 Vuser 技术如下：

（1）Application Deployment Solution——Citrix ICA、Microsoft Remote Desktop Protocol（RDP）协议。

（2）Client/Server——DB2 CLI、DNS、Informix、Microsoft .NET、MS SQL Server、ODBC、Oracle（2-Tier）、Sybase CTlib、Sybase DBlib 和 Windows Sockets 协议。

（3）Distributed Components——COM/DCOM、Microsoft.NET 协议。

（4）E-Business——Action Message Format（AMF）、AJAX（Click and Script）、File Transfer Protocol（FTP）、Flex、Listing Directory Service（LDAP）、Microsoft.NET、Web（Click and Script）、Web（HTTP/HTML）和 Web Services 协议。

（5）ERP/CRM——Oracle NCA、Oracle Web Applications 11i、PeopleSoft Enterprise、PeopleSoft-Tuxedo、SAP-Web、SAP（Click and Script）、SAPGUI、Siebel-Web 协议。

（6）Enterprise Java Beans——Enterprise Java Beans（EJB）。

（7）Java——Java Record Replay。

（8）Legacy——Terminal Emulation（RTE）。

（9）Mailing Service——Internet Messaging（IMAP）、MS Exchange（MAPI）、POP3 和 SMTP。

（10）Middleware——Tuxedo、Tuxedo（6）协议。

（11）Streaming——Media Player（MMS）和 Real 协议。

（12）Wireless——i-Mode、Multimedia Messaging Service（MMS）和 WAP 协议。

（13）Custom——C Vuser、VB Vuser、Java Vuser、JavaScript Vuser、VB Script Vuser、VBNet Vuser。

例如，测试人员可以使用 Web Vuser 模拟用户操作 Web 浏览器，也可以使用 RTE Vuser 操作终端仿真器。在 LoadRunner 中各种 Vuser 技术既可单独使用，又可一起使用，以创建有效的测试方案。

下面用录制一回放技术来模拟 55 个用户使用 Web Tours 网站的过程，具体过程如下。

1）启动 LoadRunner12.02

单击"开始"→"程序"→"LoadRunner"按钮，启动 Launcher，如图 9-4 所示。

图 9-4　LoadRunner 主界面

2）创建测试脚本

在图 9-4 中单击"Create/Edit Scripts"按钮会建立一个新的空白测试脚本。由于我们要测试的 Web Tours 网站是基于 B/S 结构的，因此需要选择 Web（HTTP/HTML）协议，如图 9-5 所示。

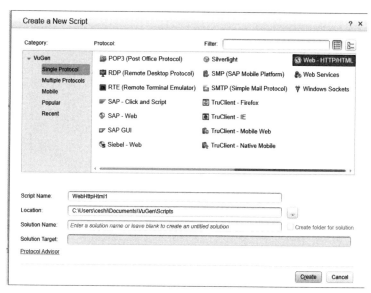

图 9-5　创建脚本（单协议）

在图 9-5 中选择合适的协议后单击"Create"按钮就进入 HP Virtual User Generator 的主界面。HP Virtual User Generator VuGen 是 HP 用于创建 Vuser 脚本的工具，测试人员可以在 VuGen 中通过录制用户执行的典型业务流程来开发 Vuser 脚本，以便 LoadRunner 可以使用 Vuser 以一种可重复、可预测的方式来模拟用户的实际操作情况。在主界面中，空白脚本将以 VuGen's Wizard 模式打开，同时左侧显示任务窗格。VuGen's Wizard 可以帮助初学者了解 LoadRunner，并指导他们建立 Vuser 脚本。任务窗格列出脚本创建过程中的各个任务，在执行各个任务的过程中，VuGen 将在说明窗格中显示该任务的详细介绍和操作提示，如图 9-6 所示。

图 9-6　HP Virtual User Generator 主界面（VuGen's Wizard）

3）录制测试脚本

在图 9-6 所示工具栏上单击 ◉ 按钮就可以开始录制测试脚本，如图 9-7 所示。

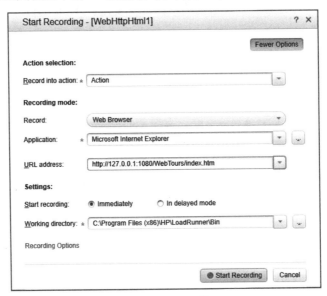

图 9-7　录制设置

在图 9-7 中，测试人员可以根据测试的实际需要设置录制选项：

（1）Application 中可供选择的应用程序类型包括 Miorosoft Internet Applications 和 Win32 Applications，此处选用 Miorosoft Internet Applications 以完成 Web Tours 网站的测试。

（2）URL address 中输入待测的网址，如本次测试网址：http://127.0.0.1:1080/WebTours/index.html。

（3）Working directory 中设置工作目录。

（4）Record into action 中选择要把录制的脚本放到哪一个部分。测试人员可以根据测试需求选择 vuser_init、vuser_end、Action，其中 vuser_init 与 vuser_end 在测试过程中仅执行一次，但是 Action 在测试过程中可以被多次执行。例如，在机票订购过程中，我们可以将登录的部分放在 vuser_init 中，具体业务操作放在 Action 中，退出部分放在 vuser_end。这样，我们就将压力集中在了业务操作上，而不是登录或是退出上。同时，用户也可以创建多个 Action，将业务操作分成多个部分，比如用户选择机票放在"Find_Flight"Action 中，将支付放在"Payment"Action 中，将业务分开放在多个 Action 的好处是可以统计每个操作的处理时间、处理速度等，便于定位性能问题。

测试人员完成如图 9-7 所示的录制设置后单击"Start Recording"按钮就可以进行录制，在录制前，如果已经打开待测页面的话，建议关闭该页面。当进入 LoadRunner 的录制阶段后，将打开一个新的 Web 浏览器，并自动进入待测页面（http://127.0.0.1:1080/WebTours/），如图 9-8 所示。

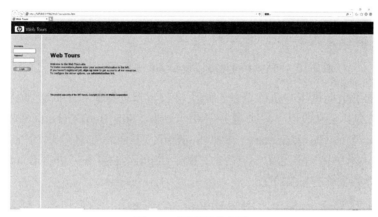

图 9-8　测试网站主页

此时测试人员按照测试用例设计的步骤开始执行业务流程：登录系统、购买机票、查看订单和注销系统。同时在录制过程中会出现浮动的"Recording"工具栏，如图 9-9 所示。

图 9-9　"Recording"工具栏

在 LoadRunner 的录制过程中，测试人员通过观察浮动的"Recording"工具栏可以实时监控录制脚本的生成情况，如图 9-9 表示 LoadRunner 现在已经开始录制并且将业务放在一个 Action 中。若需要录制多个 Action，具体方法是在进行下一个业务操作前，单击图中的 按钮，选择对应的 Action，如果事先没有创建 Action 的话，则可单击 按钮增加新的 Action。

当测试人员执行完所有的业务流程操作后单击浮动的"Recording"工具栏（图 9-9）上的停止按钮 ，LoadRunner 将停止录制并返回到 HP Virtual User Generator 主界面，同时自动生成脚本，如图 9-10 所示。

4）增强测试脚本

LoadRunner 可以将用户某一步或者某几步操作的集合定义为事务，然后通过事务来衡量服务器的性能。当事务开始执行的时候 LoadRunner 就开始计时，当运行到事务的结束点，计时结束，执行事务的时间和结果会用不同颜色标识在图和报告中，测试人员通过这些信息就可以了解到应用程序是否符合最初的要求。LoadRunner 可以在脚本中插入不限数量的事务，插入事务操作可以在录制过程中进行，也可以在录制结束后进行。

图 9-10　HP Virtual User Generator 主界面（录制后）

为了能更准确地衡量用户执行登录、购买机票、查看订单和注销时 Web Tours 网站的性能情况，我们将其定义成以下 6 个事务：S01_LogIn、S02_BookTickets、S03_SearchFlight、S04_PayDetails、S05_CheckItinerary、S06_SignOff。下面将在录制后的 HP Virtual User Generator 界面（图 9-10）中定义一个名为"S01_LogIn"的事务来讲解 LoadRunner 定义事务的过程，具体的操作方法如下：

通过工具栏 或"Design"菜单中"insert in Script"的"Start Transaction"插入 S01_LogIn 事务的"开始点"。注意：事务的名称最好要有意义，能够清楚地说明该事务完成的动作。插入事务的"开始点"后，还需要插入事务的"结束点"，可以通过工具栏 或"Design"菜单中"insert in Script"的"End Transaction"插入 S01_LogIn 事务的"结束点"。单击左下角的"Step Navigator"，即可显示所添加事务，如图 9-11 所示。

15	lr_start_transaction	Start Transaction - S01_LogIn
17	web_submit_form	Submit Form: login.pl
28	web_image	Image: Search Flights Button
33	lr_end_transaction	End Transaction - S01_LogIn

图 9-11　登录事务（S01_LogIn）图

5）回放脚本

测试人员根据业务流程录制完了脚本后，接下来就需要进行回放脚本以便验证脚本是否正确，LoadRunner 提供了两种回放方式：

（1）普通脚本回放。其为默认方式，VuGen 将在后台运行测试，回放时运行到脚本哪一行了，会有箭头指示。

（2）回放时显示录制过程中的操作。通过这种方式，测试人员可以看到 VuGen 是如何模拟用户执行每个操作步骤的，具体设置如下：

选择"Record"→"Rocording Options..."菜单选项，打开"Rocording Options"对话框，进行回放设置，如图 9-12 所示。

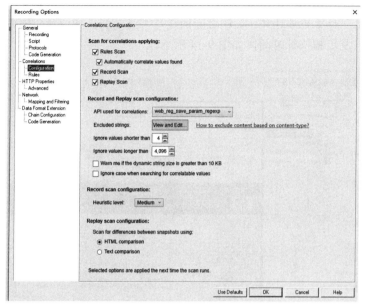

图 9-12　回放设置

在本节示例中，选用第二种方式回放脚本，单击 LoadRunner 主界面工具栏中的 ▷ 按钮执行脚本，回放用户在 Web Tours 网站的具体操作过程。

当回放结束后，测试人员通过"Replay"菜单中的"Test Results"可以看到测试结果，如图 9-13 所示。

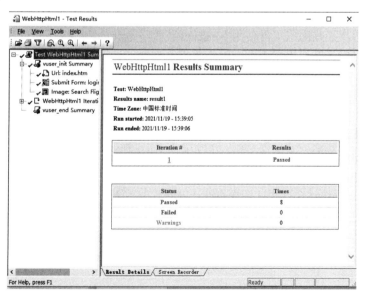

图 9-13　Vuser 回放结果

在图 9-13 中可以得到 Vuser 回放结果，"Test Results"窗口打开时包括两个窗格："树"

窗格（左侧）和"概要"窗格（右侧）。每次迭代都会进行编号。"概要"窗格包含关于测试的详细信息，它指出了哪些迭代通过了测试，哪些未通过。"树"窗格包含结果树，可以展开"树"分别查看每一步的结果。例如，在"树"中选择"Submit Form:login.pl"这一步，"Result Details"窗格中将显示与该步骤相关的回放快照，在右上窗格位置处会显示该步骤的概要信息：对象或步骤名、关于页面加载是否成功的详细信息、结果（通过、失败、完成或警告）以及步骤执行时间，如图 9-14 所示。

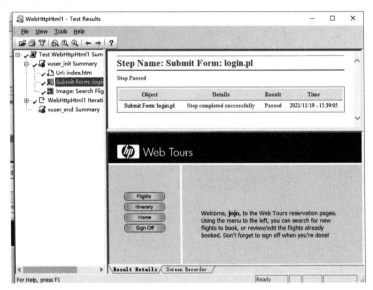

图 9-14　Test Results

9.4.5　设置场景

LoadRunner 使用 Vuser 来模拟各种不同用户的活动和行为，这就需要我们设定不同的负载方案。例如，某些用户可能使用 Netscape（而不是 Internet Explorer）来查看应用程序的性能，有的用户可能使用了不同的网络连接（例如，调制解调器、DSL 或电缆）使用系统。LoadRunner 中 Controller 组件通过对场景的设计来形成和用户需求相同的真实负载，以便能准确地模拟用户的工作环境和行为。此外，测试人员还可以用 Controller 来限定其负载方案，例如，在某个负载方案中所有的用户同时执行一个动作（如登录到一个应用程序）用于模拟峰值负载的情况。同时，测试人员也可以使用 Controller 来监测系统架构中各个组件的性能（包括服务器、数据库、网络设备等）用来帮助客户决定系统的配置等。

在本节示例中通过 Virtual User Generator 测试人员已经完成了测试脚本的生成和验证，接下来就需要用 Controller 进行测试场景的设计以便观察系统在负载下的运行情况，具体场景设计如下：55 个对 Web Tours 网站熟悉程度不一的用户，陆续登录系统后完成所有的业务操作。

要求：55 个用户登录时每隔 5 秒增加 10 个用户，当所有的用户均成功登录后，再一起持续运行 5 分钟，5 分钟运行结束后，55 个用户按照每 5 秒减少 10 个用户的方式陆续退出系统。

在 LoadRunner 中，以上场景实现的具体步骤如下。

1）启动 Controller

测试人员完成脚本的录制调试后，可以采用以下两种方式来启动"Controller"，设置测试场景：

（1）选择"开始"→"所有程序"→"LoadRunner"→"Applications"→"Controller"
选项启动 Controller。

（2）在 LoadRunner 主界面中通过单击"Run Load Tests"按钮来启动 Controller。

成功启动 LoadRunner 的 Controller 后，将出现如图 9-15 所示的界面。

扫码看大图

图 9-15　Controller 主界面

在新建场景的窗口中，选择一种场景类型。下面对三种类型进行简单的说明。

（1）Manual Scenario：该项要完全手动设置场景。本节示例选用手动配置场景。

（2）Manual Scenario with Percentage Mode：该项只有在"Manual Scenario"选中的情
况下才能选择。选择该项后，在场景中我们需要定义要使用的虚拟用户的总数和 Load
Generator machine 机器集，然后我们为每一个脚本分配要运行的虚拟用户的百分比。

（3）Goal—Oriented Scenario：在测试计划中，一般都包括性能测试要达到的目标。选
择该项后，LoadRunner 基于这个目标，自动为你创建一个场景。在场景中，我们只要定义
好目标即可。

在图 9-15 中"Available Scripts"下选择要进行场景设计的脚本名称（MyDemo_script），
若没有出现需要对应的脚本，可单击"Browse"按钮查找后将其添加进来，选择好脚本后，
单击"Add"按钮，则可以将录制好的脚本（MyDemo_script）加入到场景中，然后单击"OK"
按钮就可以设计和运行测试场景，如图 9-16 所示。

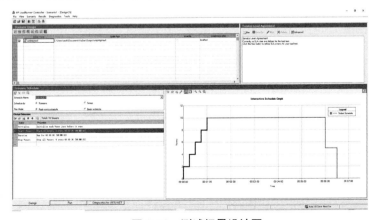

扫码看大图

图 9-16　测试场景设计图

在"Design"选项卡中包括如下窗格。

"Scenario Groups"窗格：显示的是测试脚本的路径与并发数个数，测试人员在"Sceneriao Groups"窗格中可以配置 Vuser 组，创建代表系统中典型用户的不同组，指定可以运行的 Vuser 数目以及运行时使用的计算机。

"Service_Level Agreement（SLA）"：设计负载测试场景时，可以为性能指标定义目标值或服务水平协议（SLA）。运行场景时，LoadRunner 收集并存储与性能相关的数据。分析运行情况时，LoadRunner 使用 Anaysis 将这些数据与 SLA 进行比较，并为预先定义的测试指标确定 SLA 状态（Pass、Fail）。

"Scenario Schedule"窗格：在"Scenario Schedule"窗格中，设置加压方式以准确模拟真实用户行为。在此窗格中，可以根据运行 Vuser 的计算机、将负载加到应用程序的频率、负载测试持续时间以及负载停止方式来定义操作。

2）设计测试场景

在本节示例中需要测试 55 个用户的行为，因此在图 9-16 中的"Scenario Groups"窗格中单击 ▦ 按钮，在其打开的对话框中单击"Add Vusers"按钮加入更多的用户（45），如图 9-17 所示。

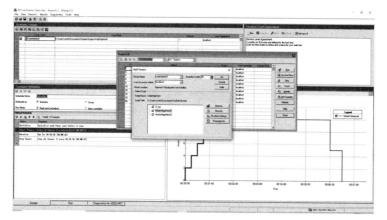

扫码看大图

图 9-17　增加 Vuser 数目

为了能够模拟更真实的用户实际的负载行为，需要对 Vuser 进行初始化设置。在图 9-17 中的"Global Schedule"窗格中单击"Initialize"按钮就可以实现 Vuser 的初始化。加压前初始化 Vuser 可以减少 CPU 消耗并有助于提供更加真实的结果，如图 9-18 所示。

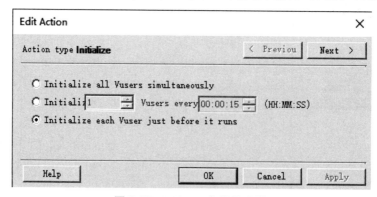

图 9-18　Initialize 初始化设置

在图 9-16 中的"Global Schedule"窗格中单击"Start Vusers"按钮就可以指定 Vusers 中的启动，允许 Vuser 的负载随时间逐渐增加，此项可以帮助确定系统响应时间减慢的准确时间点。在本节示例中需要设计"每隔 5 秒增加 10 个用户"，如图 9-19 所示。

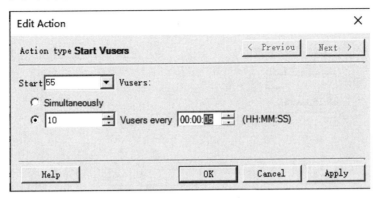

图 9-19　Vuser 进行系统设置

在图 9-16 中的"Global Schedule"窗格中单击"Duration"按钮可以指定持续时间，以确保 Vuser 在特定的持续时间内连续执行业务流程，从而可以度量服务器上的连续负载。注意，如果设置了持续时间，测试将运行该持续时间内必须实现的迭代次数，而不管测试运行时设置的迭代次数。在本节示例中需要设计"所有并发数增加完后持续运行 5 分钟"，如图 9-20 所示。

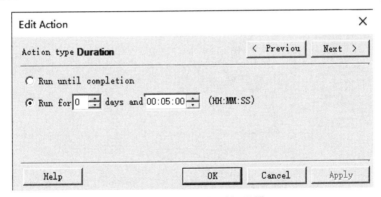

图 9-20　持续运行时间设置

在图 9-16 中的"Global Schedule"窗格中单击"Stop Vusers"按钮可以指定设置 Vusers 的停止方式。建议逐渐停止 Vuser，这样有助于在应用程序达到阈值之后检测内存漏洞和检查系统恢复情况。

在本节示例中需要设计"每隔 5 秒停止 10 个并发用户"，如图 9-21 所示。

现在已配置完"55 个用户登录时每隔 5 秒增加 10 个用户，当所有的用户均成功登录后，再一起持续运行 5 分钟，5 分钟运行结束后，55 个用户按照每 5 秒减少 10 个用户的方式陆续退出系统"的负载行为，接下来还需要更真实地模拟这 55 个对 Web Tours 网站熟悉程度不一的用户行为，LoadRunner 提供"Run-Time Settings"（运行时设置）可以实现这个目标。LoadRunner 中的"Run-Time Settings"可以模拟各种真实用户活动和行为。例如，LoadRunner 可以模拟一个对服务器输出立即做出响应的用户，也可以模拟一个先停下来思考，再做出响应的用户；可以指定虚拟用户应该重复一系列操作的次数和频率；可以指示虚拟用户在 Netscape 而不是 Internet Explorer 中回放脚本等，测试人员可以选择在"Virtual User Generator"或"LoadRunner Controller"中完成运行设置，具体方法如下。

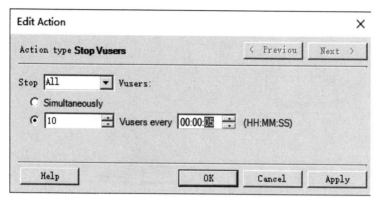

图 9-21 "Stop Vusers"设置

● 在 HP Virtual User Generator 中可以通过双击左侧窗口中的"Runtime Setting"。
● 在 HP LoadRunner Controller 中可以使用"Scenario Groups"工具栏中的 ▣。

测试人员打开运行设置对话框后可以模拟真实用户的实际行为，如图 9-22 所示。

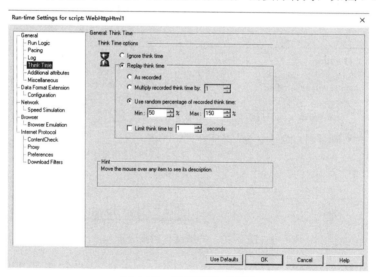

图 9-22 运行设置对话框

在运行设置对话框（图 9-22）中，测试人员可以按照用户的实际操作进行常规运行时设置和特定于某类 Vuser 的运行时设置，以下是一些常用的设置说明。

● 运行逻辑（Run Logic）：用户重复一系列操作的次数。
● 步（Pacing）：重复操作之前等待的时间。
● 日志（Log）：测试人员在测试期间希望收集的信息级别，在 Controller 中，当出现错误时，错误信息被默认发送到日志。
● 网络（Network）模拟：测试人员使用不同的网络连接来配置带宽从而模拟真实用户的网络速度。一般而言，带宽越大，给 Web 服务器造成的压力就越大。

● 浏览器（Browser）模拟：模拟不同浏览器测试用户感受到的响应时间和内容的可用性。

● 思考时间（Think Time）：用户在各个步骤之间停下来思考的时间，可以根据用户实际操作情况灵活设置思考时间，具体包括以下方面。

（1）Ignore think time：忽略脚本中的思考时间，也就是说选中这一项的时候，脚本中加入的 lr_think_time 函数设置是无效的。

（2）Replay think time：回放思考时间，其中，"As recorded"是根据脚本中实际录制的思考时间进行回放的。"Multiply recorded think time by"是将录制的思考时间乘以其后的系数而得到的。例如，脚本中录制的思考时间为 20 秒，在此处输入"3"，那么在脚本实际运行时，思考时间将为 60 秒；输入"0.5"，脚本在运行时的思考时间为 10 秒。

（3）"Use random percentage of recorded think time"是指随机获取思考时间，指定一个最小值和一个最大值，可设置 Think Time 值的范围，通过指定 Think Time 的范围，取其中的一个随机数的值来回放脚本。例如，如果 Think Time 参数为 4，并且指定最小值为该值的 50%，而最大值为该值的 150%，则 Think Time 的最小值为 2（50%），而最大值为 6（150%）。

（4）"Limit think time to"是忽略脚本中的思考时间，执行这里设置的思考时间。假如脚本设置的思考时间为 20 秒，选中这一项并设置为 10 秒。那么脚本在运行时，思考时间不会超过 10 秒。也就是说这里的设置同样也制约了前面几个选项。

虽然添加思考时间可以更真实地模拟用户行为，但它同时降低了用户并发。也就是说思考时间越长，对服务器的压力会越小。

本节示例采用随机获取思考时间的方式来模拟用户行为，如图 9-22 所示。设置好 Think Time 后，选择"Miscellaneous"选项，在出现的窗口中选中"Continue on error"选项，表示在遇到错误的时候，继续执行场景，直到场景运行结束。

9.4.6　运行场景

Controller 组件中的"Run"选项卡是用来管理和监控测试情况的控制中心。"Run"视图包括 5 个主要部分，如图 9-23 所示。

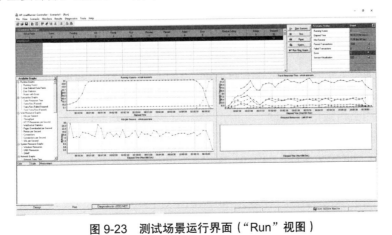

扫码看大图

图 9-23　测试场景运行界面（"Run"视图）

（1）"Scenario Groups"窗格：位于"Run"视图的左上角，测试人员可以在该窗格中查看场景组内 Vuser 的实时状态，可以使用该窗格右侧的按钮启动、停止和重置场景、查看各个 Vuser 的状态，也可以手动添加更多 Vuser 增加场景运行期间应用程序的负载。

（2）"Scenario Status"窗格：位于"Run"视图的右上角，测试人员可以在该窗格中查看负载测试的概要信息，包括正在运行的 Vuser 数量和每个 Vuser 操作的状态，测试人员也可以查看通过的事务数、失败的事务等，如果运行过程中有错误出现，则可以单击"Errors"右边的放大镜，查看详细错误信息。

（3）"Available Graphs"图树：位于"Run"视图中中间偏左位置，测试人员可以在其中看到"LoadRunner"监控到的性能图。

（4）"图例"：位于"Run"视图中底部，测试人员可以在其中查看所选图的具体数据信息。

（5）"图查看区域"：位于"Run"视图中中间偏右位置，测试人员可以在其中自定义显示画面，以下简单介绍几个重要的监控图。

① "Running Vusers-whole scenario"窗口显示在整个场景运行过程中 Vusers 的实时运行情况，包括 Vusers 加压、施压、减压。

② "Trans Response Time- whole scenario"窗口显示事务的响应时间，即每个事务处理的时间是多少秒，通过单击该窗口，用户可以看到在场景运行时 LoadRunner 记录的每个事物响应时间的最大值、最小值与平均值。

③ "Hits per Second - whole scenario"窗口显示场景运行的每一秒内，Vuser 在 Web 服务器上的单击次数（HTTP 请求数）。测试人员通过查看其曲线情况可以判断被测系统是否稳定，曲线呈下降趋势表明 Web 服务器的响应速度在变慢，当然其原因可能是服务器瓶颈问题，但是也有可能是 Vusers 数量减少，访问服务器的请求减少。

④ "Windows Resources - Last 60 sec"窗口用于显示场景运行期间最后 60 秒资源使用情况，利用该图提供的数据，测试人员可以把瓶颈定位到特定机器的某个部件。

Processor%Processor Time：CPU 利用率，可以查看处理器是否处于饱和状态，如果该值持续超过 95%，就表示当前系统的瓶颈为 CPU，可以考虑增加一个处理器或更换一个性能更好的处理器。

"Throughput-whole scenario"窗口显示在场景运行期间 Vuser 在任何给定的某一秒上从服务器接收到的数据量（度量单位是字节）。测试人员可以从左边的"Available Graphs-Web Resource Graphs"节点中找到 Throughput 图表，然后将其拖入右边图表可视化区域，通过单击该图就可以清晰地看到吞吐量的值，拿这个值和网络带宽进行比较，可以确定目前的网络带宽是否是瓶颈。如果吞吐量随着时间的推移和 Vuser 数量增加而上升，表明目前的网络带宽是足够的。如果随着 Vuser 数量的增加该图保持相对平滑，由此可得出结论，目前的网络带宽制约了传送的数据量。

1）配置生成负载的计算机

测试人员在 Controller 中的"Design"选项卡中进行场景设计实现了测试需求被覆盖后，下一步需要配置生成负载的计算机。在 LoadRunner 中通过 Load Generator 来运行 Vuser，从而在应用程序中生成负载的计算机。Controller 组件提供两种方式来启动 Load Generator：

（1）在 Controller 组件菜单栏中选择"Scenario"→"Load Generator…"选项就会启动"Load Generator"。

（2）在 Controller 组件工具栏中单击 ▥ 按钮也会启动"Load Generator"。

LoadRunner 成功启动 Load Generator 后，将出现如图 9-24 所示的界面。

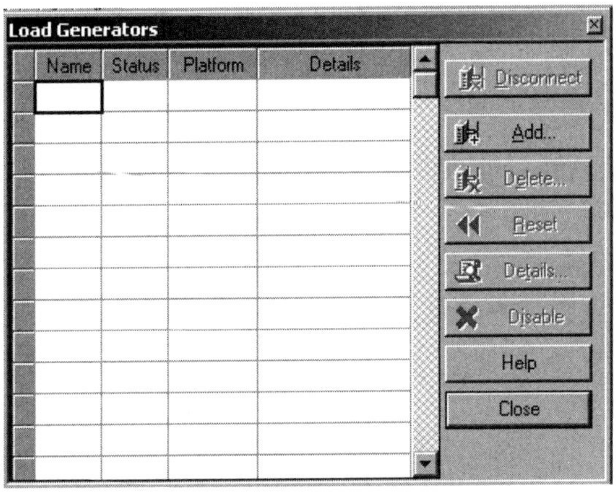

图 9-24 Load Generator 界面图

在本节示例中我们设置本地机作为生成负载的计算机，具体步骤如下：

◇ 在 Load Generator 界面（图 9-24）中单击"Add"按钮，在弹出的对话框中输入 Name 值为"localhost"，Platform 为"Windows"，然后按回车键，就可以将本地机设置为生成负载的计算机，如图 9-25 所示。

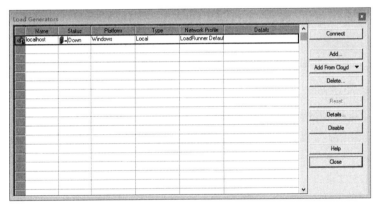

图 9-25 将本地机设置为生成负载的计算机

在图 9-25 中单击"Connect"按钮，Status 由 Down 变为 Ready 。

2）启动测试场景，观察测试结果

在完成对 Vusers 相关设置和生成负载计算机设置后，此时只要在 Controller 中单击 按钮就可以开始运行所设计的测试场景，LoadRunner 可以模拟 55 个不同用户使用 Web Tours 的行为，并实时监测服务器的性能情况，如图 9-23 所示。

9.4.7 分析结果

通过前面的学习，我们已经学会了测试脚本的生成、测试场景的设计和执行。当 55 个不同用户对 Web Tours 施加负载后，我们还需要分析运行情况，并确定网站是否能达到预期的性能指标，判断网站是否存在性能隐患，从而最终决定要解决哪些问题才能提高系统的性能。LoadRunner 提供自带的分析工具 Analysis 组件可以根据场景运行情况生成的图和报告来帮助测试人员找出并确定应用程序的性能瓶颈，同时也能确定需要对系统进行哪些改进来提高其系统性能。

1. Analysis 组件的启动

在 LoadRunner 中，Analysis 组件可以通过以下两种方式启动：

◇ 选择"开始"→"所有程序"→"LoadRunner"→"Applications"→"Analysis"选项，启动 HP LoadRunner Analysis 主界面，如图 9-26 所示。

◇ 在 LoadRunner 主界面中通过单击"Analyze Load Test"按钮来启动 HP LoadRunner Analysis 主界面，如图 9-26 所示。

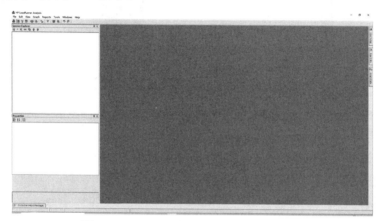

扫码看大图

图 9-26　HP LoadRunner Analysis 主界面

在图 9-26 中的菜单栏或工具栏中单击 ，找到要分析的场景执行结果，单击"打开"按钮后就可以开启该场景测试结果的分析报告。同样，测试人员也可以直接在场景运行结束后，单击 Controller 工具栏上的 按钮或选择菜单"Result"→"Analyze Results"也能直接收集场景运行结果进行分析，如图 9-27 所示。

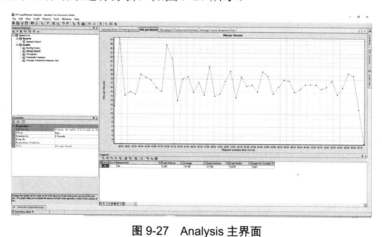

扫码看大图

图 9-27　Analysis 主界面

Analysis 主界面中主要包含："Session Explorer"窗格、"Properties"窗格、图查看区域、图例。

（1）"Session Explorer"窗格位于 Analysis 主界面的左上方，Analysis 在其中显示已经打开可供查看的测试报告和相关图。测试人员可以在此处显示打开 Analysis 时未显示的新报告或图，或者删除不想再查看的报告或图。

（2）"Properties"窗格位于 Analysis 主界面左下方，属性窗口在其中显示你在会话浏览器中选择的图或报告的详细信息。黑色字段是可编辑字段。

（3）"图例"位于 Analysis 主界面右下方的窗格，在此窗格内，可以查看所选图的各种数据。

（4）"图查看区域"位于 Analysis 主界面右上方，Analysis 在此显示图。默认情况下，打开会话时，Analysis Summary 概要分析报告将显示在此区域。

Analysis Summary Report 中包括 Statistics Summary、Transaction Summary、HTTP Responses Summary。

（1）Statistics Summary 列出了在场景中统计出的几个重要性能指标统计结果：Maximum Running Vusers、Total Throughout、Average Throughput、Total Hits、Average Hits per Second、Total Errors，同时也提供了 SLA configuration wizard 和 Analyze Transaction mechanism 的链接，如图 9-28 所示。

Analysis Summary　　　　　　　　　　　Period: 2021/11/19 18:37 - 2021/11/19 18:43

Scenario Name:　　Scenario1
Results in Session:　C:\Users\ceshi\Documents\VuGen\Scripts\WebHttpHtml1\res\res.lrr
Duration:　　　　6 minutes and 19 seconds.

Statistics Summary

Maximum Running Vusers:		50	
Total Throughput (bytes):	⊘	113,311,977	
Average Throughput (bytes/second):	⊘	298,189	
Total Hits:	⊘	6,382	
Average Hits per Second:	⊘	16.795	View HTTP Responses Summary

You can define SLA data using the SLA configuration wizard
You can analyze transaction behavior using the Analyze Transaction mechanism

图 9-28　Statistics Summary 图

（2）Transaction Summary 显示在整个场景运行过程中每个事务的统计信息以及响应时间（Minimum、Average、Maximum、Std.Deviation【标准偏差】）。LoadRunner 会针对每个事务的响应时间数据集合，分别取它的最大值、最小值和平均值，一般测试人员进行性能分析时只关注事务响应时间的平均值来判断应用程序的性能。然而很多时候，单单是平均响应时间可能是不够的，因为一旦最大值和最小值出现较大的偏差，即便平均响应时间处在可以接受的范围内，也并不意味着整个系统的性能就是可以接受的，这时我们有必要再观察其他值来进一步分析，例如，"Transaction Summary"图中值为"90 Percent"的列。在图 9-29 中"90 Percent"列表示事务在当前运行 90% 的最大响应时间，比如可以看到 90% 的"S05_CheckItinerary"事务最大的响应时间是 20.455s，说明这个事务运行大多数情况都需要较长的时间。

（3）HTTP Responses Summary 显示在场景运行过程中从 Web Server 返回的所有 HTTP

响应的总数和每秒统计的记录，如图 9-30 所示。

Transaction Summary

Transactions: Total Passed: 1,645 Total Failed: 0 Total Stopped: 0   **Average Response Time**

Transaction Name	SLA Status	Minimum	Average	Maximum	Std. Deviation	90 Percent	Pass	Fail	Stop
Action_Transaction	🚫	26.343	55.877	75.222	9.07	62.984	289	0	0
S01_LogIn	🚫	0.08	12.988	29.891	9.053	20.508	50	0	0
S02_BookTickets	🚫	1.702	17.834	33.363	5.403	21.391	289	0	0
S03_SearchFlight	🚫	0.069	1.27	9.439	2.283	2.727	289	0	0
S04_PayDetails	🚫	0.071	5.136	11.811	1.599	6.455	289	0	0
S05_CheckItinerary	🚫	1.889	15.74	33.325	5.729	20.455	289	0	0
S06_SignOff	🚫	0.077	0.634	10.719	1.875	1.668	50	0	0
vuser_end_Transaction	🚫	1.182	2.733	12.229	1.863	3.511	50	0	0
vuser_init_Transaction	🚫	2.035	26.247	48.539	13.799	41.18	50	0	0

Service Level Agreement Legend: ✔ Pass   ✖ Fail   🚫 No Data

图 9-29　Transaction Summary 图

HTTP Responses Summary

HTTP Responses	Total	Per second
HTTP 200	6,382	16.795

图 9-30　HTTP Responses Summary 图

当然仅仅依靠 Analysis Summary Report 中的内容来衡量系统的性能和定位性能问题是远远不够的，必须结合相关图表获取更详细的性能测试信息才可以确定系统可承受的负载与瓶颈。

LoadRunner 的 Analysis 组件提供的常用图表可以分为六类。

（1）Vuser 显示有关 Vuser 状态和统计信息。Vuser 通常包括：Running Vusers、Vusers Summary 两种图。Running Vusers 是关于虚拟用户加压、施压、减压的情况图；Vusers Summary 是用户运行结果的综述图。这些图单独分析时没有多大的价值，一般都是和其他图合并分析。

（2）Errors 显示在场景运行过程中的错误统计信息。若是在场景测试中发现被测系统运行中有很多错误，则 Errors 测试结果有分析的必要。Errors 类主要包括的图有：Error Statistics、Error Statistics（by Description）、Errors per Second（by Description）、Errors per Second、Total Errors per Second。

Error Statistics 是带有错误代码编号的饼状图，Error Statistics（by Description）不仅有错误代码编号，而且带有错误消息，Errors per Second 是每秒错误数的曲线图，Errors per Second 与 Errors per Second（by Description）的区别在于是否带有错误消息。Total Errors per Second 是被测系统每秒错误总数的曲线图。若要对系统进行错误分析，则 Error Statistics 与 Error Statistics（by Description）、Errors per Second（by Description）与 Errors per Second 择其一即可，不过带有错误描述的图更加具体。

（3）Transactions 显示有关事务及其响应时间的信息，方便了解被测试系统业务处理的响应时间和吞吐量。Transactions 主要包括的图有：Average Transaction Response Time、Transactions per Second、Total Transactions per Second、Transaction Summary、Transaction

Performance Summary、Transaction Response Time Under Load、Transaction Response Time（Percentile）、Transaction Response Time（Distribution）。

Average Transaction Response Time（平均事务响应时间）图反映随着时间的变化事务响应时间的变化情况，时间越小说明处理的速度越快。

Transactions per Second（每秒事务数，TPS）图反映了系统在同一时间内能处理业务的最大能力，这个数据越高，说明系统处理能力越强，当然这里的最高值并不一定代表系统的最大处理能力，TPS 会受到负载的影响，也会随着负载的增加而逐渐增加，当系统进入繁忙期后，TPS 会有所下降，而在几分钟以后开始出现少量的失败事务。

Total Transactions per Second（每秒通过事务总数）图显示在场景运行时，在每一秒内通过的事务总数、失败的事务总数以及停止的事务总数。

Transaction Summary（事务概要说明）图显示通过的事务数越多，说明系统的处理能力越强；失败的事务越少，说明系统越可靠。

Transaction Performance Summary（事务性能概要）图给出了事务的平均时间、最大时间、最小时间柱状图，方便分析事务响应时间的情况。

Transaction Response Time Under Load（在用户负载下事务响应时间）图显示在负载用户增长的过程中响应时间的变化情况，这张图也是将 Vusers 和 Average Transaction Response Time 图做了一个 Correlate Merge 得到的，该图的线条越平稳，说明系统越稳定。

Transaction Response Time（Percentile）（事务响应时间的百分比）图显示有多少比例的事务发生在某个时间内（看到百分之几的事务是在几秒内的），也可以发现响应时间的分布规律，数据越平稳说明响应时间变化越小。

Transaction Response Time（Distribution）（每个时间段上的事务数）图显示在每个时间段上的事务个数，响应时间较小的分类下的事务数越多越好。

（4）Web Resources 显示单击次数、吞吐量、HTTP 响应和连接数据等信息，主要是对Web 服务器性能的分析。Web Resources 主要包括的图有：Hits per Second、Throughput、HTTP Status Code Summary、HTTP Responses per Second、Connections、Connections Per Second。

每秒单击次数（Hits per Second）图是 Vusers 每秒向 Web 服务器提交的 HTTP 请求数。查看其曲线情况可以判断被测系统是否稳定，曲线呈下降趋势表明 Web 服务器的响应速度在变慢，当然其原因可能是服务器瓶颈问题，但是也有可能是 Vusers 数量减少，访问服务器的请求减少。这里所说的单击次数是根据客户端向服务器发起的请求次数计算的。例如，若一个页面里包含 10 张图片，那么在访问该页面时，鼠标仅单击 1 次，但是服务器收到的请求数却为 1+10（每张图片都会向服务器发出请求），故此时其单击次数为 11。

吞吐量（Throughput）图反映了服务器在任意时间的吞吐能力，即任意时间服务器发送给 Vusers 的流量，它是度量服务器性能的重要指标。

HTTP 状态代码概要（HTTP Status Code Summary）图表示从服务器返回的带有 HTTP状态的数量分布。其 HTTP 状态有 HTTP 200、HTTP 302、HTTP 404 等。从该图可以看出HTTP 的响应状况。

每秒 HTTP 响应数（HTTP Responses per Second）图表示每秒从服务器返回的 HTTP状态的曲线图。其和 HTTP Status Code Summary 不同在于，后者显示总体数量分布，而它显示分布在时间段上的平均分布状况。

连接数（Connections）图显示了任意时间点的 TCP/IP 连接数。借助此图，可以分析应该何时添加其他连接。

每秒连接数（Connections per Second）图显示单位时间里新建或关闭的 TCP/IP 连接数。该图呈下降趋势，就表明每秒连接数在减少，也即服务器性能在下降。

（5）Web Page Diagnostics 可以很好地定位环境问题，如客户端问题、网络问题等，也可以很好地分析应用程序本身的问题，如网页问题等，它显示脚本中每个受监控 Web 页面的数据，主要包括的图有：Web Page Diagnostics、Page Component Breakdown、Page Component Breakdown（Over Time）、Page Download Breakdown、Page Download Time Breakdown（Over Time）、Time to First Buffer Breakdown、Time to First Buffer Breakdown（Over Time）、Download Component Size（KB）。

Web Page Diagnostics（网页诊断）图是对测试过程中所有的页面进行一个信息汇总，可以很容易地观察出哪个页面下载耗时，然后选择该页面的分解图，分析耗时原因。Web Page Diagnostics 是一个汇总图，选择要分析的页面，可得到 4 张图：Download Time、Component（Over Time）、Download Time（Over Time）、Time to First Buffer（Over Time）。

Page Component Breakdown 图显示不同组件的平均响应时间占整个页面平均响应时间的百分比，此为饼状图，可以很容易地分析出页面的哪个组件耗时较多。

Page Component Breakdown（Over Time）图显示任意时间不同组件的响应时间曲线图。

Page Download Time Breakdown 图显示页面中不同组件在不同阶段的柱状图。

Page Download Time Breakdown（Over Time）图显示任意时间不同组件在不同阶段的响应时间曲线图。

Time to First Buffer Breakdown 图显示不同页面第一次缓冲并下载完成所需时间的柱状图，此图在分析测试结果时十分重要，其不仅能分析出哪个页面耗费时间长，而且能分析出之所以耗时是网络问题还是服务器问题。First Buffer Time 分为 Network Time 和 Server Time，客户端发出 HTTP 请求并接收到服务器端的应答报文（ACK）所经时间为 Network Time，客户端从接收到 ACK 到完成下载所经时间为 Server Time。若 Server Time 明显大于 Network Time 且是其几倍，此时服务器性能是问题的关键。

Time to First Buffer Breakdown（Over Time）图显示不同页面在任一时间点的 Network Time 和 Server Time 分布曲线图。

Download Component Size（KB）不同页面在整个下载量所占百分比例图。

（6）System Resources 图显示系统资源使用率数据。

当测试人员需要通过这些图来获取有关场景运行情况的其他信息时，具体操作如下：

① 单击"会话浏览器"工具栏中的 按钮，或者在图树中右击"Graphs"，选择"Add New Item-Add New Graph"选项打开"Open a New Graph"对话框，并列出可以显示的图，如图 9-31 所示。

② 在"Open a New Graph"对话框中，单击类别旁边的"+"按钮可以选择不同类别下的图，然后单击"Open Graph"按钮就可以打开所需要的图，了解有关场景运行情况的更多信息。

2. 寻找存在性能隐患的事务

LoadRunner 通过事务来衡量服务器的性能，因此深入研究"Average Transaction

Response Time（平均事务响应时间图）"显得尤为重要。平均事务响应时间图显示在场景运行期间每一秒内执行事务所用的平均时间，其中 X 轴表示场景运行时间，Y 轴表示执行每个事务所用的平均时间（以秒为单位），如果定义了可以接受的最小和最大事务性能时间，则可以使用此图确定服务器性能是否在可以接受的范围内，这张图是平均事务响应时间与结果摘要中的"Transaction Summary"合成的，如图 9-32 所示。

图 9-31　"Open a New Graph"对话框

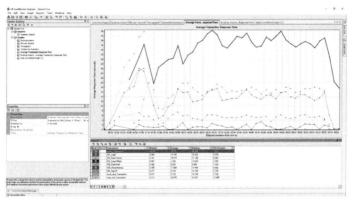

图 9-32　Average Transaction Response Time 图

扫码看大图

　　平均事务响应时间图对于不同的时间粒度会以不同的方式显示，粒度越小，结果就越详细。但要研究 Vuser 在整个场景中的总体行为，使用较高时间粒度图查看结果将更有用。

　　根据上面设计的性能测试用例，需要测试用户登录、订票、查看订单过程中网站响应时间，即需要测试事务 S01_LogIn、S02_BookaTickets、S03_SearchFlight、S04_PayDetails、S05_Checkltinerary 的响应时间是否在可接受的范围内。

　　从图 9-32 中我们可以看到，登录事务 S01_LogIn 的 Average 为 2.48s 小于预期的 3s，满足性能要求；订票事务 S02_BookaTickets 的 Average 为 6.191s 大于预期的 4s，不满足性能要求；S03_SearchFlight 的 Average 为 1.313s 小于预期的 3s，满足性能要求；S04_PayDetails 的 Average 为 1.445s 小于预期的 4s，满足性能要求；查看订单事务 S05_Checkltinerary 的 Average 为 8.949s 大于预期的 3s，不满足性能要求。在图 9-32 中，事务 S02_BookaTickets、S05_Checkltinerary 的 Average 响应时间均大于预期时间，但是这样的结果是不正确的，因为 LoadRunner 为了模拟真实用户的行为事务中间 Think Time（思考时间），所以在统计事务响应时间的时候应该去除思考时间。事务 S02_BookaTickets 的响应时间应该是：6.191-5=1.191s，小于预期的 5s，满足性能要求。事务 S05_Checkltinerary 的响应时间应该是：8.949-4=4.949s，大于预期的 3s，不能满足性能要求。

在性能稳定的服务器上，事务的平均响应时间会比较平稳，从图 9-33 中可以看出事务除去 S02_BookaTickets 和 S05_Checkltinerary 事务，其他事务的平均响应时间均比较平稳，因此事务 S02_BookaTickets 和 S05_Checkltinerary 的响应时间采用最常用的统计方法"90 Percent Time"。事务 S02_BookaTickets 的响应时间应该是：9.219-5=4.219s，小于预期的 5s，满足性能要求。事务 S05_Checkltinerary 的响应时间应该是：13.156-4=9.156，大于预期的 3s，不能满足性能要求。

通过对图 9-32 的分析，可以看到当执行 S05_Checkltinerar 事务时服务器性能存在不稳定性。为了掌握 Web Tours 网站在用户并发方面的性能数据，为将来系统可扩展的用户提供参考，现在将分析 55 个正在运行的 Vuser 对系统性能的影响，从而判断出系统的负载能力。

图 9-33 显示了 Vusers 虚拟用户在场景中执行脚本的情况，Vuser 逐渐开始运行，当场景运行到 1 分 12 秒时，到达最大用户数 55，然后 55 个 Vuser 同时运行了 6 分钟，接着 Vuser 又开始逐渐停止运行。

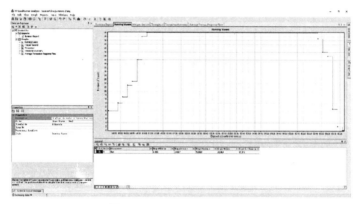

扫码看大图

图 9-33　Running Vusers 图

为了查看所有 Vuser 同时运行的时间段，需要对 Running Vusers 图进行筛选。筛选之后，Running Vusers 显示的图数据范围将缩小，仅显示符合指定条件的数据，所有其他数据将隐藏。

右击图 9-33 并选择"Set Filter/Group By..."（设置筛选器/分组方式选项），或者单击工具栏上的"设置筛选器/分组方式"按钮，在筛选条件区域，选择需要筛选的条件（Scenario Elapsed Time 为 From: 00:01:12 To: 00:06:00），单击"OK"按钮确定后，Running Vusers 图就会仅显示场景运行后 1:12（分钟：秒）到 6:00（分钟：秒）之间运行的 Vuser，显示效果如图 9-34 所示，取消单击"Clear Filter/Group By...."按钮。

为了分析 Web Tours 网站在用户并发方面的性能数据，需要将"正在运行 Vuser"图和"平均事务响应时间"图关联在一起来比较数据，从而就可以观察到运行的 Vuser 对系统性能的影响，具体步骤如下：

（1）在图 9-34 中右击，选择"Merge Graphs..."选项或在工具栏中单击" 🔲 "，在打开的"Merge Graphs"对话框中选择"Average Transaction Response Time"选项作为合并的图,合并类型选择"Correlate"选项,具体设置如图 9-35 所示。

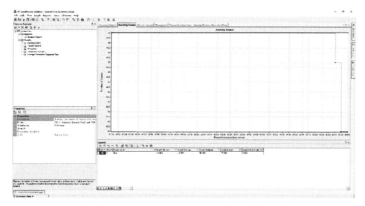

扫码看大图

图 9-34　Running Vusers 图(筛选后)

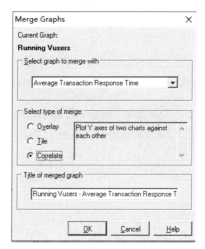

图 9-35　"Merge Graphs"对话框

LoadRunner 结果图 Analysis 提供三种类型的合并。

● Overlay:重叠公用一 X 轴的两个图的内容。合并图左侧的 Y 轴显示当前图的值。右侧的 Y 轴显示合并图的值。叠加图的数量没有限制。叠加两个图时,这两个图的 Y 轴分别显示在图的右侧和左侧。覆盖两个以上的图时,Analysis 只显示一个 Y 轴,相应地缩放不同的度量。

● Tile:查看在平铺布局(一个位于另一个之上)中共用一个 X 轴的两个图的内容。

● Correlate:绘制两个图的 Y 轴,彼此对应。活动图的 Y 轴变为合并图的 X 轴。被合并图的 Y 轴作为合并图的 Y 轴。

(2)完成图 9-35 所示的设置后,单击"OK"按钮,LoadRunner 就完成"Running Vusers"和"Average Transaction Response Time"图的合并,此时在图查看区域表示为一张图,即"Running Vusers- Average Transaction Response Time"图,如图 9-36 所示。

从图 9-36 中可以看出:随着 Vuser 数量的增加,事务的平均响应时间也在逐渐增加,在运行 53 个 Vuser 时,平均响应时间会突然急速增加,此时测试弄崩了服务器。同时运行的 Vuser 超过 53 个时,响应时间会明显开始变长。

（3）确定问题的根源。截至目前，我们已经看到增加服务器的负载将对 Web Tours 中各项功能产生负面影响，其中尤以 S05_CheckItinerary 事务更显著。接下来，我们仍将采用 LoadRunner 提供的"关联"功能通过进一步查看 S05_CheckItinerary 事务的详细信息，了解对 Web Tours 性能产生负面影响的系统资源，确定问题的根源，具体步骤如下：

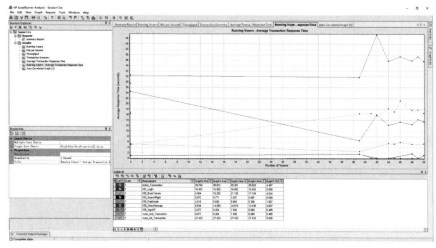

扫码看大图

图 9-36　Running Vusers- Average Transaction Response Time 图

（1）在"Session Explorer"中的"Graphs"树中，选择"Average Transaction Response Time"并进行筛选，以便仅显示"S05_CheckItinerary"事务，如图 9-37 所示。

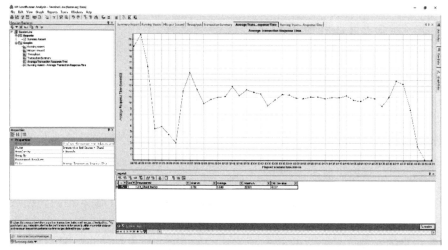

扫码看大图

图 9-37　Average Transaction Response Time（S05_CheckItinerary）图

（2）自动关联图 9-37。右键单击图 9-37 或在工具栏中选中""，然后选择"Auto Correlate（自动关联）"选项，在打开的"Auto Correlate"对话框中，确保关联的度量是 S05_CheckItinerary。观察 S05_CheckItinerary 事务的平均响应时间图，该事务在已用时间（2 分 30 秒到 3 分 10 秒之间）内，平均响应时间几乎是立即开始延长，然后在接近 3 分 10 秒时达到峰值，通过输入时间或沿着"已用场景时间"轴将绿色和红色杆拖至相应的位置，将时间范围设置为从 2:30 到 3:10（分钟:秒），如图 9-38 所示。

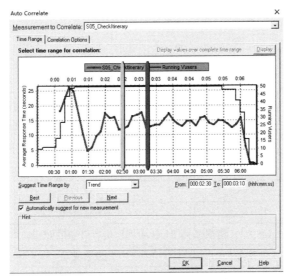

图 9-38　"Auto Correlate" 对话框

（3）完成 "Auto Correlate" 对话框的设置后，单击 "OK" 按钮，自动关联后的图将在图查看区域中打开，S05_Checkltinerary 将突出显示，如图 9-39 所示。

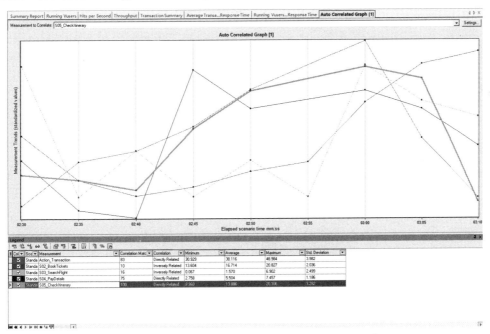

图 9-39　Auto Correlated 图（S05_CheckItinerary）

查看图 9-39 下方的 Legend 图例，在 "度量" 列中，可以看到 Private Bytes（Process_Total）：local 和%Processor Time（Processor_Total）。localhost 与 S05_CheckItinerary 事务有超过 70% 的关联匹配，这意味着在指定的时间间隔内，这些元素的行为与 S05_CheckItinerary 事务的行为密切相关。

由此可以推断：当 S05_CheckItinerary 事务的响应时间到达峰值时，CPU 和内存引发性能瓶颈。

扫码看大图

习 题

1. 学习安装 LoadRunner 12.02，并启动操作整个软件，对该软件的主要功能进行一一实践。

2. 请使用 LoadRunner 12.02 测试在 HP Web Tours 网站中用户订票的响应时间是否符合预期，具体的测试用例如表 9-3 所示。

表 9-3 测试用例

用例编号	001		
性能描述	响应时间		
用例目的	测试 Web Tours 中用户进行订票的响应时间是否符合标准		
前提条件	登录成功		
步骤	输入/动作	期望的性能（平均值）	实际性能（平均值）
1.	输入用户名：jojo，密码：bean		
2.	单击"Login"按钮登录	<1s	
3.	单击"Fights"按钮进入订票	<1s	
4.	选择订票信息		
5.	单击"Continue"按钮，进行下一步	<3s	
6.	选择航班		
7.	单击"Continue"按钮，进行下一步	<3s	
8.	填写用户信息		
9.	单击"Continue"按钮完成	<4s	
10.	单击"Sign Off"按钮退出		
11.	关闭浏览器按钮		

3. 配置运行脚本的负载选项，调整测试配置以便观察不同条件下网站的应用性能。

第10章

测试管理平台

10.1 测试管理平台概述

测试管理平台是指在软件研发过程中，对测试需求、计划、用例和实施过程进行管理，对软件缺陷进行跟踪处理的软件平台。通过使用测试管理平台，测试人员或研发人员可以更方便地记录和监控每个测试活动的结果，找出软件的缺陷，记录测试活动中发现的缺陷并进行修复。通过使用测试管理平台，测试用例可以被多个测试活动或阶段复用，可以输出测试分析报告和统计报表。有些测试管理平台可以更好地支持协同操作，共享中央数据库，支持并行测试和记录，从而大大提高测试效率。

目前市场上软件测试管理平台种类比较多，通常测试管理平台的功能涵盖软件测试的整个流程，包括测试框架、测试计划与组织、测试过程管理、测试分析与缺陷管理。由于目前软件开发运维一体（DevOps）的趋势，软件测试在整个软件的生命周期中，深度融合在软件开发和运维之中，因此软件测试管理的功能一般都已经内嵌在市面上主流的项目管理平台中了，项目管理平台可以用于软件的整个生命周期管理，一般分为 C/S 架构和 B/S 架构。基于 C/S 架构的软件平台，使用前需要安装和配置，典型的有 HP 的 ALM 和国内开源的项目管理软件禅道；基于 B/S 架构的项目管理平台，无须安装和配置，直接通过浏览器使用，典型的有腾讯的 TAPD 平台和阿里的云效平台。下面分别介绍上述四款自带软件测试管理功能的项目管理平台。

10.1.1 HP ALM

ALM，全称 Application Lifecycle Management，应用程序生命周期管理软件，顾名思义，该产品用于软件研发活动的整个生命周期管理，由 HP 公司生产，其早期版本分别是 Test Direct 及 Quality Center。ALM 提供了缺陷管理、测试用例管理、需求管理、版本管理、测试执行、提供 KPI 和项目质量进度报告等功能。ALM 的主要特点有以下几点。

（1）需求、测试和缺陷的高度关联

ALM 能够把需求、测试、缺陷三者联系起来，能够让三者形成一个闭环，从任意一方，都能够找到关联的其他两方；如从需求，能找到覆盖到这个需求的测试用例有没有，和关联的缺陷有没有；如果一个需求的实现受另一个需求的影响，ALM 提供了跟踪矩阵，通过跟踪矩阵跟踪需求之间的关系。

（2）全过程生命周期管理

ALM 的关注点在于将软件交付的全过程看作一个连续的、可重复的过程：定义、设计、开发、测试、部署和管理。过程中的每个部分都需要认真对待，进行监控。ALM 应用的原则是一个成熟的开发规范中必不可少的部分。经验丰富的开发团队通过应用这些原则来保证他们的产品质量。ALM 应用涉及软件开发项目中多个部分的工作，包括项目管理、项目追踪、需求计划、设计与开发、质量保证和版本管理。

（3）灵活的项目自定义

站点管理员在后台设置好项目并创建项目管理员后，项目管理员即可对项目进行具体的项目配置，如该项目组成员、成员权限、项目字段及自定义脚本开发等。利用 ALM 进行项目管理时，每个项目管理员在安排项目组相关人员使用 ALM 时，都可以对项目进行自定义配置。如 ALM 默认项目组权限中，Project Manage 用户组具有删除缺陷的权限，而在实际项目管理过程中，任何人都不应具有删除缺陷的权限，因此需要进行权限调整。

（4）集成度高

ALM 可以和软件开发过程中的各类软件工具集成，比如与持续集成工具 Jenkins 集成后，Jenkins 每次构建版本都能把相关的代码变更、与代码变更关联的缺陷、需求关联起来，指定测试集的构建版本，还可以把测试集的执行结果与构建版本关联起来。

ALM 具有非常丰富的功能，但其价格相对昂贵，跨国、有实力的公司可能会采购，但很多创业型或中小企业，则会采用开源的项目管理软件，比如禅道。

10.1.2 禅道

禅道是一款国产优秀开源项目管理软件。它集产品管理、项目管理、质量管理、文档管理、组织管理和事务管理于一体，是一款功能完备的项目管理软件，覆盖了项目管理的核心流程。禅道还首次创造性地将产品、项目、测试三者的概念明确分开，产品人员、研发团队、测试人员，三者分立，互相配合，又互相制约，禅道在 Scrum 管理方式基础上，又融入了国内研发现状的很多需求，比如 Bug 管理、测试用例管理、发布管理、文档管理等。

测试工程师在禅道平台更多的是应用测试模块，测试模块中包括用例、用例库、Bug、报告等功能，与 ALM 类似，从需求分析、用例设计、用例执行、缺陷管理、报告输出完整实现了软件测试流程管理。与 ALM 的缺陷报告分析功能相比，禅道提供了更多的缺陷分析功能，这样项目管理人员更容易获取当前软件系统的版本质量，从而更有效地实施项目管理。

利用禅道，可以做到：

（1）产品管理：包括产品、需求、计划、发布、路线图等功能。

（2）项目管理：包括项目、任务、团队、build、燃尽图等功能。

（3）质量管理：包括 Bug、测试用例、测试任务、测试结果等功能。

（4）文档管理：包括产品文档库、项目文档库、自定义文档库等功能。

（5）事务管理：包括 todo 管理、我的任务、我的 Bug、我的需求、我的项目等个人事务管理功能。

（6）组织管理：包括部门、用户、分组、权限等功能。

（7）统计功能：丰富的统计表。

（8）搜索功能：强大的搜索，帮助你找到相应的数据。

（9）灵活的扩展机制，可以对禅道的任何功能和基础数据进行扩展。

禅道早期定位于创业型或中小企业，随着功能的完善和业务规模的提升，目前国内很多大型企业，比如携程、中国电信、中国移动、海尔集团、芒果 TV 等，都使用禅道项目管理软件进行测试管理。

10.1.3　腾讯 TAPD

腾讯的 TAPD 平台是一款定位于互联网应用的产品研发平台，TAPD 提供了三种类型的解决方案，包括轻量协作，敏捷研发和 DevOps 持续交付，专门针对传统研发项目管理中的"项目进度延期、需求变更频繁、开发流程混乱、发布问题频发"等问题，提出了"敏捷研发"的管理思路，沉淀了腾讯在微信、QQ 等项目中的敏捷实践精髓，覆盖敏捷研发全生命周期，帮助团队实现需求、迭代、缺陷、任务、测试和发布等全方位研发管理。

TAPD 提供多样的功能应用，支持产品、设计、开发、测试和运营等不同角色成员工作开展。通过模块化组合，可插拔扩展，轻松搭建满足团队需要的专业组合方案。支持根据业务灵活定义工作流程，并提供专业的流程控制与管理功能，支持不同业务对象流程的独立管理，满足研发实践需要。同时为需求、迭代、缺陷等应用提供模板配置、自定义字段管理功能，深入产品研发实践，提供团队最需要的专业扩展能力。

TAPD 在测试管理方面的主要特色有：

（1）敏捷需求规划。提供敏捷需求管理解决方案，能够快速高效地对需求进行全周期管理。通过需求收集、分解、规划并实施，快速响应市场变化，灵活处理需求变更，过程可追溯，清晰更透明。

（2）迭代计划&跟踪。通过迭代进行目标制定与计划评审，使用故事墙与燃尽图进行研发过程跟踪。迭代全程目标清晰，进度可控，研发过程敏捷迭代，小步快跑。

（3）缺陷跟踪管理。提供强大的缺陷管理与统计功能，可以对缺陷进行全方位记录与跟踪。使用统计报表对 Bug 进行分析，能够及时跟踪问题。通过定时报告发送给项目成员，及时了解开发质量。

（4）测试计划管理。提供一体化测试解决方案，可以实现对于迭代质量的全程把控。通过编写并管理测试用例，制订测试计划并执行，能够实现对测试工作的高效管理，保障产品高质量交付。

（5）任务工时管理。通过任务对需求进行分解，合理分配团队资源，利用工时进行工作量统计，配合工时花费统计，能够实时掌握团队成员工作完成情况与项目进展，过程清晰，风险可控。

（6）代码检查&自动化测试。支持集成主流代码检查工具与自动化测试框架，满足自动化测试需要。

10.1.4　阿里云效

阿里云效是阿里集团在云原生时代提供一站式 DevOps 平台，支持公共云、专有云和混合云多种部署形态，通过云原生新技术和研发新模式，助力创新创业和数字化转型企业快速实现研发敏捷和组织敏捷，打造"双敏"组织，实现多倍效能提升。云效平台中包括 4 个模块的管理：产品、测试、开发和交付。

（1）产品管理

产品管理主要是基于敏捷需求的管理，在产品管理中，用户通过创建项目，在项目中再创建需求和任务，再通过"关联"，将与任务相关的一切关联到需求中，例如，一个"撰写文档"任务，可以将与之相关的文章配图关联到需求中，围绕需求产生的设计文件、产品文档、测试用例、缺陷、需求评审会都可以直接关联到任务中，这样只要点进任务，就可以了解与之相关的一切。并且在每一个任务和需求模块中，都提供了沟通协作区，参与者可以随时在相应的评论区直接进行沟通。

（2）测试管理

测试管理包含对测试计划与执行用例的创建、编辑、规划与关联等功能，让测试人员可以直接在云效的项目中进行测试工作的规划和执行进展反馈，并将测试计划与需求和缺陷一起进行管理。

在管理测试用例方面，是针对研发过程中测试用例库管理而提供的应用，支持用例库分组的创建、编辑、批量导入等功能，方便测试人员对用例进行标准化管理和沉淀，告别传统项目管理中测试用例重复撰写、用例信息共享不易的问题。

在制订测试计划过程中，在需求评审通过后，测试人员应尽快输出对应需求的测试用例，并在最短时间内对这些测试用例进行评审，与开发人员确认各需求的提测时间点，以便安排具体的测试计划和测试安排，规划测试用例。

（3）代码管理

云效代码管理 Codeup 是阿里云出品的一款企业级代码管理平台，提供代码托管、代码评审、代码扫描、质量检测等功能，全方位保护企业代码资产，帮助企业实现安全、稳定、高效的研发管理。

（4）交付管理

云效通过流水线持续交付，流水线是云效产品矩阵中一款企业级、自动化的研发交付流水线，提供灵活易用的持续集成、持续验证、持续发布功能，帮助企业高质量、高效率地办理交付业务。

流水线是持续交付的载体，通过构建自动化、集成自动化、验证自动化、部署自动化，完成从开发到上线过程的持续交付。通过持续向团队提供及时反馈，让交付过程高效顺畅。

除了上述四款项目管理平台，市面上也有不少单独的测试管理工具，功能基本上都大同小异，正如前面提到的，目前整个软件的生命周期中，软件测试很难从软件研发和运维中独立出来，所以对软件测试的管理，离不开对代码的管理，离不开对产品需求和项目任务的管理，也离不开最终软件的交付和发布，所以大部分 IT 企业都会通过项目管理平台来进行软件测试管理。考虑到禅道的开源性和市场率，本书以禅道为例，讲解禅道在软件测试管理中的使用，下面首先从禅道安装开始。

10.2　禅道安装

禅道的安装方式比较多，可以在禅道的官方网站找到安装方法，比如使用云禅道在线服务安装；在 Windows 操作系统中使用一键安装包；在 Linux 操作系统下使用一键安装包安装；使用源码包安装。考虑到大部分的测试管理工作是在 Windows 操作系统下进行的，这里以 Windows 操作系统安装为例。

　　Windows 下面的安装是基于一个集成运行环境 xampp 进行的，软件厂商在 xampp 基础上做了禅道的 Windows 一键安装包。禅道的一键安装包主要在 xampp 基础上做了大量的精简，并集成了自主研发的集成面板，使用起来会更加方便。xampp 一键安装包可以到官方网站"https://www.zentao.net/download.html"进行下载。

10.2.1　下载运行

　　禅道分为专业版、企业版和开源版，这里以开源版为例，在官方指定的下载地址下载最新的开源版的压缩文件，以"禅道 12.2.stable"版本为例，下载好文件后，解压到指定分区的根目录下，比如"c:\xampp"，或者"d:\xampp"，官方强调必须是根目录。

　　进入 xampp 文件夹，双击"start.exe"启动禅道时，如果计算机没有安装过 VC 运行环境，会提示安装 VC++环境，如图 10-1 所示，Windows 一键安装包的运行需要安装 VC++环境。

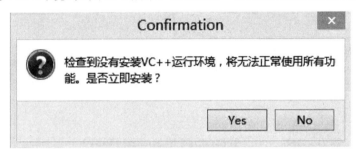

图 10-1　VC++环境安装提示界面

　　如果安装过程中报其他错误，可以去下载 Windows 一键安装包（未加安全设置）的包安装使用，具体操作可以参考官网文档。

　　如果没有报错，正常情况下会启动如图 10-2 所示的界面，说明运行成功。

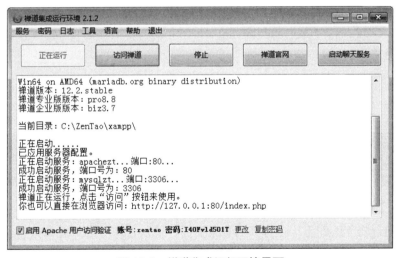

图 10-2　禅道集成运行环境界面

10.2.2 相关配置

进入启动界面后，单击"启动禅道"按钮，禅道服务启动后，会提示数据库密码太弱，建议修改密码，会默认显示一个密码，可以设置一个密码，单击"OK"按钮后数据库密码会自动修改。也可以在主界面单击左上角"密码"下的"数据库密码"按钮进行修改。

第一次登录，一般以管理员身份登录，一键安装包默认的账号、密码是 admin，123456，建议修改。禅道数据库默认只能在服务器本机登录，浏览器里输入"http://127.0.0.1:端口号"，然后单击登录页面左下的"数据库管理"按钮，即可进入禅道数据库登录页面。在登录页面填写"xampp/zentao/config/my.php"里的对应参数，即可进入禅道数据库。

单击"启动禅道"按钮后，系统会自动启动禅道所需要的 apache 和 MySQL 服务。启动成功之后，单击"访问禅道"按钮，打开浏览器，地址为"http://127.0.0.1:端口号"，页面如图 10-3 所示。

图 10-3　禅道启动后的访问页面

这里我们选择"开源版"，在打开的登录页面中输入管理员用户名和密码，单击"登录"按钮即可完成登录，登录页面如图 10-4 所示。

易软天创项目管理系统

简体 ▾

| 用户名 | admin |
| 密码 | •••••••••••••• |

☐ 保持登录

登录　忘记密码

图 10-4　禅道登录页面

登录成功后，会跳转到禅道的主页，如图 10-5 所示。

图 10-5　禅道主页

为方便后续操作，我们把最上面第一行的菜单称为"一级导航"，而相应的第二行菜单称为"二级导航"，在二级导航的下面则是各个工作面板；选择不同的一级导航，会出现不同的二级导航，同样选择不同的二级导航，下方也会出现不同的工作面板。

禅道中对项目和测试的管理，主要体现在需求、任务、用例和 Bug 上，其中用例和 Bug 与测试工作密切相关，用例、Bug 又和需求、任务相关联。另外不同角色的用户登录禅道后，只能看到与自己相关的需求、任务、用例和 Bug，每一个用户登录禅道后，默认会打开"我的地盘"的一级导航，如图 10-6 所示，我的地盘中提供了指派给自己的需求、任务、Bug 等快捷操作。凡是指派给自己的事项，都是需要及时处理的。因此对于每一个禅道用户，每天的工作就是及时处理"我的地盘"中指派给自己的任务、需求或者 Bug。

	ID ⬍	P ⬍	所属项目 ⬍	任务名称 ⬍	创建 ⬍	指派给 ⬍	由谁完成 ⬍	预计 ⬍	消耗 ⬍	剩余 ⬍	状态 ⬍	操作
☐	011	④	电子商务系统V0.1_Demo	用户信息管理页面设计	颜海花	喻九敏		8	0	8	未开始	▶ ⎙ ☑ ⎚ ✎ 品
☐	010	③	电子商务系统V0.1_Demo	用户更新手机和邮箱服务	颜海花	喻九敏		10	0	10	未开始	▶ ⎙ ☑ ⎚ ✎ 品
☐	009	③	电子商务系统V0.1_Demo	用户信息编辑服务	颜海花	喻九敏		5	0	5	未开始	▶ ⎙ ☑ ⎚ ✎ 品
☐	007	③	电子商务系统V0.1_Demo	用户登录日志服务	颜海花	喻九敏		6	0	6	未开始	▶ ⎙ ☑ ⎚ ✎ 品
☐	006	②	电子商务系统V0.1_Demo	用户登录验证服务	颜海花	喻九敏		5	0	5	未开始	▶ ⎙ ☑ ⎚ ✎ 品

☐ 全选　　　　　　　　　　　　　　　　　　　　　　　　　共 5 项 每页 20 项 ⬆ |◀ ◀ 1/1 ▶ ▶|

图 10-6　"我的地盘"页面

10.3　测试准备

10.3.1　熟悉禅道

首先理解下禅道的管理理念和流程，禅道项目管理软件的主要管理思想基于国际流行的敏捷项目管理方法——Scrum。Scrum 方法注重实效，操作性强，非常适合软件研发项目的快速迭代研发。但它只规定了核心的管理框架，还有很多细节流程需要团队自行扩充。禅道在遵循其管理方式基础上，结合国内研发现状，整合了缺陷管理、测试用例管理、发布管理、文档管理等功能，完整地覆盖了软件研发项目的整个生命周期。在禅道软件中，明确将产品、项目、测试三者概念区分开。在禅道项目管理软件中，核心的角色有产品经理、研发团队和测试团队三种角色。产品经理、研发团队和测试团队，这三者之间通过需求进行协作，实现了研发管理中的三权分立。其中产品经理整理需求，研发团队实现任务，测试团队则保障质量，三者的关系如图 10-7 所示。

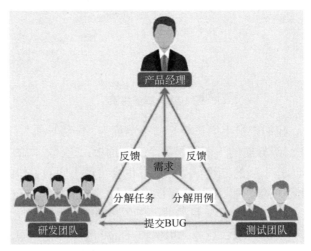

图 10-7　禅道三权分立示意图

根据图 10-7，在禅道中，产品经理、研发团队和测试团队都是围绕着产品的需求展开的，产品经理首先创建产品，并定义与该产品所有相关的需求，然后项目经理创建研发团队、项目，同时将项目与产品和需求绑定，即确认本次项目需要实现哪些需求，然后再基于需求创建相关的任务，并将任务分配给研发团队的研发人员；与此同时，一旦产品需求确定后，测试经理即可组织测试团队基于产品需求，创建相应的测试用例，当研发团队完成相关开发任务后，测试人员即可依据测试用例，对任务进行测试。

　　本章以开发一个电子商务系统为例，演示禅道的管理流程，产品经理首先创建电子商务产品，并管理产品对应的需求，这里电子商务产品主要分为：用户管理、商品管理、购物管理和订单管理四个模块。

　　下面来详细讲解禅道的使用流程，产品经理在创建产品和需求前，首先需要创建公司或组织相关的部门和用户。

10.3.2　创建部门和用户

　　假设当前的禅道系统中，除了管理员，暂时没有其他用户，此时我们需要创建用户和用户所在的公司和部门。

　　（1）创建公司和部门

　　以管理员身份登录，一级导航选择"组织"，二级导航选择"公司"，再单击下方的"编辑"按钮，创建公司，如图 10-8 所示。

图 10-8　公司创建页面

　　下面再创建部门，一级导航选择"组织"，二级导航选择"部门"，即可在下方创建部门信息，如图 10-9 所示。

图 10-9　部门创建页面

　　一个部门下还可以继续划分子部门，如果需要维护某部门下的子部门，单击该部门名称，即可添加该部门的下级子部门。部门添加成功后，即可在部门机构里查看到，可根据公司的实际部门，维护公司的组织结构。

　　（2）创建用户

　　公司和部门创建之后，下一步就是为各个部门添加用户，步骤如下：

　　以管理员身份登录，一级导航选择"组织"，二级导航选择"用户"，再单击右侧的"添加用户"按钮，如图 10-10 所示，即可进入添加用户页面，添加用户页面如图 10-11 所示。

	ID ⇕	真实姓名 ⇕	用户名 ⇕	职位 ⇕	邮箱 ⇕	性别 ⇕	电话 ⇕	QQ ⇕	最后登录 ⇕	访问次数 ⇕	操作
☐	001	admin	admin			女			2021-04-14	1	🔒 ✏ 🗑
☐	002	雷雁	leiyan	产品经理		男				0	🔒 ✏ 🗑
☐	003	顾海花	guhaihua	项目经理		男				0	🔒 ✏ 🗑
☐	004	董志勇	dongzhiyong	研发主管		男				0	🔒 ✏ 🗑
☐	005	张云鹏	zhangyunpeng	研发		男				0	🔒 ✏ 🗑
☐	006	匡恒立	kuanghengli	研发		男				0	🔒 ✏ 🗑
☐	007	喻九敏	yujiumin	研发		男				0	🔒 ✏ 🗑
☐	008	史海峰	shihaifeng	测试主管		男				0	🔒 ✏ 🗑
☐	009	周众	zhouzhong	测试		男				0	🔒 ✏ 🗑
☐	010	徐家豪	xujiahao	测试		男				0	🔒 ✏ 🗑
☐	011	管丽鹏	guanlipeng	测试		男				0	🔒 ✏ 🗑

图 10-10　用户列表页面

图 10-11 添加用户页面

在添加用户页面中，输入所属部门、用户名、密码等信息，即可完成用户的创建。

除了上述增加单个的用户，系统还提供了批量添加用户的功能，一级导航选择"组织"，二级导航选择"用户"，单击右侧的"批量添加用户"按钮，即可进入批量添加用户页面，如图 10-12 所示。

ID	所属部门	用户名 ＊	真实姓名 ＊	职位	权限分组	邮箱	性别	密码 ＊	入职日期
1	/	leiyan	雷雁	产品经理	产品经		● 男 ○ 女	000000 男	
2	同上	guhaihua	顾海花	项目经理	项目经		● 男 ○ 女	☑ 同上	
3	同上	dongzhiyong	董志勇	研发主管	研发主		● 男 ○ 女	☑ 同上	
4	同上	zhangyunpeng	张云鹏	研发	研发		● 男 ○ 女	☑ 同上	
5	同上	kuanghengli	匡恒立	同上	同上		● 男 ○ 女	☑ 同上	
6	同上	yujiumin	喻九敏	同上	同上		● 男 ○ 女	☑ 同上	
7	同上	shihaifeng	史海峰	测试主管	测试主		● 男 ○ 女	☑ 同上	
8	同上	zhouzhong	周众	测试	测试		● 男 ○ 女	☑ 同上	

图 10-12 批量添加用户页面

在批量添加用户页面中，除了填写所属部门、用户名、密码等信息外，还要填写职位和权限分组，这两个在实际填写中比较重要，需要特别说明一下：职位会影响到指派列表的顺序，比如创建缺陷（禅道中一般将缺陷称为 Bug，以下都以 Bug 来代替缺陷）的时候，默认会把研发职位的同学放在前面。职位还影响到"我的地盘"里面内容的排列顺序。比如产品经理角色的人登录之后，"我的地盘"首先会显示"我的需求"，而研发人员登录之后，会看到"我的任务"。权限分组是另一个重要的概念，用户的权限都是通过权限分组来获得的，因此为用户指定了一个职位之后，还需要将其关联到一个权限分组中。因此如果使用批量添加用户功能，必须首先完成分组的创建。

（3）创建权限分组

在禅道中，用户权限都是通过权限分组来获得的。所以在完成部门结构划分之后，就应该建立用户分组，并为其分配权限。要注意区分用户分组和部门结构的区别。部门结构是公司从组织角度来讲的一个划分，它决定了公司内部人员的上下级汇报关系。而用户分组则主要用来区分用户权限，二者之间并没有必然的关系。比如用户 A 在部门结构上属于产品部，用户 B 属于研发部，但他们都有提交 Bug 的权限，所以 A 和 B 可能同属于权限分组中的"测试分组"。

权限分组的创建步骤如下：

以管理员身份登录，一级导航选择"组织"，二级导航选择"权限"，单击右侧的"新增分组"按钮，即可进入添加分组页面，如图 10-13 所示。

图 10-13　添加分组页面

根据用户权限，通常分组可以分为管理员、产品经理、项目经理、研发、测试等几个组，在默认情况下常用的分组系统已经为我们创建好了。因此我们在继续后面的学习前，要确保每一个用户都明确在一个分组中，这里我们可以创建一个产品经理分组用户，一个项目经理分组用户，多个研发分组用户，多个测试分组用户。

10.3.3　产品和需求

（1）创建产品

禅道的设计理念是围绕产品展开的，因此我们首先要做的就是创建一个产品。产品的创建是由产品经理完成的，创建步骤如下：

以产品经理用户身份登录，一级导航选择"产品"，选择右侧的"添加产品"选项，或者在左侧"产品主页"的下拉菜单中，选择"添加产品"选项，如图 10-14 所示。

图 10-14　添加产品页面

接着在添加产品的页面中，设置产品的名称、代号、负责人、产品类型和访问控制信息，其中负责人包括产品负责人、测试负责人和发布负责人，如图 10-15 所示。

添加产品

产品名称	电子商务系统软件	*
产品代号	NJCIT-ECSS	*
产品线		维护产品线
产品负责人	L.雷雁	×
测试负责人	S.史海峰	×
发布负责人	Z.张云鹏	×
产品类型	正常	▼

H1 ▾ 𝓕 ▾ ᴛT ▾ A A B I U ≣ ≡ ≡ ≟ ≣ ☺ 🖼 🔗 ∞ ✂ ↺ ↻ ⌧ 🗔 ◎　　保存模板　应用模板 ▾

产品描述　本电子商务产品可提供网上交易和管理等全过程的服务，因此电子商务具有广告宣传、咨询洽谈、网上定购、网上支付、电子账户、服务传递、意见征询、交易管理等各项功能

访问控制　
◉ 默认设置(有产品视图权限，即可访问)
◯ 私有产品(只有产品相关负责人和项目团队成员才能访问)
◯ 自定义白名单(团队成员和白名单的成员可以访问)

保存　　返回

图 10-15　产品信息输入页面

产品负责人负责整理需求，制订发布计划、验收需求。测试负责人可以为某一个产品指定测试负责人，当创建 Bug，而不知道由谁进行处理的时候，该产品的测试负责人会成为默认的负责人。发布负责人负责创建发布。访问控制：可以设置产品的访问权限，其中默认设置只要有产品视图的访问权限就可以访问。如果这个产品是私有产品，可以将其设置为私有项目，那么就只有项目团队成员才可以访问。或者还可以设置白名单，指定某些分组里面的用户可以访问该产品。

保存完成产品创建后，需要为该产品创建相应的产品模块，比如这里需要创建用户管理、商品管理、购物管理和订单管理四个模块。一级导航选择"产品"，二级导航选择"需求"，选择左侧的"维护模块"选项，如图 10-16 所示。然后在页面中输入产品的 4 个模块，如图 10-17 所示。

图 10-16　维护产品模块页面

图 10-17　产品模块输入页面

（2）创建需求

产品经理一般会写需求设计文档，或者规格说明书，通过一个完整的 Word 文档将某一个产品的需求都定义出来。禅道提倡按照功能点的方式来写需求，就是将原来需求设计文档中的每一个功能点摘出来，录在禅道里面，作为一个个独立的功能点。禅道采用的是Scrum 敏捷研发方式，按照 Scrum 标准，将每一个功能点称为用户故事（User Story）。所谓用户故事，就是来描述一件事情，作为什么用户，希望如何，这样做的有什么目的或者价值，这样需求设计文档中有用户角色，有行为，也有目的和价值所在，按这样的标准写需求，非常方便与团队成员进行沟通。禅道中创建需求的步骤如下：

以产品经理用户身份登录，一级导航选择"产品"，二级导航选择"需求"，如果该产品经理下有多个产品，需要在最左侧的菜单中选择需要创建需求的产品，同时选择要添加需求的产品模块，在页面右侧，有"提需求"按钮，并支持批量创建，如图 10-18 所示。

图 10-18　"提需求"页面

单击"提需求"按钮，在新页面中输入相应的需求信息，如图 10-19 所示。

图 10-19　需求信息输入页面

所属产品是必填项。计划可以暂时保留为空。需要注意"由谁评审"选项，如果选上"不需要评审"，这样新创建的需求状态就是激活的，否则只有指定人员进行评审通过后，才能转为激活状态。只有激活状态的需求才能关联到项目中，进行研发。需求可以设置"抄送给"字段，这样需求的变化都可以通过 Email 的形式抄送给相关人员。可以设置"关键词"，这样可以比较方便地通过关键词进行检索。

需求完成后，可以在产品的需求列表中看到所有与该产品相关的需求信息，如图 10-20 所示。

图 10-20　产品对应的需求列表

10.3.4 项目和任务

（1）创建项目

产品经理创建好产品和对应的需求后，下面需要完成与该产品相关的项目，项目的创建由项目经理完成，除了项目，项目经理还需要完成项目对应任务的创建。禅道中创建项目的步骤如下：

以项目经理用户身份登录，一级导航选择"项目"，在页面右侧，单击"添加项目"按钮，或者在左侧"项目主页"的下拉菜单中，选择"添加项目"选项，如图 10-21 所示。

图 10-21　添加项目页面

进入项目添加的页面后，如图 10-22 所示，在这个页面中设置项目名称、代号、起始日期、可用工作日、项目类型和项目描述等字段。需要注意，在添加项目的时候，需要关联该项目对应的产品。项目和访问权限与产品类似，分为默认设置、私有项目和自定义白名单三种。

图 10-22　项目信息输入页面

项目创建成功后，会提示"设置团队""关联需求"和"创建任务"三个操作，因为前面已经加入了相关的用户，"设置团队"就是把与该项目相关的用户加入到项目团队中来，这个步骤相对比较简单，可以参考官网，这里不再累赘，下面我们直接进入"关联需求"的操作。

（2）项目关联需求

项目在创建的时候已经选择了对应的产品，接着就需要确认该项目要完成对应产品中的哪些需求，迭代研发区别于传统瀑布式研发，就是它将众多的需求分成若干个迭代来完成，每个迭代只完成当下优先级高的那部分需求，产品的所有需求并不一定要在一个项目中完成，而且产品的需求会随时更新，无论在横向上还是在纵向上，一个产品都可能对应多个项目，一个项目通常只需要实现产品中的部分需求。禅道软件中项目关联需求的过程，就是对需求进行排序筛选的过程。禅道中关联需求的步骤如下：

以项目经理用户身份登录，一级导航选择"项目"，如果该项目经理下有多个项目，需要在最左侧的菜单中选择需要关联需求的项目，然后在二级导航选择"需求"，在页面右侧，单击"关联需求"选项，如图 10-23 所示。

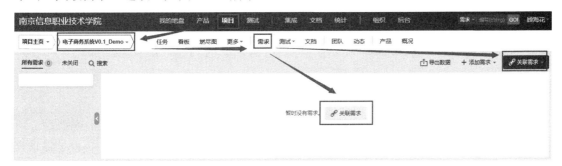

图 10-23　关联需求页面

进入关联需求的页面后，选择页面需要关联的需求，单击"保存"按钮即可，如图 10-24 所示，注意：关联的需求状态必须是激活的，即需求必须是评审通过的，而不能是草稿，另外，在关联需求的时候，还可以按照优先级进行排序。

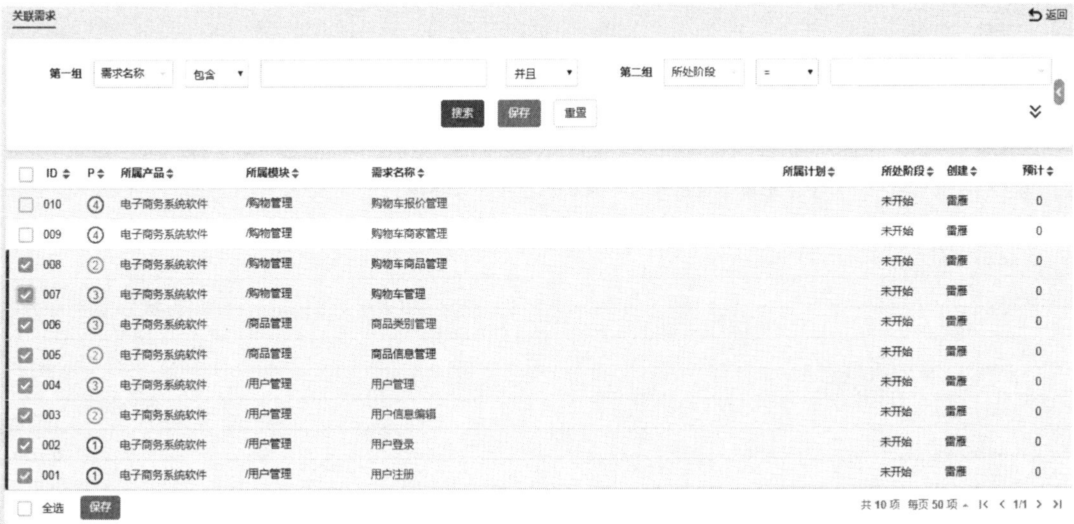

图 10-24　关联操作页面

（3）分解任务

需求确定之后，项目中几个关键的因素都有了：周期确定、资源确定、需求确定。下面就是为每一个需求做任务分解，生成完成这个需求的所有的任务。注意：这里是完成需求的所有任务，这里面包括但不限于设计、研发、测试等。

以项目经理用户身份登录，一级导航选择"项目"，二级导航选择"需求"，在页面中的某一条需求的右侧，选择"+"图标，新建一个任务，如图10-25所示。

图10-25　新建任务页面

进入新建任务的页面后，如图10-26所示，输入任务名称、任务描述、任务类型、所属模块和指派给等字段。有时候在新建任务时需要查看需求的描述，页面中提供了需求查看的链接。如果需求和任务的标题是一样的，可以通过"同需求"按钮快捷地复制需求的标题。支持自定义任务标题的颜色，用于任务分类和标签化。

图10-26　任务信息输入页面

另外，也可以通过图10-25中"+"图标旁边的批量创建任务图标来批量创建任务，批量创建任务页面，如图 10-27 所示，先确定任务所属模块和相关需求，再输入任务名称、类型、指派人、预计工时、任务描述和优先级等信息。创建成功的任务，可以在任务列表页中查看。

图 10-27　批量任务信息输入页面

任务创建好后，还可以为某一任务创建子任务。可以通过任务列表中的"子任务创建"图标来创建，如图 10-28 所示，子任务创建方法与批量任务创建完全一致。创建成功的子任务，可以在任务列表页中查看。可以单击父任务标题前面的三角符号，来切换子任务的查看方式。默认子任务是展开显示的。

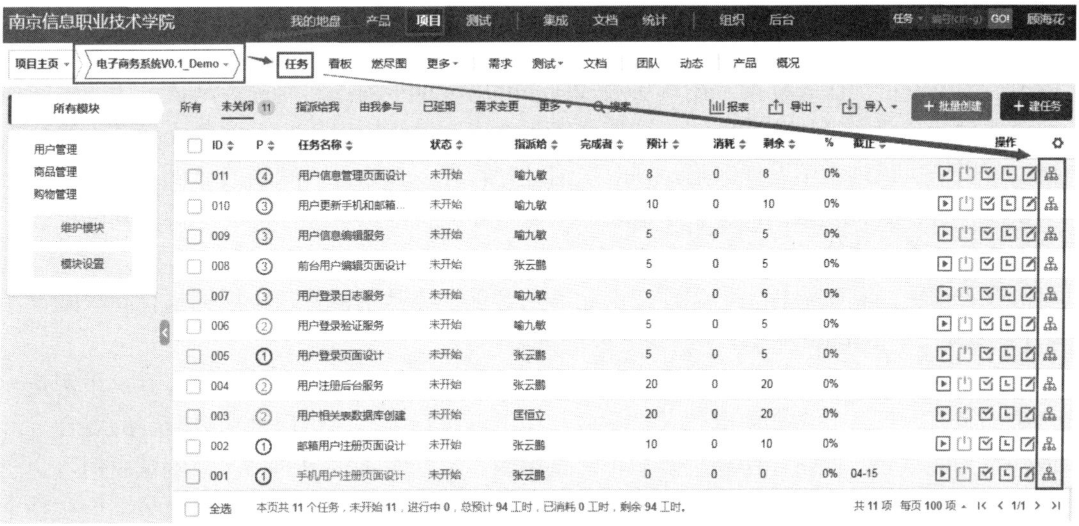

图 10-28　任务列表页面

创建子任务后，父任务的预计、消耗、剩余工时，是所有子任务的预计、消耗、剩余工时之和；创建父任务时，填写了相关的工时信息，再添加子任务后，子任务的相关工时之和，会覆盖掉父任务的相关工时。需要注意：要将所有的任务都分解出来，包括设计、研发、测试、美工，甚至包括购买机器、部署测试环境等；任务分解的粒度越小越好，如果一个任务需要多个人负责，继续考虑将其拆分。

到这里，相关的准备工作全部准备好了，研发人员可以登录系统，完成项目经理指派的任务，并根据测试反馈的 Bug 重新完成相关任务；测试人员可以根据产品的需求设计测试用例，可以根据研发人员完成的任务来新建 Bug，并对测试用例和 Bug 进行管理。下面围绕禅道的测试功能来讲解相关的内容。

10.4 测试管理

10.4.1 测试流程

当产品、需求、项目和任务都完成后，项目组中用户可以以各种身份登录到禅道中，对测试需求、测试用例、用例执行和测试缺陷进行管理，其测试流程如图 10-29 所示。

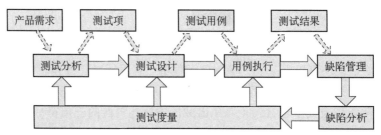

图 10-29 测试流程示意图

在测试之前首先需要对产品需求进行分析，确定测试需求；接着从测试需求分解出测试项，如果测试项比较复杂，还需从测试项分解出测试子项；然后进行测试设计，根据测试项或测试子项，设计测试用例；接着根据测试用例进行用例执行，并生成相应的测试结果；若用例执行过程中发现缺陷，则对缺陷进行管理，并通过对缺陷的分析，进而对整个测试流程进行测试度量，调整整个需求、测试项和测试用例，循环测试分析、测试设计、用例执行过程，直至完成测试任务。

在禅道中的测试流程主要体现在产品需求管理、测试用例管理、用例执行和缺陷管理 4 个模块中，图 10-30 为该 4 个模块之间的关系图。

测试人员和研发人员首先根据测试需求创建各个测试用例，测试需求与测试用例是一对多的关系，该过程主要由测试人员完成；在用例执行中，测试用例通过一定的组合，形成一系列测试集，测试集中至少有一个测试用例，执行测试集中的每一个测试用例，会产生相应的测试结果，在一次测试过程中，一个测试用例一般会有一个测试结果，但在整个软件测试流程中，一个测试用例会产生多个测试结果，比如针对不同版本进行的回归测试，从测试用例到测试结果，一般测试人员和研发人员都会参与；最后，如果用例执行中的某一次测试结果完全满足对应的测试需求的要求，即测试成功，可以认为该测试用例测试通过，若不满足，即测试失败，则根据测试结果创建相应的缺陷，测试集与软件缺陷是一对多的关系。

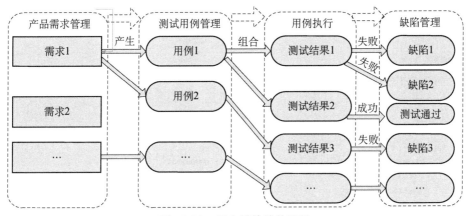

图 10-30 四个模块的关系图

需求的管理前面已经说过，下面从测试用例、用例执行和缺陷管理三个方面来说明禅道对测试是如何管理的。禅道中把测试用例简称为用例，把缺陷称为 Bug。

10.4.2 用例管理

（1）创建用例

在产品需求确定后，测试人员就可以针对每一个需求来设计测试用例了，禅道中特别强调测试用例创建的依据是产品需求，而不是项目任务，前面在讲解"10.3.3 产品和需求"的模块中已经提到，禅道中一般定义需求是通过用户故事来描述的，就是作为什么用户，希望如何，这样做的目的或者价值何在，这样有用户角色，有行为，也有目的和价值所在，不仅便于在项目中创建任务，也便于通过需求来设计测试用例。

另外禅道中的测试用例，彻底地将测试用例步骤分开，每一个测试用例都由若干个步骤组成，每一个步骤都可以设置自己的预期值。这样可以非常方便地进行测试结果的管理和 Bug 的创建。

禅道中测试用例创建的步骤如下：

以测试人员用户的身份登录，一级导航选择"测试"，二级导航选择"用例"，在页面右侧选择"建用例"图标，如图 10-31 所示。

图 10-31 "建用例"页面

在创建用例的页面中输入用例标题、相关需求、用例类型、所属产品和用例步骤等基本信息，如图 10-32 所示。

图 10-32　用例信息输入页面

禅道建议用例步骤越具体越好，后面创建的 Bug，会让研发人员更好地能定位到具体是用例的哪一步骤出的 Bug。另外不要把若干个测试用例作为步骤写到一个测试用例里面，因为这样不利于测试的管理和统计。创建用例支持用例分组。可以根据测试需要创建分组，填写子步骤。我们可以非常方便地在用例步骤之后插入，之前插入，或者删除当前的步骤。

（2）用例执行

测试任务的用例分配好之后，就可以执行测试用例了。以测试人员用户的身份登录，一级导航选择"测试"，二级导航选择"用例"，在左侧选择该测试用例所在的产品，在页面右侧找到对应的用例，选择"操作"下的"执行"选项，如图 10-33 所示。

图 10-33　用例执行页面

在执行该用例过程中，执行过程与用例中的步骤有关，可以根据创建用例的每一个步骤设定执行结果，根据步骤和预期给出测试结果，测试结果包括忽略、通过、失败、阻塞，如果是失败或阻塞，可以在后面的实际情况中进行描述，并可以通过上传附件的方式上传相关的操作截图，如图 10-34 所示。

图 10-34　用例执行后的测试结果页面

由图 10-34 可以看到，如果某个测试用例之前已经执行过多次，产生了多次测试结果，那么在后续的任何一次执行过程中，都能看到历史的执行结果，可以非常清晰地看到什么时间，什么人，哪一个步骤没有测试通过，有没有产生 Bug，可以看到禅道不仅仅把产品、项目、用例和 Bug 都关联在一起，而且把某一个具体的单项，从它的整个生命周期中展示出来。

如果在执行用例过程中有失败或阻塞等测试结果，可以直接在图 10-34 的右下角，选择"转 Bug"，直接基于该用例创建 Bug，也可以选择在用例列表页面中，在测试结果为失败的某条用例的右侧，选择"操作"下的"转 Bug"图标，如图 10-35 所示。

此时页面会跳转到该用例的执行页面中，找到 Bug 执行失败的那一条步骤，在该步骤下再次单击"转 Bug"图标，如图 10-36 所示。

此时会跳转到提 Bug 的页面，用例的相关信息已经复制到 Bug 的相关字段中了，比如"重现步骤""相关需求"等，Bug 的创建下一节再详细描述。

（3）维护用例

在禅道的测试管理中，用例和 Bug 需要维护，以便更好地组织管理用例和 Bug。禅道中产品的模块直接同步到用例和 Bug 下，有条件的同步到项目中。同时，用例模块、Bug 模块和项目模块也可以单独维护。用例维护步骤如下：

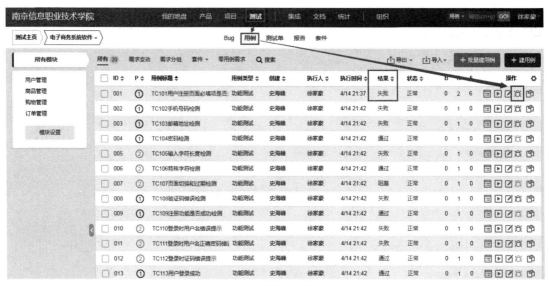

图 10-35　"转 Bug"页面

转Bug　　　×

测试结果　共执行2次　失败2次

#2	2021-04-14 21:37:59	徐家豪 执行			失败 ∨
编号	步骤	预期	版本	测试结果	实际情况
☐ 1	在系统首页选择通过邮箱注册	打开邮箱注册页面	1	通过	
☐ 2	用户不输入任何信息	页面所有必填项目提示	1	失败	用户注册失败，但没有醒目提示
☐ 3	用户输入所有信息	页面提示已经发送邮箱验证码	1	失败	邮箱未能收到验证码
☐ 4	在系统首页选择通过手机注册	打开手机注册页面	1	通过	
☐ 5	用户不输入手机号码	页面提示输入手机号码	1	通过	
☐ 6	用户输入手机号码	页面提示已经发送短信验证码	1	通过	

转Bug

#1	2021-04-14 21:35:11	史海峰 执行			失败 ∨
编号	步骤	预期	版本	测试结果	实际情况
☐ 1	在系统首页选择通过邮箱注册	打开邮箱注册页面	1	通过	
☐ 2	用户不输入任何信息	页面所有必填项目提示	1	失败	注册失败，但没有失败提示
☐ 3	用户输入所有信息	页面提示已经发送邮箱验证码	1	失败	邮箱未能收到验证码
☐ 4	在系统首页选择通过手机注册	打开手机注册页面	1	通过	
☐ 5	用户不输入手机号码	页面提示输入手机号码	1	通过	
☐ 6	用户输入手机号码	页面提示已经发送短信验证码	1	通过	

转Bug

图 10-36　"转 Bug"的确认页面

　　以用例研发人员的身份登录，一级导航选择"测试"，二级导航选择"用例"，在页面的左侧，会出现该产品的模块列表，选择不同的模块，即可看到该模块下的用例，这样可以快速定位到要找的用例，如图 10-37 所示。

图 10-37　产品模块的用例列表页面

　　找到用例后，可以选择该条用例的"操作"下的"编辑用例"图标，即可进入该用例的编辑页面，页面与创建页面基本一致，可以对该用例进行修改保存。

　　注意，如果一个用例已经用于测试了，甚至已经基于该用例发现了 Bug，那么不建议直接对该用例进行修改，否则基于用例的测试结果或 Bug 在追溯用例时会带来信息偏差；建议在用例维护页面中，选择要修改的用例，再选择"操作"下的"复制用例"图标，基于该用例副本直接创建新的用例，将该用例的修改信息添加到新的用例中，保持原有的用例。

10.4.3　Bug 管理

（1）Bug 处理流程

　　Bug 通常由测试人员创建，当 Bug 被测试团队确认后，会提交给研发团队某个研发人员，研发人员接收到该 Bug 后，首先进行一个确认，确认通过后，可以再次分配给相关研发人员进行解决。当研发人员解决好 Bug 后，再次提交给测试人员进行确认，验证通过后，即可关闭该 Bug，该 Bug 从创建到关闭的过程就走完了。当然在这过程中，如果某一个步骤没有确认或没有验证通过，就需要再次重复之前的过程，不同的公司对于 Bug 的管理流程不一定相同，可能会更复杂，比如有些软件公司在测试团队内部对于 Bug 可能还会有一套审核机制，审核过后才会发给研发团队。

　　上述处理流程，简单一点理解就是：测试提交 Bug，研发确认 Bug，然后研发解决 Bug，然后测试验证 Bug，最后测试关闭 Bug。如果 Bug 验证没有通过，流程为：测试提交 Bug，研发确认 Bug，然后研发解决 Bug，测试再次验证 Bug，验证失败后测试激活 Bug，然后研发解决 Bug，测试再验证 Bug，最后测试关闭 Bug。

有的时候，Bug 关闭之后，又发生了，则流程为：测试提交 Bug，然后研发确认 Bug，然后研发解决 Bug，然后测试验证 Bug，然后测试关闭 Bug，然后测试激活 Bug，然后研发解决 Bug，然后测试验证，最后测试关闭 Bug。该处理流程如图 10-38 所示。

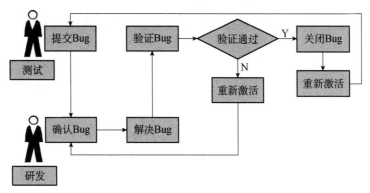

图 10-38　Bug 处理流程

研发人员在解决 Bug 的时候，需要给出 Bug 的解决方案，禅道中默认的 Bug 解决方案，如表 10-1 所示。

表 10-1　Bug 解决方案列表

解决方案	详细说明	是否有效
设计如此	设计需求就是这么设计的	无效 Bug
重复 Bug	这个问题别人已经发现	
无法重现	无法复现的问题	
已解决	问题被修复	有效 Bug
外部原因	比如浏览器、操作系统、其他第三方软件造成的问题	
延期处理	发现得太晚了，下一个版本讨论是否解决	
不予解决	这是个问题，但是不值得修复	

（2）提交 Bug

以测试人员的身份登录，一级导航选择"测试"，二级导航选择"Bug"，在左侧选择该测试用例所在的产品，在页面右侧可以看到"批量提 Bug"和"提 Bug"图标，如图 10-39 所示。

图 10-39　"提 Bug"页面

通过"提 Bug"图标打开提 Bug 页面，页面如图 10-40 所示。在创建 Bug 的时候，必填的字段是影响版本、Bug 标题、重现步骤这些基本的信息。所属项目、相关需求可以忽略，但建议关联上，便于后期跟踪和统计。创建 Bug 的时候，可以直接指派给某一个人员去处理。如果不清楚的话，可以保留为空。批量添加 Bug 时，支持多图上传，支持 JPG、JPEG、GIF、PNG 格式的图片，图片上传成功后，图片名称将作为 Bug 的名称，图片作为 Bug 的内容。

图 10-40　Bug 信息输入页面

注意使用上述方法创建 Bug，需要补充的 Bug 信息比较多，因为没有指定是哪一个具体的用例，哪一个具体的步骤产生了 Bug，所以在禅道中一般建议在执行用例的过程中去创建 Bug，在执行用例过程中，如果有失败的测试结果，则基于该测试结果产生 Bug，因为该 Bug 会关联相关的需求，用例和步骤信息。

（3）确认和解决 Bug

测试人员创建 Bug 时，一般会指派研发人员来解决。研发人员登录系统，一级导航选择"测试"，二级导航选择"Bug"，在左侧选择相关的产品，在页面右侧可以看到与他相关的 Bug 列表，如图 10-41 所示。研发人员首先需要确认相关 Bug，在 Bug 列表中，选择需要确认的 Bug，在右侧的"操作"菜单下选择第一个"确认"图标，即可打开如图 10-42 所示的 Bug 确认页面。

研发人员在确认 Bug 页面中，输入 Bug 类型，指派解决的人员，设定优先级等信息，这里重点需要确认 Bug 类型和指派人员。

指派后，被指派的人员登录系统，一级导航选择"测试"，二级导航选择"Bug"，同样在页面右侧可以看到与他相关的 Bug 列表，与前面的图类似，在 Bug 列表中，选择要解决的 Bug，在右侧的"操作"菜单下选择"解决"图标，即打开如图 10-43 所示的 Bug 解决页面。

图 10-41 Bug 确认列表页面

| 1 | TC101用户注册页面必填项是否允许为空 | ✕ |

指派给   Y:喻九敏   ✕ ⌄

Bug类型   代码错误   ✕ ⌄

优先级   2   ✕ ⌄

抄送给   D:董志勇 ✕

备注   可以在编辑器直接贴图。

保存

历史记录 ↑ +

1. 2021-04-14 21:59:59, 由 **徐家豪** 创建。

图 10-42 Bug 确认页面

图 10-43 Bug 解决页面

在 Bug 解决页面中，研发人员首先需要确认解决的方案，这个在 10.4.1 中已经详细介绍过，并在备注和附件中给出解决的详细过程，以便后续测试人员验证 Bug 是否真的被解决；另外研发人员还需要将其指派给一个测试人员，由该测试人员进行验证。通常应该指派给提交该 Bug 的测试人员。

当研发人员解决一个 Bug 后，在 Bug 列表中可以看到该 Bug 的状态为"已解决"，同时指派了一个测试人员，如图 10-44 所示。注意观察该 Bug 右侧的"操作"菜单下的"关闭"图标，在 Bug 没有解决前，该图标都是灰色的，只有解决后该图标才可以单击。

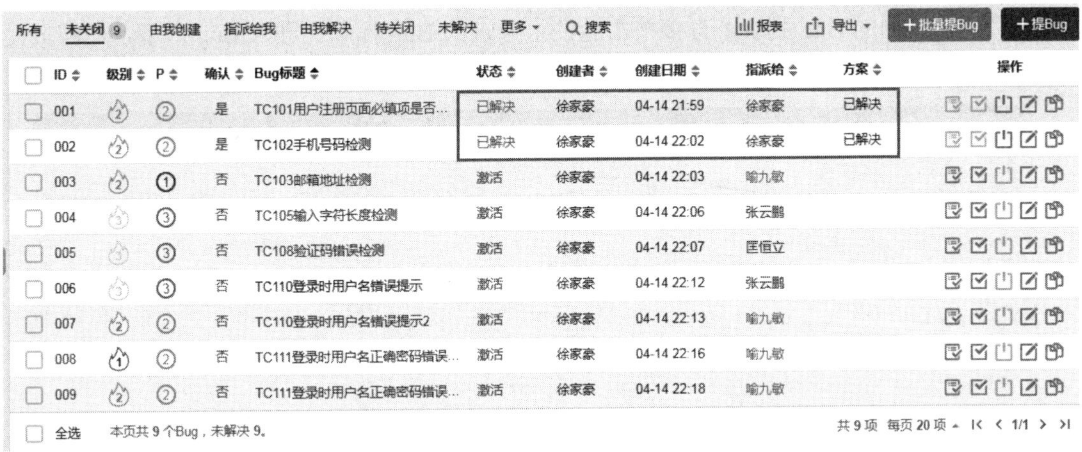

图 10-44 已解决 Bug 页面

（4）验证 Bug 和关闭

当研发人员解决了 Bug 之后，Bug 一般会重新指派给创建 Bug 的测试人员。这时候测试人员可以来验证这个 Bug 是否已经修复。通常测试人员会重复之前发现 Bug 的步骤，确认 Bug 被解决后，测试人员可以回到 Bug 列表中，在该 Bug 右侧的"操作"菜单下选择"关闭"图标，关闭该 Bug。单击"关闭"图标后会弹出一个确认页面，如图 10-45 所示，只需要输入一个备注信息，单击"保存"按钮后，即完成 Bug 的关闭。从页面的最下方可以看到与该 Bug 的历史记录，从 Bug 的创建、确认、解决的记录都能看到。

图 10-45　Bug 验证确认页面

注意关闭 Bug 后，在默认的 Bug 列表页面中，已经看不到该 Bug。

（5）激活 Bug

如果研发人员解决 Bug 之后，测试人员验证无法通过，则可以将 Bug 重新激活，并再次提交给研发人员去重新解决，步骤如下：

测试人员登录系统，一级导航选择"测试"，二级导航选择"Bug"，在左侧选择相关的产品，在页面的 Bug 列表，直接单击验证未通过的 Bug 标题，进入 Bug 内部，在新页面下方可以看到一个"激活"图标，如图 10-46 所示，单击该图标即可进入激活页面。

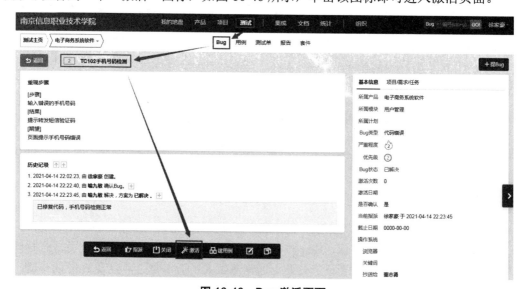

图 10-46　Bug 激活页面

在激活页面中，测试人员又可以将其指派给相关的研发人员，在备注中给出 Bug 未解决的理由，单击"保存"按钮即可，如图 10-47 所示。

图 10-47　Bug 激活信息输入页面

还有一种情况就是 Bug 关闭之后，过了一段时间，Bug 又重现了，此时测试人员应选择重新激活 Bug，所以测试人员在测试过程中，如果发现当前的 Bug 现象与之前的一个已经关闭的历史 Bug 完全一致，禅道建议采取激活操作，而不是创建新的 Bug。这非常有利于产品和项目的管理，如果是已关闭的 Bug 重现，被再次激活，可能说明某个需求对应的任务的代码潜在缺陷并没有真正解决，此时可以追踪之前的解决方案是否有缺陷；或者也有可能是该代码后期更新了，是新代码再次引起了旧 Bug，这些考虑对于产品和项目的稳定性和健壮性具有重要意义，而如果只是新建 Bug，而不是激活旧 Bug，可能只能当成一个简单的 Bug 流程处理了，会错过一些潜在的隐患，或者代码的优化方案。

默认的 Bug 列表页面不显示已经关闭的 Bug，此时需要单击 Bug 列表左上角的"所有"，此时才能看到已经关闭的 Bug，如图 10-48 所示，然后单击该 Bug 的标题，进入该 Bug 内部，再次激活该 Bug，激活步骤同上。

（6）维护 Bug

Bug 的维护与用例类似，Bug 维护步骤如下：

以测试人员的身份登录，一级导航选择"测试"，二级导航选择"Bug"，在页面的左侧，会出现该产品的各个模块，选择其中某个模块，出现该模块下的 Bug 列表，如图 10-49 所示。

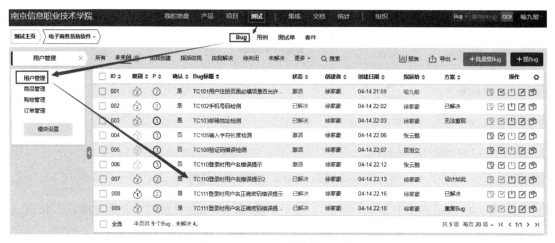

图 10-48　已关闭 Bug 激活页面

图 10-49　Bug 维护列表页面

可以通过左侧的"用户管理"对 Bug 进行分组管理，也可以选择右侧某一个具体 Bug，选择"操作"下的"编辑 Bug"图标，即可进入该 Bug 的编辑页面，页面与创建页面基本一致，可以对该 Bug 进行修改保存。

同样如果一个 Bug 已经用于确认、解决和关闭了，也不建议直接对该 Bug 进行修改，可以重新创建新的 Bug 信息，此时可以在 Bug 列表中，在该 Bug 项的右侧选择"操作"下的"复制 Bug"图标，可基于该 Bug 快速地复制出新的 Bug。

10.5　测试管理小结

本章通过一个电子商务系统的案例讲解了禅道的使用流程，根据前面的描述，在禅道中，一个项目的开展流程通常如下：

（1）产品经理创建并管理产品和产品对应的需求。

（2）研发团队中的项目经理创建项目，关联项目和对应的产品需求。

（3）项目经理根据关联的每一个需求来分解任务，并指派给研发人员。

（4）分配到任务的研发人员完成相关任务，并提交。

（5）测试人员根据产品需求，创建和管理测试用例。

（6）测试人员针对研发人员提交的任务进行测试，根据未测试通过的用例创建 Bug。

（7）研发人员确认并解决指派给自己的 Bug。

（8）测试人员进一步验证 Bug 是否解决，同时管理 Bug。

前面也提到了，禅道是集产品管理、项目管理、质量管理、文档管理、组织管理和事务管理于一体的，因此禅道不仅仅是一款测试管理工具，它的功能远远不止上述所演示的，它是一款功能完备的项目管理软件，覆盖了项目管理的核心流程。因此使用禅道既可以很好地完成测试相关的管理工作，也可以很好地对产品从计划到发布的整个生命周期过程进行管理。更多的功能可以在其官网查询学习。

习　题

1．简述测试管理平台的作用。

2．简述测试管理的流程。

3．请使用禅道为一个实际程序进行测试管理。

参 考 文 献

［1］［美］Ron Patton 著．软件测试［M］．张小松，王钰，曹跃等译．2 版．北京：机械工业出版社，2006．

［2］［美］G1enford J.Myers，Tom Badgett，ToddM.Thomas，CoreySandlcr，等著．软件测试的艺术［M］．王峰，陈杰译．北京：机械工业出版社，2006．

［3］［美］Daniel J.Mosley，Bruce A.Posey 著．软件测试自动化［M］．邓波，黄丽娟，曹青春，等译．北京：机械工业出版社，2003．

［4］贺平．软件测试教程［M］．北京：电子工业出版社，2005．

［5］朱少民．软件测试方法和技术［M］．北京：清华大学出版社，2005．

［6］郁莲．软件测试方法与实践［M］．北京：清华大学出版社，2008．

［7］张向宏．软件测试理论与实践教程［M］．北京：人民邮电出版社，2009．

［8］杜文洁．软件测试教程［M］．北京：清华大学出版社，2008．

［9］李幸超．实用软件测试：来自硅谷的技术、经验、心得和实例［M］．北京：电子工业出版社，2006．

［10］王丽．移动应用软件测试探索［M］．北京：计算机系统应用，2013．

［11］飞思科技产品研发中心．实用软件测试方法与应用［M］．北京：电子工业出版社，2003．

［12］陆璐，王柏勇．软件自动化测试技术［M］．北京：清华大学出版社；北京：交通大学出版社，2006．

［13］赵瑞莲．软件测试［M］．北京：高等教育出版社，2004．

［14］张海藩．软件工程导论［M］．3 版．北京：清华大学出版社，1998．

［15］罗运模等．软件能力成熟度模型集成（CMMI）［M］．北京：清华大学出版社，2003．

［16］王东刚．软件测试与 JUnit 实践［M］．北京：人民邮电出版社，2004．

［17］李庆义，岳俊梅，王爱乐．软件测试技术［M］．北京：中国铁道出版社，2009．

［18］路晓丽，葛玮，龚晓庆等．软件测试技术［M］．北京：机械工业出版社，2007．

［19］张克东，庄燕滨．软件工程与软件测试自动化教程［M］．北京：电子工业出版社，2002．

［20］杨文宏，李新辉等．面向对象的软件测试［M］．北京：中信出版社，2002．

［21］柳胜．性能测试从零开始：LoadRunner 入门与提升［M］．北京：电子工业出版社，2011．

［22］http://www.softest.cn/

［23］http://www.uml.org.cn/

［24］http://www.51testing.com

［25］http://www.testage.net/

［26］http://www.csdn.net.cn/

［27］http://www.opentest.net/

［28］http://www.kuqin.com/

［29］http://www.cnsoft.cn/

［30］http:// testing.csai.cn

［31］http://www.iceshi.com

［32］http://www.btesting.com

［33］http://www.cntesting.com

［34］http://www.cstc.org.cn

［35］http://www.yesky.com

［36］http://www.huomo.cn/developer/avticle-17deb.html

［37］http://apps.hi.baidu.com/share/detail/24602056

［38］http://wenku.baidu.com

［39］http://blog.csdn.net/sunna0519/article/details/4498113

［40］http://blog.sina.com.cn/s/blog_8216ada70100tz7y.html

［41］https://blog.csdn.net/zouhui1003it/article/details/103004423

［42］https://www.cnblogs.com/finer/p/12313930.html

反侵权盗版声明

电子工业出版社依法对本作品享有专有出版权。任何未经权利人书面许可，复制、销售或通过信息网络传播本作品的行为，歪曲、篡改、剽窃本作品的行为，均违反《中华人民共和国著作权法》，其行为人应承担相应的民事责任和行政责任，构成犯罪的，将被依法追究刑事责任。

为了维护市场秩序，保护权利人的合法权益，我社将依法查处和打击侵权盗版的单位和个人。欢迎社会各界人士积极举报侵权盗版行为，本社将奖励举报有功人员，并保证举报人的信息不被泄露。

举报电话：（010）88254396；（010）88258888

传　　真：（010）88254397

E-mail：　dbqq@phei.com.cn

通信地址：北京市海淀区万寿路 173 信箱

　　　　　电子工业出版社总编办公室

邮　　编：100036